JN189602

日本陸海軍の近代史

秩序への順応と相剋 1

黒沢文貴［編］

東京大学出版会

A Modern History of the Japanese Army and Navy
Adaptation and Conflict in the Pursuit of Order, Vol.1

Fumitaka KUROSAWA, editor

University of Tokyo Press, 2024
ISBN 978-4-13-020163-6

日本陸海軍の近代史／目次

第四部　国際的文脈における軍

総説　日本陸海軍の近代史

黒沢文貴

はじめに

本書は日本陸海軍の新たな歴史的側面に、国内的文脈（政軍関係・民軍関係・戦争指導の各側面）と国際的文脈から迫ろうとする論集である。近年の日本陸海軍研究は、かつての価値判断過剰な時代を脱して、確かな実証と多様な視点にもとづくものとなっており、なかでも海軍研究の進展はめざましい。本書もそれら近年の研究潮流を反映しているが、それにとどまらず、いずれの章も陸海軍研究の新たな地平を切り開くものとなっている。本総説では、まず各章の内容の理解に資するために、近代軍としての日本軍の歴史的な姿を概観したのち[1]、本書の視座を示すとともに、各章の内容を紹介することにしたい。

一　日本軍の近代史――三つの姿を中心に

権力主体は自らの支配の維持・拡大、そして防衛のために暴力、特に物理的暴力を用いることがよくある。その暴力の管理と行使の専門的職能を有する組織が軍隊（軍）である。軍隊は歴史的には、権力者との何らかの個人的な関係から始まり、権力主体の姿の変化に応じて自らの姿をも変えていく。

1　「国王の軍隊」から「国家の軍隊」へ――国の形と軍

たとえば、西洋の絶対王政期の国王と常備軍（国王と傭兵軍）との関係は、やがて革命を経て権力主体が議会や国民に移行しはじめると崩れていき、政体が共和政であろうと立憲君主政であろうと、軍隊はやがて国民皆兵の軍隊へと基本的には変化していく。軍隊の忠誠心の対象も変化し、いわゆる「国王の軍隊」（君主の軍隊）から「国家の軍隊」へとその姿を変えていく。その契機は、フランス革命期にナポレオンが創始した徴兵軍、つまりナショナリズムに駆られた一般国民を主体とする新しい軍隊の姿にあった。

そうした武力集団の組織のあり方の変化は、近代日本においても同様である。明治新政府の成立後に行われた一八六九（明治二）年の四民平等（江戸時代の身分制の否定）に始まり、一八七一年の廃藩置県（薩摩・長州・土佐の各藩兵の集まりではあるが、新政府直属軍として新設された御親兵の力を背景とする中央集権化の始まり）、一八七三年の徴兵令の制定（国民軍の創出）、そして一八七六年の廃刀令（旧武士の象徴である帯刀の禁止）などの諸施策を通して、江戸時代の身分制に立脚した地方割拠的な武士集団の姿（将軍もしくは大名に忠誠を尽くす家臣団）は崩れ、中央集権的な新政府に所属する国家の軍隊、国民皆兵軍隊へと軍の姿は大きく変化する。

こうした近代日本における軍の姿の変容は、西洋諸国におけると同様、国家の形の変化にともなうものであった。

すなわち、全国支配権をもつ幕府と地方割拠の藩とからなる江戸時代の封建的な国の形から西洋をモデルとする中央集権的な近代主権国家（国民国家）への移行に見合うものであった。

さらに、西洋諸国の侵略を防ぎ日本の独立を維持しなければならないという幕末の支配層に共有されていた危機感が、江戸幕府から明治新政府への国家権力の移行の基底にあったように、欧米諸国に対峙するための西洋をモデルとする近代軍の創出が必須となった。その意味で、旧武士身分である士族層の一部に反発はあったものの、明治新政府がめざした古い封建的な武士団に代わる新しい近代的な軍隊の創出は、日本の近代化過程のなかでも優先順位の高い施策であった。国民皆兵と天皇親率とを建軍の理念とする新しい軍は、一面では「天皇の軍隊」の創出であったが、同時にそれは近代日本の守護神の役割を担う組織として誕生したのであり、国民に基礎を置く「国家の軍隊」（国軍）として成長していったのである。

2　近代化を主導する組織としての軍——国民・地域社会と軍

ところで、明治初年の日本は欧米諸国との対比でいえば、いわば開発途上国の段階にあった。そうした発展段階の国家において、軍が近代化を主導する重要な役割を担うことはよく知られている。明治日本の近代化過程においても、軍の果たした役割は大きかった。それは、新しい軍隊が国家のどの組織よりも早く世界標準（実際は西洋標準）にもとづいて作られた、近代化の最先端をゆく組織であったからである。

しかも全国的な規模をもつ国民皆兵軍隊は、身分制と地域的割拠性とを超える日本人としての一体性と均質性とを感じることのできる「国民」の創出に重要な役割を果たすとともに、経済や科学技術や法、さらには教育、思想、社会など近代化に関わる多方面の要素と密接に関係する組織でもあった。

たとえば、国民・地域社会との関係でいえば、次の諸点を指摘することができる(2)。

まず国民との関係であるが、一八七三年の徴兵令によって国民皆兵の理念のもと、健康な青年男子の軍隊への入隊が義務づけられた。徴兵令の制定当初は入隊を除外されたり、忌避したりする抜け道があったが、それもいく度かの改正を経て是正されていくことになる。つまり軍隊は、多くの青年男子と彼らを送り出す家族や地域社会との密接な結びつきのなかで存在しており、軍隊と国民、地域社会とはきわめて近しい関係をとり結び、その関係を進展させていったのである。

そのなかで、軍隊は軍事的素養のきわめて乏しい多くの平民らの子弟たちを入隊させて訓練を施し、一人前の兵士に育てていく教育機関でもあった。すなわち軍隊では、兵士たちに指揮官の発する「ことば」の理解や読み・書き・計算の基礎的な知識の習得が要求されたが、そのほかにも、命令一下、規則正しく集団的に動けるような「身体」の動かし方や従順性を身につけることも求められた。

また生活様式面では、軍服（洋服）、軍帽、軍靴を身につけることが要求されたし（たとえば慣れない革靴を履くことは、兵士たちにとってはマメを作るなど大変なことであった）、時間通りに行動できる（しかも集団行動できる）ようになるためには分秒にわたる時間観念の向上も必要不可欠な要素であった。

このように近代軍の兵士としてのさまざまな能力や習慣などを身につけさせる場が軍隊であった。もちろんそうした、そこで獲得されるべき能力や習慣の多くは兵士としてだけでなく、近代化を担うべき国民の資質としても必要なものであったのであり、それゆえ軍隊教育と学校教育には大いに重なる部分があった。

つまり、やがて日本全国に配置されていく軍隊は、同一基準の下でたんに「近代的な兵士」を育てるだけでなく、同時に「国民」を育てる場でもあったのであり、さらには彼らが除隊して帰郷することによって、彼らの近代化経験が各人の郷土にも広がっていくための媒介者となり、近代文化の伝播者ともなったのである。

次に、地域社会との関連でいえば、陸軍の師団司令部や連隊の置かれた場所は、県庁所在地など地方の中心都市や主要都市が多かった。また海軍関係では、鎮守府が置かれた横須賀、呉、佐世保、舞鶴などが、軍港都市として発展していくことになった。さらにインフラ整備という点からみると、近代的な都市生活に必要不可欠な水道や道路などの整備は軍事優先で行われることが多かったが、そうした整備が市民生活を近代化し豊かなものにしていくことにもつながっており、そうした都市の形成のされ方や都市の発展という点からも、軍の存在は地域社会に大きな影響を及ぼすものであった。さらには鉄道網の整備なども関係する。

また後年、日清戦争や日露戦争など対外戦争にともないその地方の出身者から戦死者が出ると、師団や連隊が置かれた都市は彼らを慰霊し追悼する空間ともなった。軍の練兵場では招魂祭が行われ、公園などには慰霊碑や招魂碑が建立された。特に招魂祭では屋台などの店が立ち並び、アトラクションが行われるなど、いわば慰霊と祭りとが一体となった地域住民の娯楽の場ともなったのであり、そうした意味でも軍隊と地域社会・住民とは密接な関係にあったのである。

以上述べてきたように、国家、社会、国民がある種の有機体として成長し発展していくうえで、日本各地に網の目のように張り巡らされていた軍隊は、その先導役として大きな役割を果たしていたといえる。

3　人を「殺す」組織から人を「生かし、活かす」組織へ

軍隊はそもそも対外戦争を担うとともに、内乱の鎮圧など国内秩序の維持にも任ずる組織である。権力の代行者としての軍が動けば、そこには多くの死者、犠牲者が生まれることになる。ことに伝統的な権力主体（王侯貴族たち）は支配の拡大を求めて軍隊を動かすことが多く、その強権の下で敵・味方を問わず、さらには戦場となった地域の住民をも含めて、多くの死者が発生した。その意味で、前近代の指導者たちは、自らに従う者たちにも敵対する者たちにも、いわば多くの死を与える権力主体であった。

ところが、一八世紀のヨーロッパで人々の衛生、健康、寿命などへの関心が高まり、福祉国家思想が語られるようになってくると、権力者の関心の力点が「死」よりも「生」の問題に移りはじめる。つまり「近代の権力の特徴はむしろ、殺すより生かすこと、生を管理し制御することを課題とする点」（ミシェル・フーコー）に変わったのである。[3] 権力主体もしくは国家は、国民を統合してその人々を生かし、また活かすことによって、権力が目的をうまく達成することができるような組織へと変化していくことになる。一般国民を徴兵する国民皆兵軍隊の出現も、その延長線上にあったといえる。近代の軍隊はその意味で、まさしく国民を統合し統治するための、国民国家の一組織であった。

そのため、より多くの健康な青年男子を必要とすることになった軍隊は、たとえば彼らを活かすうえでも青年たちの健康や資質、彼らを育む家庭や地域社会、さらに知識や規律、体格形成にも関わる学校教育など、幅広い範囲に関心対象を拡げることになる。

ところで、一九世紀にヨーロッパの国家が国民国家へと変貌し、各国が徴兵制を採用することによって、多くの国民が戦争に参加するようになると、兵器の発達とも相まって戦死傷者が増大し、そのため兵員の確保や戦闘力の保持という面からも「生」の管理はますます重要な問題となっていく。国民対国民の戦いは犠牲者数の増大につながったが、そこにおいて問題となったのが、戦争犠牲者をいかに減らすことができるのかであった。つまり戦傷病者や捕虜の人道的な取り扱いの問題であり、[4] 殺傷力を増すべく進化していく武器・兵器をどのようにして規制するのか等の問題であった。

こうして、たとえば一八六三年の国際赤十字の成立や一八六四年に締結された「戦地軍隊に於ける傷者及病者の状態改善に関するジュネーブ条約」（いわゆる赤十字条約）、そして一九〇七年のハーグの万国平和会議で採択された「陸戦の法規慣例に関する条約」、一九二九（昭和四）年の「捕虜の待遇に関するジュネーブ条約」（いわゆる捕虜条約）など、戦争被害を最小限に食い止めるための国際法（戦争法）の整備が進んでいくとともに、他方、軍隊においても、軍事医学（軍陣医学）のさらなる発展や軍医・衛生兵制度の整備が急がれることになった。

このように一九世紀に入り国家や軍隊が戦死傷者や捕虜の問題に敏感になってきた背景には、戦場の悲惨な様子がメディアを通して本国の家族や国民に伝えられるようになってきたことにも大きな要因があった[5]。母国のために出征した夫や息子たちの安否を気遣う本国の家族や友人たちにとって、メディアの発達は戦争をより身近なものとしていったのであり、政府がその対応を誤れば、それは直ちに政府への批判や国民の士気にかかわる問題となったのである。

それゆえ国民国家、とりわけ近代の軍隊は、もはや多くの人の「死」を生み出すことにだけ精力を注ぐのではなく、むしろ多くの人の「生」に重大な関心を払うべき組織への変貌を余儀なくされていった。そして明治新政府と日本の近代軍も、西洋において顕著となった軍事をめぐるそうした時代の最新の波（トレンド）の影響を免れることはできなかった。たとえば一八七七年には、早くも日本赤十字社の前身にあたる博愛社の設立が政府によって認可され、赤十字の精神に則った敵味方の区別のない救護活動が、西南戦争において展開されていたのである。それは、近代日本における西洋をモデルとする人道主義の導入でもあった[6]。

4　軍隊と国民・社会との一体化——日露戦争後の軍

これまで述べてきたように、明治新政府によって創設された日本の近代的軍隊は、さまざまな局面で日本の近代化の推進力となった組織であった。そうした役割・機能は、日清・日露の両戦争に勝利して日本の安全と独立とが確保され、明治初年以来の国家目標が達成された段階においても、基本的にはほぼ変わらなかった。

つまり、軍隊と国民・社会との一体化という観点からいえば、そこに底流していた基本的な考えは、軍隊・軍人を一般社会の上位に位置する特別のものとみなし、軍隊は戦闘効率を高めるために必要な軍独自の価値観をもち続けるべきであり、軍隊を活力ある組織体にするためには、軍事的価値をよりいっそう社会に広め、社会や国民が変化しなければならないという、軍隊を主体とし、社会と国民を客体とするものであった。

しかし、当時の日本の国力を賭した日露戦争の経験を経て、そうした考えにも変化の兆しがみえはじめてくる。それが、後年首相となった田中義一陸軍中佐が提唱した「良兵を作るは良民を作る所以である」という良兵即良民主義の考え方であり、それが日露戦争後の軍隊教育の指導原理となっていく。

それは、軍人精神をよく体得したものがよき国民になれるという、軍の価値を国民や一般社会に広げようとする考えであり、その限りにおいては、それまでの軍内における支配的な考えを基底とするものであった。しかし田中の考えによれば、実はそれにとどまるものではなかった。すなわち、軍隊の強弱に直結する兵士の質を保持し向上させていくためには、兵営での教育・訓練だけでは不十分であり、兵営外での国民と社会のあり方が重要であるというのが、田中の認識であった。田中は「良民は即ち良兵であり、良兵は即ち良民といふやうに、軍隊と国民とを一層緊密の関係に置く必要がある」と、日露戦争の教訓から喝破していた。その意味で、国民と社会はたんなる客体としての存在以上のものになりつつあったのである。

そこで田中は、陸軍省軍事課長時代にまず帝国在郷軍人会をたちあげ（一九一〇年）、軍隊教育と国民教育との接合を実現させようとした。すなわち、軍隊を一つの学校、兵営を一つの家庭（中隊長を父、下士官を母とする兵営家族主義）にみたてた軍隊教育の改善を行ったうえで、軍人精神などの軍事的素養や軍事的知識を兵役を中核として教育・訓練し、それらを生涯にわたってより効果的に、また切れ目なく国民に浸透させ、保持させるための社会的受け皿を作り出そうとしたのである。青年団の新たな組織化も、その一つであった。

そうした田中の構想を採用した軍は、いわば人を活かし、兵士を活かすために、社会と国民へのアプローチの仕方に修正を加えることにしたといえる。なお、そうした変化が芽生えた背景の一つには、日本の近代化が進むにつれて、必ずしも軍隊だけが最先端の組織ではなくなってきたという事情もあった。たとえば学校教育が整備され、国民の知的水準や意識が高まるなど、社会や国民も変化し、進化していたのであり、またそうであるからこそ、国民や社会をたんなる客体としてだけではなく捉えようとする良兵即良民主義が構想され、採用されたのであった。

5　軍隊と国民・社会との関係の深化――第一次世界大戦の衝撃と軍

ところで、軍隊と国民・社会とのそうした関係の深化をさらに劇的に推し進め、転換を促すことになったのが、第一次世界大戦の衝撃であった。それは、第一次世界大戦が史上初の国家総力戦になったという戦争形態の変化そのものによってもたらされた衝撃であると同時に、大戦の影響を受けた大正デモクラシーの高揚という衝撃でもあったのであり、そうした二重の意味におけるこれまでにない衝撃に、軍は直面することになった。

すなわち、総力戦という新しい戦争形態において顕著となった戦争遂行に占める国民要因の比重の飛躍的な増大（たとえば多数の動員兵力の必要性、革命による軍秩序の崩壊や敗戦の可能性）、それにもかかわらず、大戦後に吹き荒れた「平和」と「デモクラシー」の嵐のなかで露呈した国民・社会と軍との間の乖離、そうした軍にとってまさに危機的な状況にいかに対処すべきなのかが最も大きな課題となったのである。

そこで軍内には、たとえば、次のような認識が生まれることになった。「吾人の予想し得ざりし世界戦争の影響」が「有らゆる物質及人心に吾人の予想し得ざりし異常の変化を醸成」(7)した、「到る処に価値の転換が行はれた。軍隊は其の最も劇しい一つであろう」(8)、「軍事に関することは一切軍人が為して国民の容喙を許さざりし時代は遠き昔に過ぎ去りて、今や国民の監視の下に凡ての計画実施」をしなければならず、「国民の反対ありては何事も履行し得ざる時代」(9)となった、それゆえ「今日の軍隊は国民を離れて存在せぬ……社会と全然没交渉たるを許されぬ」(10)以上、軍の社会からの孤立は「之程軍隊にとつて危険なことはない」(11)、したがってこれまで軍は「軍隊自身の空気を社会に拡大する事に努め……社会の空気を軍隊に吸収する事を喜ばなかつた」(12)が、これからの軍人は新思想を理解し「常に世潮に順化して能く時代の人」[13]とならなければならない。

つまり、大戦研究を担った臨時軍事調査委員の岡村寧次陸軍大佐の言葉を借りるならば、軍が「統帥権の殻に籠り国民と離れて」いた点を反省し、「もっと「国民と共に」というように改めなければならない」[14]ということであった。

以上のような声が、軍内に澎湃として沸き起こった。総じていえばそれらは、軍隊・軍人は社会から孤立したものであってはならない、むしろ自らを新しい社会環境に適応させなければ複雑・高度化された技能を必要とする軍隊を維持したり、効果的な任務遂行に必要な人材を得ることはできない、軍隊・軍人は社会のなかで一般的に通用する価値観を共有することや非軍事的問題への関心をもつことが必要である、国民・社会に対してより一層の軍事的知識を求めることも必要であるが、それよりもまずは軍のほうが伝統的な考え方や行動様式を改めなければならない、という考えであった[15]。

このように軍内では、従来とは異なるベクトルで軍隊と国民・社会との一体化を求める考えが強まったのであり、その結果、軍隊教育の基本原理は宇垣一成陸軍大臣（田中義一陸相の後継）が述べたように、良兵即良民主義をさらに推し進めて、良民即良兵主義へと転換することになった。つまり良質な国民が存在してこそ良質な兵士を育成しうる、良民が良兵の基であるという発想の深化が、第一次世界大戦を境に急速に進むことになったのである。

大正デモクラシー期の軍隊はこうして時代の変化に即して、「国民皆兵の軍」としての姿を深化させていくことになった。つまり国民を客体とする「国民皆兵」から国民を主体とする「国民皆兵」への変化である。それゆえ軍は「国家の軍隊」というこれまでの姿としてだけではなく、いわば「国民の軍隊」という新たな側面を強く認識するようになったといえる。そしてそれこそが、大正デモクラシーと新しい戦争形態としての総力戦に適合的な軍の姿であったのである。

6 「国家の軍隊」と「国民の軍隊」――一九二〇年代の軍の姿

以上述べてきたように、総力戦という新しい戦争形態の出現と大正デモクラシーの高揚という二重の衝撃を受けて、軍内には国民・社会との関係のあり方に大きな転換が生じることになった。軍は、狭い軍事の殻に閉じこもるのではなく、非軍事的問題にも広い関心をもち、将校は国民・社会人としての幅広い常識を身につけることがむしろ必要とされた。それらはもちろん、総力戦が本来、政治・軍事・経済・文化・思想などあらゆる分野にわたり、それら相互の垣根が低くなる（それゆえ戦争遂行に占める軍事の比重が相対的には低下する）という、新しい戦争形態への柔軟な対応の必要性から生まれた認識でもあった。そして、そこから導き出されたのが、「国民の軍隊」という新しい軍のあり方であった。

ただし、総力戦の衝撃は一方では、軍に対してあらためて「国家の軍隊」としての使命・役割を再認識させることにもなった。なぜなら、将来戦の戦争形態として予想された、長期戦・経済戦・消耗戦・思想戦・科学戦・治安維持戦などのさまざまな諸側面を有する総力戦を戦い抜くためには、平時の国家体制を戦時の国家総力戦体制へと移行させるための仕組みが必要であったからである（軍の国内秩序維持機能も再認識される）。すなわち、第一次世界大戦で総力戦を経験した欧米各国とは異なり、その経験をもたなかった日本では、将来予想される総力戦体制の構築に向けて、現行の国家体制に何らかの改変を加えていくことが必須となった。それゆえ「国家の軍隊」を任ずる軍にとっても、内外体制の革新（国内体制のみならず、資源獲得と自給自足圏形成の観点なども考慮した国際関係の変革も含む）が、中長期的な政策課題として認識されたのである。

その意味で、総力戦の衝撃は、軍に内外体制の変革およびそのための政治関与もしくは政治介入に向けての強い潜在的志向性や動機づけを与えることになった。それは、軍人勅諭中の軍人は「世論に惑はす政治に拘らす」という政治不関与の原則に即していえば、その読み替えや拡大解釈（たとえば「国防」という観点から軍の政治介入を正当化する）

の余地を生じさせたといえる。

いいかえれば、これまで国家の守護神としての役割を担い、日清・日露の両戦争を経て体制保守的な存在となったはずの軍に、明治草創期に担った近代化の推進者という役割とは異なる、新たな体制変革の起動力としての使命を総力戦の衝撃が与えることになったのである。ある軍人が、実に大戦後の世界は「明治維新を世界的に繰返へせる人類界の大革命」[16]と認識したように、比喩的にいえば、大戦後の日本は新たな「開国」期に入ったのであり[17]、それに即応する軍の新たな役割認識が生まれたのであった。

こうして一九二〇年代の軍においては、「国民の軍隊」という組織的アイデンティティが新たに生まれる一方、内外体制の革新という「国家の軍隊」としての新たな使命・役割が付与されることになったのである。

7　「天皇の軍隊」の顕現化——昭和期における天皇、国家、軍

とはいえ、一九二〇年代には「平和」と「デモクラシー」という時代状況にみあう総力戦体制構築のための変革が、政策統合の中心勢力となった政党との協調のもと模索された。国内における政党政治と対外的な国際協調（日英米協調）という第一次世界大戦後の新たな内外体制に適応しようとする軍の姿が、そこにはあった。

しかし、一九二〇年代末期に訪れた日本を取り巻く内外秩序の激変（中国の北伐、中国ナショナリズムと極東ソ連軍の脅威化、世界恐慌、陸海軍軍縮と統帥権の干犯問題など）とそれらにもとづく危機感が、軍上層部が進めた政党との協調路線もしくは相互依存路線とは異なる変革の志向性をもった勢力を、軍内で活性化させた。それがのちに統制派、皇道派と呼ばれるようになる陸軍中堅クラスの「革新」派であった。満洲事変は彼ら（陸軍士官学校一六期生に象徴される第一次世界大戦世代[18]）が中心となって引き起こされ、昭和戦前期の軍の実質は彼らが担っていくことになる。

こうして一九二〇年代の「平和」と「デモクラシー」の時代から一九三〇年代の「戦争」と「全体主義」の時代へ

と移りゆくなかで、軍が政治介入を強める際にその最大の武器としたのが統帥大権、つまりは「天皇の軍隊」（皇軍）としての側面の強調であった。

さらにまた満洲事変と満洲国の建国（防衛は日本が担当）以降、在外にある軍隊の戦闘行動が日常化したことも、軍の政治的発言力を強めるうえで、重要な要因になった。軍の武力行使が抑制されていた一九二〇年代とは国際環境が明らかに様変わりしたのであり、軍自身も一九二〇年代までの国家（内閣）の統制に服する「国家の軍隊」とは、その姿を変えつつあった。昭和期の軍は、自らを「国軍」ではなく「皇軍」と呼ぶようになっていく。

ところで、「天皇の軍隊」という側面は、日本の近代軍が天皇親率を建軍の本義とし、また明治憲法第一一条（「天皇ハ陸海軍ヲ統帥ス」）の規定を含む統帥権の独立制度が徐々に形成されていったように、いうまでもなく自明のことであった。それゆえそれは、ことさらに強調されるようなものではなかった。むしろ自国の安全を確保しつつ近代国家を形成し、確立してきた明治・大正期には、「国家の軍隊」の姿のほうが強く意識されていたことは、軍が自らを「国軍」と呼び習わしていたことからも明らかである。明治・大正期は国家の存立と成長こそが重要な時代であったのであり、その担い手たりうることこそが、軍の「国軍」としての存在証明（アイデンティティ）であった。

さらに日本の近代軍を特徴づける統帥権の独立制度は、軍事が政治から相対的に独立するという、もともと内閣（国家）の統制（コントロール）が利きにくい政軍関係のシステムであった。しかし明治・大正期のように「国家の軍隊」の姿が常態であった時代にはおおむね適切に運用されており、重大問題化することは稀であった（二個師団増設問題による第二次西園寺公望内閣の倒壊は稀少事例）。「国家の軍隊」であるがゆえに、陸海軍大臣の協力を得て、内閣による政治的統制が基本的には機能していたからである。それゆえ昭和期に入りことさらに統帥権が意識され（直接のきっかけは、一九三〇年の統帥権干犯問題である）、「天皇の軍隊」が強調されるようになると、当初より内包されていた政軍関係のシステムの問題点がよりいっそう浮き彫りになることになった。

このように明治・大正期の軍は、「国家の軍隊」として国民・社会、そして政党との密接な関係を時代の変化に即して深め、やがて「国民の軍隊」という側面を強く意識するようになった。しかし昭和期に入ると、よりラディカルな体制変革志向を強め、その実現のために統帥権（とその物理的力）を振りかざして「天皇の軍隊」（皇軍）の姿を過度に強調するようになった。そのとき軍は、内閣（国家）にとって統制がきわめて困難な存在となったのである。一九四五年夏に昭和天皇の聖断によってしか軍が戦争を止めなかった所以である。

8　昭和期における国民・社会と軍――国民の自発性と画一化・同質化

他方、第一次世界大戦後の「平和」と「デモクラシー」の時代においても、国民・社会と軍との関係を深める動きは進んでいた。たとえば一九二五年以降には陸軍現役将校学校配属令にもとづく学校教練制度や、青年訓練所令（一九二六年）による一般青年に対する軍事教練が行われるようになった。また昭和初年に始まる防空演習にみられるように、国、地方行政機関、国民、そして軍が一体となって活動する事案や場も、新たに生まれていた。

そうしたなか特筆すべきは、一九二〇年代に幅広い問題関心をもつことを基本方針とする軍学校教育を受けてきた陸軍将校たちが、国家を揺るがす大きなクーデター未遂事件を引き起こしたことである。陸軍の政治介入を決定的に強めるきっかけとなった二・二六事件（一九三六年）が、それである。事件の首謀者であった青年将校たちの動機の一つに、東北農村出身兵の家庭の貧窮や飢餓状態など農村社会への関心があったことはよく知られているが、そこに政治社会問題に対する知識・常識の必要性や「国民と共に」という軍の新たな国民・社会との関係性意識の、一つの具体的な表れを見て取ることができる。青年将校たちの問題関心の肥大化が、二・二六事件の一因になったといえる(19)。

このように国民・社会と軍との関係にはさまざまな側面を見て取ることができるが、軍の立場からみて重要であったのは、何よりも国民の自発性の問題であった。つまり、ある軍人が「国家異常の要求に堪へ勝つは自覚ある良民と盲目的ならさる良兵とを以て始めて庶幾し得る」[20]と述べていたように、国防政策（総力戦政策）に対する国民の自覚的な理解や自発的な支持・協力が、その遂行にあたっては必要不可欠と認識されていたからである。

その際、国民の真の意味での自発性の発揮は、本来、国民を客体としてしかみない「上意下達」的なやり方では困難であった。それゆえ「デモクラシー」の時代においては、たとえば多くの国民の声が反映される議会や政党の支持を得ることが、国民の自発的な理解・協力・支持を得るためにも必要であった。その意味で、一九二〇年代の政党政治や普通選挙（衆議院の初めての普選は一九二八年）は、軍にとっても国民の支持を調達するのに適合的な仕組みであったのである。[21]

しかし昭和初年に特別高等警察（特高）が全国に配置され、また治安維持法等にもとづく取り締まりが活発化すると、共産主義・無政府主義のみならずやがて民本主義・自由主義までもが排撃されるようになっていく。つまり第一次世界大戦後に興隆した「デモクラシー」が衰退し、形骸化する時代へと変移したのであり、国民各人の自由な意思にもとづく自発性の発揮がきわめて難しい政治・社会状況となったのである。

だが国民戦、長期戦としての総力戦を戦い抜くためには、何よりも国民の自覚と自発性の喚起が必須であり、それゆえ軍を含む権力主体は、総力戦的観点でいえば、さまざまな国民動員、思想動員、精神動員、宣伝・広報戦を展開したのであった。[22]

すなわち、教育・メディア・官製国民運動、そして特高等を駆使して、本来多様な意識をもつ国民を強制的に画一化し、同質化する諸施策を行ったのであり、それらを通していわば擬似的な自発性を喚起し、それを第二の天性とする国民、つまり擬似的な自発性をあたかも自らの自発的意思と思いこむような国民（いわばマインドコントロールされた国民）を創出しようとしたのである。総力戦の時代においては、国民はあくまでも客体ではなく、擬似的な自覚や自発性ではあっても軍と戦争を支持する主体でなければならなかったからである。[23] 昭和期に進行した国民・社会の強制的な画一化・同質化には、少なくともそうした背景があったのである。

9　近代軍としての日本軍の終焉

以上、軍という組織を「国家の軍隊」「国民の軍隊」「天皇の軍隊」という三つの視座から考察してきた。近代軍は本来、政体の如何にかかわらず、国家に忠誠を尽くし、その守護に任ずる組織である。また多くの国民に接する国民的基盤をもつ組織であるがゆえに、本来的に、時代状況の変化に即した国民・社会のあり様にも敏感に対応することが求められる組織でもあった。

つまり、近代国家の一組織としての軍は、その時々の時代の価値観や思想、雰囲気や作法などを吸収することによって自らを変化させるとともに、時代の変化を背景とする軍の価値観や思想、作法などを軍隊教育のみならず、学校教育、社会教育、各種団体などとも接続させながら、国民・社会に広く行き渡らせ、それによってよき兵士、よき国民を育て上げようとしていたのである。

さらに軍自身が近代化の前衛的組織であった段階には、国民は客体的存在としてあったが、やがて国家・社会の近代化が進み、国民が進化し、さらには戦争形態が総力戦的様相を呈してくると、国民の主体性や自発性が必要不可欠なものとして認識された。それゆえ第一次世界大戦後においては、国民・社会と軍との関係の深化がいっそう求められたのであり、軍自らも「国民と共に」ある「国民の軍隊」への変容が必要とされた。そしてその段階における軍と「デモクラシー」とは、実はかなりの親和性をもつことになった。真の意味で、国民の主体性や自発性を発揮させるためには、「デモクラシー」が適合的であったからである。

ただし昭和戦前期の日本においては、「デモクラシー」そのものが形骸化してしまったのであり、それゆえ権力による強制的な画一化と同質化をめざす諸施策が、国民の自発性を喚起させるためにとられたのであった。もっともそれは、本来的な意味での自発性ではなく、あくまでも擬似的な自発性ではあったが。

また強制的な画一化と同質化が社会にもたらすどうしようもない息苦しさや閉塞感は、擬似的自発性を第二の天性となしえない国民にとってはとても耐えられるものではなかったし、とても長続きするものとは思えなかったであろう。つまり昭和戦前期における国民・社会と軍との一体化は、国民に自発的な革命を起こさせないほどのものではあったかもしれないが、みかけほどの強さをもつものではなかったのである。終戦とともに国民と軍との乖離が起こった一因もここにある。

ところで近代軍とは、第一義的には「国家の軍隊」である。しかし日本の場合、統帥権の独立制度という独特な制度を有するがゆえに、最終的な軍の統制は当初から大元帥である天皇の手に委ねられていた。もちろん軍が国家内の一組織である以上、事実上内閣による統制は行われていたが、それが有効に機能したのは、前述のように、あくまでも軍が「国家の軍隊」の範囲にとどまる限りにおいてであった。

昭和戦前期における統帥大権の強調は、確かに軍が政治に介入する際の大きな武器とはなった。しかし二・二六事件後、軍がよりいっそう政治に大きな影響力を及ぼすようになり、やがて日中戦争が始まって総力戦を遂行しなければならない段階になると、統帥権独立の強調は逆に政治と軍事の一体化、国策統合、国家統合を妨げる桎梏となっていく。現代戦としての国家総力戦の時代に入り、国家全体の力の有機的な結びつきが必須となったにもかかわらず、それが難しい体制となってしまったのである。

しかし軍の政治力の最大の源泉が大元帥である天皇（かつ国の元首であり統治権の総攬者でもある天皇）とのつながりにあり、その強調によって支配の正統性（もしくは優越的な政治力の正統性）を確保していた以上、統帥権の独立と「天皇の軍隊」の姿を弱めるわけにはいかなかった。つまり「天皇の軍隊」の側面に固執すればするほど、その結果として、軍はあたかも天皇の私兵のごとき様相となり、天皇への忠誠が国家への忠誠に勝るかのような状況を呈するようになったのである。昭和天皇の聖断で本土決戦を叫んでいた軍の動きが止まった所以である。

いいかえれば、軍の動きを止めるためにはそうした異例の聖断によるしか最後の手立てがなかったほどに、終戦時の軍は「国家の軍隊」とはとてもいえない状態に陥っていたのである。さらに「一億玉砕」の叫びは、軍が国民を再び客体視しながらも、他方では歪んだ自発性を国民に求め続けたことを示しており、その意味で、「国民の軍隊」としての側面をも軍がかなぐり捨てた姿であったといえる。

ただし軍は、常日頃から「承詔必謹」を叫んでいたわりには、終戦の聖断が二度までも下されなければならなかったように、実は天皇の命令に忠実に従っていたわけでは必ずしもない。つまり「身」としての天皇への忠誠と「位」としての天皇への忠誠とが、一部においては乖離しかけていたように、終戦時には忠誠の対象としての天皇像に揺れが生じていたのであり、ある意味では、「天皇の軍隊」でもなくなりつつあったといえるのかもしれない[24]。

「国家の軍隊」の側面も「国民の軍隊」の側面も弱めていた軍（全国民を巻き込む一億玉砕を唱えること自体、国家も国民も眼中にない自壊作用である）は、こうして天皇像の揺れを内包しながらも、しかし最後には「天皇の軍隊」という一線をかろうじて保つことによって、彼らが壊滅の淵に追い込んでいた国家と国民を皮肉にも救うことになったのである。

いずれにせよ総力戦を戦いうる戦力を失い、いわば刀折れ矢尽きた「天皇の軍隊」は、もはやそうした近代的戦力の喪失（その末路が特攻と一億玉砕）と天皇の私兵的軍隊への変質という二重の意味において近代的軍隊とはいえない状態にあったのであり、その結果一九四五年の夏に、日本軍はその近代的組織体としての生命を事実上失ったのである[25]。

さらに近代軍としての重要な特質を、人を「生かし、活かす」組織（人道的側面を併せもつ軍隊）とするならば、敗戦時の日本軍はその意味でも、近代軍としての資質を喪失していたといえるのである。

二　本書の視座と内容

前節の最後で、昭和期に入ると「天皇の軍隊」の側面がことさらに強調されるようになったと述べた。それはある意味では、明治期以前の将軍や大名に仕える武士集団（いわば「君主の軍隊」「王侯の軍隊」）の姿に、あたかも軍が先祖返りしたような状態になったことを意味する。もとより、そうした「天皇の軍隊」の姿は、国家と軍隊の基軸に共に天皇を据えた、明治の指導者たちの選択の結果生まれた日本の近代軍の一つの姿であった。すなわちそれは、天皇と国家とを一体のものとする忠君愛国思想を前提とする近代軍のあり方であったのであり、その意味で、日本軍には「天皇の私兵」的側面がはじめから刻印されていたといえる。

しかし一般的にいえば、近代国家の軍である以上、本来は君主（領主）の私兵ではありえないのであるから、国家の守護神としての「国家の軍隊」の側面が前景化することになる。それゆえ軍に対する政府（国家）の統制（政治的コントロール）と、議会・国民による軍の統制（民主的コントロール）という二つの側面が、近代国家と近代軍の形成にあたっては課題となる。

この点を近代日本について考えてみると、議会・国民による軍の統制という側面の制度化は弱かったが、それでも予算審議権や立法協賛権等にもとづく議会の論戦から軍が無関係の立場や無関心でいられることはなかったし、ましてや政党内閣の時期においては、なおさらそうである。また国民を基礎とする軍隊である以上、国民と社会の動向からも影響を受けざるをえなかったといえる。

他方、政府（内閣）による軍の統制の側面についていえば、陸海軍大臣の協力が得られる限りにおいては、おおむね大過なく機能していた。特に一九二〇年代から三〇年代初期の大正デモクラシー期においては顕著であり、そうした政党内閣と軍との協調的かつ相互依存的な政軍関係を象徴するのが、かつての軍事指導者が政党総裁となり政党内閣を組織した田中義一内閣である。しかし昭和期に入り、「天皇の軍隊」（皇軍）が過度に強調されはじめることによって、陸海軍大臣の協力が得られにくくなった段階で、内閣の軍に対する統制力は徐々に弱まり、最終的には、大元帥でもある天皇による統制に多くを期待するほかない状態になったことは、前節で述べた通りである（ただし歴史的にみれば、そうした天皇による軍の統制も、必ずしも十全には機能しなかったといえる）。

ところで昭和期が進むにつれて、軍の有力者が内閣首班となるケースが増えてくるが、それは軍人宰相による軍のコントロールが、実際上期待されたからであった。しかし、陸海軍間の対立や、首相となった軍人の現役・非現役という問題もあり、必ずしも期待通りにはいかなかった。つまり軍人宰相といえども非現役である限り、統帥権の独立を振りかざす軍からすれば、その両者の関係の位置づけは、形式的には文民宰相のときと変わらなかったからである。

さらにまた、東条英機首相のように現役にとどまり陸軍大臣を兼ねるという、きわめて変則的な形をとったとしても、内閣の軍に対するコントロールは、必ずしも万全とはならなかった。それは、大本営が設置されている段階では、平時以上に、軍内における政軍関係である軍政（陸海軍省）対軍令（陸海の統帥部）の高い壁が立ちはだかっていたからである。それゆえ東条陸相はやがて参謀総長（嶋田繁太郎海相の場合には軍令部総長）をも兼任しなければならなくなる。しかしそれでも、東条が直接的に関与しえない領域である海軍との対立や齟齬が生まれ、政略と戦略の一致、陸海軍の一致にもとづく戦争指導体制を作ることは困難であった。

このように政府（内閣）による軍の統制が機能するためには、前述のように軍部大臣の協力が不可欠であったが、それにはまず内閣（政治側）の政治統合力如何が前提としてあり、さらには陸海軍大臣による軍内の一体的な統制や運用が事実として求められていたといえる。軍の組織的な要求が一本化されていなければ、軍部大臣の内閣（首相）との政治的折衝も困難であったからである。したがって政府（内閣）による軍の統制という側面においては、内閣と軍との関係だけでなく、実は陸海軍大臣による軍内の一体的な統制・運用の有無や省部といわれる軍政機関と軍令機関の関係をも視野に入れる必要がある。また陸軍と海軍、平時と戦時の違いについても考慮しなければならない。

以上のように、近代軍としての日本陸海軍を考察するにあたっては、まず政府（内閣）と軍との関係、議会と軍との関係、国民・社会と軍との関係を明らかにすることが肝要であるが、それと同時に、軍内の一体的な統制・運用のあり方如何にも注意しなければならない。なお後者については、「戦争指導」との関係で、後述することにする。

そこで前者の点に関するこれまでの研究を振り返ると、そもそも昭和戦前期における軍の政治介入がなぜ起こり、太平洋戦争に至ったのかを解明しようとする問題関心が強かったこともあり、内閣と軍の関係に焦点を当て、中央の政治過程を扱う政軍関係研究が多くなされてきた。他方、それに反して、議会と軍との関係に力点を置いた研究は少なかったといえる。また軍と地域・社会との関係を研究対象とする社会史・地域史的な、いわゆる民軍関係についての着目は、比較的近年のことである。

こうした研究動向を踏まえて、本書では、政軍関係（第一部）と民軍関係（第二部）とを陸海軍の歴史的な姿を理解するための重要な国内的分脈と位置づけ、これまであまり論及されることのなかった事例を取りあげて研究の進展を図ろうとしている。

第一部「政府・議会と軍――政軍関係の文脈」は、明治初年と大正期の政軍関係を研究対象とする三つの論考を収録している。

第1章の大島明子「徴兵令と外征をめぐる政軍関係――正院・左院・陸軍省と旧藩兵」は、公議機関（議会）としての左院と軍との関係を、徴兵令成立前後の左院の動きに注目して考察したものである。左院は徴兵令を秩禄処分への布石ととらえて陸軍省に協力するとともに、地方官会議を主催してその議事事項に軍事・兵制を入れようとした。陸軍省は「四民論」により身分別の免役規定運用を提案していたが、左院はそれを却下し、四民同一の徴兵制を成立させた。それは外征を大義として旧藩軍の再召募をめざす正院に対抗する動きでもあった。雄藩軍事力の結集・暴走を合議制（公議）によって抑制することは、幕末以来試みられてきたが、そうした試みに着目することによって、あらためて近代日本の政軍関係における議会（公議輿論）の役割の重要性に目を向けさせる論考となっている。

次に第2章の大江洋代「文官総督と台湾軍――原敬内閣期の政軍関係」は、原敬内閣期に実現した台湾総督の武官制から文武官制への転換過程に着目し、第一次世界大戦後の大正デモクラシー期における政軍関係の変化に迫ろうとしたものである。従来なされてきた政治側の動きだけでなく、台湾総督の指揮を脱して天皇に直隷することになった台湾軍の位置づけの変化に着目することによって、政治と軍の双方の視点から転換過程を総体的にとらえた点が斬新である。その結果、政治と軍事の調和を図りつつ、陸軍の権益を守ろうとした田中義一陸相の制度設計の妙と軍内外との折衝の巧みさ、さらには初代台湾軍司令官柴五郎大将が田健治郎総督と緊密に連絡を取り、政治的にも軍事的にも総督の統制下に台湾軍を置いたことによって、軍を政治の統制下に置こうとする原首相の意図が、少なくとも台湾では貫徹されたことを明らかにしている。

軍人が植民地総督を担い、その隷下にある在外軍隊の指揮権を握っていた状況を原首相が変えることで、当該期の政軍関係の新たな形の現実的な可能性を強く示唆する論考である。ただし後年、植民地総督の羈縻を脱した関東軍が柳条湖事件を引き起こしたことは、原改革の思いもよらない副産物としてとらえることもできよう。

なお大島氏と大江氏は、これまでいずれもサミュエル・ハンチントンらのシビル・ミリタリー・リレーションズの理論を意識した研究を行ってきた研究者である。歴史研究に理論を明示的に用いることには否定的な意見もみられるが、大島氏が引用されたマーク・トラクテンバーグ『国際関係史の技法』の「理論は「答え」をもたらすものではなく、「分析の軸となる疑問を浮かび上がらせる」もの」という指摘が傾聴に値するものであることを、特に大島氏の論考が示している。

第一部第3章は、太田久元「政党内閣期の海軍の議会対策」である。加藤高明・若槻礼次郎の両内閣が、不況下で緊縮財政方針を掲げるなか、海軍の立案した補助艦艇補充計画予算がいかにして成立したのかに焦点を当てている。主力艦に制限を加えたワシントン海軍軍縮条約の成立にともない、制限のない補助艦の建造が必須となったが、それはまた海軍工廠と民間造船会社の造船能力を維持するためにも必要不可欠なことであった。軍艦がなければ存在意義を失いかねない海軍にとって、予算の成立に向けて政党内閣の理解と協力、そして議会の協賛を得なければならず、そのためには憲政会や立憲政友会との連携が必須であった。また海軍省には政務官たる政党員が省議に参画しており、議会ではそれが、政務官経験者を有する野党との全面対決を避けうる役割を果たした。いずれにせよ予算案の承認は、特に軍政機関である海軍省が政党内閣を受容していく素地となり、そうした政党と海軍との円満な関係性が、政党内閣が維持された一因でもあった。

大正デモクラシー期における政治と軍事の協調的な姿は、近年では陸海軍省による軍政優位体制の側面から描かれてきたが、第3章（太田）はさらに予算をめぐる内閣・議会との協調関係を具体的に明らかにしている。また同時に、海軍省とは異なる海軍軍令部の姿勢にも言及しており、それはやがて一九三〇（昭和五）年のロンドン海軍軍縮会議の際に顕在化する内閣と海軍軍令部との対立や、省部間及び内閣との調整に腐心する海軍省の姿を予感させるものとなっている。また第三部第8章で飯島直樹氏が論究する昭和期の海軍部内の統制如何にもつながっていく問題である。

なお内閣・憲法・議会という近代国家としての諸システムの制度化が整った段階における政軍関係を扱った第2章、第3章からみえてくる側面として、軍の官僚機構としての姿がある。そうした官僚機構としての陸海軍という側面については、明示的ではないにせよ、本書の各章からもうかがうことができる。

次に、大正期から昭和初期における民軍関係を扱ったのが、第二部「民衆・社会と軍——民軍関係の文脈」所収の三章である。

まず第4章の小磯隆広「日本海軍の大正デモクラシー認識」は、大正デモクラシーの潮流を海軍がどのように認識し、対応しようとしたのかについて考察したものである。海軍工廠や造船所で頻発する労働争議が国防の根幹を揺るがしかねないと認識する海軍では、職工の待遇改善とともに、工廠内に見習職工教習所を設けて学科教育を工廠自らが実施し、「国民的自覚」をもった「著実善良ナル職工」を育成しようとした。その際注目すべきは、「新思想」を「悪思想」として一概に否定したり排除したりするのではなく、それらを教えたうえで「国家的公共感念ノ啓発」に努めようとする柔軟な姿勢を示したことである。さらに軍の不人気や軍紀の弛緩といった厳しい状況に直面した海軍将校の多くが、その唯我独尊を改め、社会常識の涵養や軍事以外の知識の吸収など人格の陶冶に努めたが、それは、そうした自己変革が「国民皆兵主義にも適ひ、軍人対社会の感情を円満」にすると認識されたからであった。またそれが「国民の海軍」論が唱えられた背景の一つでもあった。

従来の海軍研究では、海軍は思潮の変化に疎い組織として理解されがちであった。しかし第4章（小磯）は、海軍が大正デモクラシーの高揚に対して柔軟かつ現実主義的な対応を示し、国民や社会への関心を増大させていたという、これまでにない海軍の姿を明確に描き出している。これは、第3章（太田）が明らかにした政党内閣との協調性を示す海軍の姿にまさに適合的な海軍像である。それと同時に、かつて黒沢文貴が論証した当該期の陸軍像とも一致して[26]おり、第4章（小磯）によって当該期の陸海軍に共通する基本的な姿が確認されたことになる。

ところで、平和と「デモクラシー」の影響により民衆の存在感が増した第一次世界大戦以降の時代において、陸海軍の最も重要かつ切実な課題は、第4章（小磯）が明らかにしたように、国民との関係性をいかに構築し直すかにあった。その際、軍と国民との関係性を媒介するものとして、あらためて着目されたのが新聞や雑誌（のちにラジオ）などのマス・メディアであった。そのほかに書籍の出版や講演、活動写真の利用などもなされているが、特に新聞・雑誌に焦点を当てて軍との関係を考察したのが、石原豪「日本陸軍の宣伝と恤兵——満洲事変における陸軍恤兵部の活動」（第5章）と藤田俊「『小説日米戦未来記』押収事件とその影響」（第6章）の二つの論考である。

第5章（石原）は、柳条湖事件後に国民から軍への寄付が急増したことを受けて設置された陸軍恤兵部を取りあげて、陸軍の宣伝活動とマス・メディアとの関係を考察したものである。将兵への慰安や恤兵金品の多寡は直接的に将兵の士気に影響したが、将兵の家族への恤兵は彼らが後顧の憂いを断つためにも必要であった。他方、寄付の多寡は軍事行動に対する「挙国的関心」の「バロメーター」でもあり、それゆえ陸軍は国民の関心の喚起や熱気を維持するための宣伝活動やマス・メディアへの働きかけを行った。また新聞社にとっては、軍への協力が満洲事変を利用した発行部数の伸長と、営業成績の向上につながることになった。さらに恤兵などの寄付をめぐる報道が「輿論」や「国論」を表すものとして、陸軍の行動の後押しともなった。ただし、一年も経たずに熱狂的な寄付が激減していったように、陸軍の宣伝やマス・メディアの報道が常に効果をあげていたわけではない。つまり「陸軍の宣伝はマス・メディアは動かせても人びとは動かせない場合もあった」のである。

以上のように第5章（石原）は、情報を発信する陸軍、それを受け取る国民、そして両者を媒介するマス・メディアの動きという三者の関係を、恤兵を軸に解き明かしている。

次に、一九三三年一二月に起こったホノルル税関による新潮社の『小説日米戦未来記』の没収事件を題材にして、架空戦記などのフィクション作品の出版と取り締まり、そして内外政治との関係について考察したのが、第6章（藤田）である。税関の押収をハースト系新聞がAP・UP通信とともに大々的に報じると、全米有数の日系人口を誇る西海岸諸都市を中心に、大海軍論者の思惑も絡み対日脅威論が急速に高まった。そうした事態を日系社会は憂慮したが、それに反して日本国内では、アメリカ税関初の没収雑誌という話題性を販売促進につなげる出版社や作家の動きがみられた。他方、満洲事変収束後の対米関係改善をめざす政官界では、日米双方の対外イメージを歪め、両国関係に累を及ぼすような言論への統制を求める声が強まり、帝国議会でも架空戦記の取り締まりが議論され、出版法の改正につながる。また陸海軍、外務、内務の四省が「戦争挑発出版物」の統制で合意するものの、対米関係改善の阻害につながる著作の取り締まりを志向する外務省、第二次ロンドン海軍軍縮会議を前に日米架空戦記がアメリカの海軍拡張論者に宣伝・利用されることを警戒する海軍、軍事知識の普及や国防思想の涵養を重視して軍事に関する大衆娯楽への統制の厳格化に慎重な姿勢の陸軍、軍事・国防上の利害を考慮した慎重な取り締まりを主張する内務省という、それぞれの立ち位置に違いがみられた。「非常時」下のフィクション統制は、対外脅威論のエスカレーション抑制と軍事・国防の大衆化促進との兼ね合い等で揺れ動いていたのである。

以上のように第6章（藤田）は、架空戦記という文学ジャンルが大衆・世論に与えた影響の大きさに反して、従来十分に解明されてこなかった当該期の言論統制や政治・外交との関係について論じている。

石原、藤田の両氏は、これまでいずれも陸軍省新聞班の活動を取りあげて民軍関係を論じてきた研究者である。そこに共通する研究姿勢は、軍による国民統合、つまり国民・社会への抑圧や動員といった、かつてみられた軍から民への一方的な関係として民軍関係を描き出すのではなく、その両者の双方向性に着目している点である。その結果、一九三〇年代前半期における軍、国民、マス・メディアの三者関係のあり様を明らかにすることに成功している。特に新聞・雑誌・作家側の営利を目的としたしたたかな姿と、熱しやすく冷めやすい国民に軍としていかに向きあうのか、つまり軍にとってコントロールしにくい宣伝・広報対象としての国民の姿が浮かびあがってくる。そうした当該期における軍の経験が、盧溝橋事件以後の軍による三者関係の構築の仕方にどのように影響したのか、今後のさらなる検討が期待される。

ところで第3章（太田）と第4章（小磯）の関係性が示しているように、第一部で扱った「政府・議会と軍」（政軍関係）と第二部で取りあげた「民衆・社会と軍」（民軍関係）とは、そもそも密接な関係にあり、両者が相まって陸海軍の実相と陸海軍を取り巻く時代像とに近づくことができるといえる。ただしもちろん、陸海軍そのものの研究が、その実相に迫るためにはさらに必要不可欠である。先に触れたように、たとえば軍内の一体的な統制・運用の問題や、軍政と軍令の関係等の検討が求められるが、本書では、海軍の作戦指導を論じた相澤淳「日本海軍と総力戦」（第7章）、海軍の権力構造と軍事輔弼体制を考察した飯島直樹「一九三〇年代における海軍権力構造と軍事輔弼体制の変動――元帥府・元帥の視点から」（第8章）、そして天皇の戦争指導を素描した黒沢文貴「軍事指導者としての天皇」（第9章）の三つの論考を、広く戦争指導（体制）に関わる側面として一括し、国内的文脈の第三として位置づけている。それが第三部「戦争と軍――戦争指導の文脈」である。

第7章（相澤）は、第一次世界大戦が総力戦となったことを受けた海軍の、真珠湾攻撃に至る道程を、その作戦構想を軸に描き出したものである。すなわち、大戦開戦の翌年から海軍は陸軍と同様、省部の垣根を越えた臨時調査委員を設けて第一次世界大戦の実相を探った。陸軍が総力戦の様相をより的確にとらえて、戦争形態の全般的な変化に対応しようとしたのに対して、海軍は総力戦への移行を認識しつつも、兵器の発達や戦闘様式に目が向きがちであった。その結果、アメリカを仮想敵とする海軍は大戦終結以降も、毎年作成する年度作戦計画において主力艦（戦艦）同士の艦隊決戦主義を変更することなく、一九四一年の対米開戦直前まで続けることになる。しかし、日露戦争時の日本海海戦をモデルとするその戦い方は、長期戦となる総力戦下ではもはや通用するものではなく、また大戦後の航空機の発達など兵器の近代化にも十分対応したものでなかった。こうした問題に直面したのが、対米開戦時の連合艦隊司令長官である山本五十六であった。そこで山本はそれまでの作戦構想を抜本的に変更し、空母を中心とする航空戦力で開戦当初から米艦隊主力を撃破する「決戦」を実行し、戦争をより短期に終わらせる戦い方を試みた。しかし、第二次世界大戦下において当然のように長期（総力戦）化した日米の戦いでは、その試みもまた大きな矛盾を抱えていたのである。

このように第7章（相澤）は、第一次世界大戦後から真珠湾に至る二〇年余の海軍の歩みを、陸軍とも対比させながら明確に描き出している。それに対して一九三〇年代の海軍部内の統制と天皇による軍統制の問題を、終身現役である元帥を窓口にして論じたのが、第8章（飯島）である。

一九三〇年代の海軍の権力構造については、これまで艦隊派と条約派の対立に焦点が当たりがちであったが、艦隊派に擁立された東郷平八郎の存在もきわめて重要である。東郷が海軍内で強い影響力を及ぼしえたのは、その個人的な権威性だけでなく、天皇の軍事最高顧問機関である元帥府の構成員であり、終身現役が保障される元帥だった点に求められる。第8章（飯島）は「臣下元帥」としての東郷の存在が海軍の権力構造（特に軍政—軍令関係）の変動に及ぼした影響と、昭和天皇・宮中にとっての軍事輔弼者の重要性という二つの視点を関連づけて考察することによって、当該期の海軍権力構造と軍事輔弼体制の関係性およびその変容過程を描き出したものである。東郷の死後、艦隊派の没落とともに海軍内で「臣下元帥」が部内統制の混乱要因とみなされ、再生産されなくなったこと、一方で「臣下元帥」の不在状況は、昭和天皇にとっては軍部統制の手がかりの喪失を意味したことを明らかにしている。

飯島氏はこれまでにも天皇の軍事指導を輔弼する軍事体制の形成と展開について意欲的な論稿を発表されてきた研究者である。本章では昭和期の海軍の部内統制をめぐる様相を明らかにするとともに、「皇族元帥」である伏見宮と閑院宮がそれぞれ統帥部長職という軍当局の代弁者の位置にあったがゆえに、直接の当事者ではない「臣下元帥」の昭和天皇に対する軍事輔弼機能がきわめて重要な意味をもっていたことを浮き彫りにしている。

そうした昭和天皇の軍事指導（戦争指導）については、これまでにも多くの研究が積み重ねられてきたが、第9章（黒沢）は明治・大正・昭和と移り変わる軍事指導者としての天皇にあらためて焦点を当て、その軍人君主としての姿を素描したものである。そもそも雅の世界にいた天皇が軍人君主としてのイメージをどのように形成し、明治から昭和にかけて維持してきたのかという問いを皮切りに、明治天皇と昭和天皇のそれぞれの戦争指導とその違いの背景を探り、さらには軍事指導者としての天皇の軍事指導（戦争指導）を支える軍事輔弼体制がどのように構想され、構築されたのかを、明治憲法体制の輔弼システムと対比させながら論じている。その結果、戦争指導の疑念や不安を分かちあえる軍事顧問（元帥）が事実上不在となった昭和初期以降の昭和天皇は、明治天皇と大正天皇に比べて、孤独な軍事指導者であったと述べている。なお天皇無答責の原則を担保する観点からいえば、明治憲法に規定されてもよいはずの統帥大権の責任ある輔弼の所在（輔弼者）が憲法に明記されなかったのはなぜか、という点についても論究している。

以上、日本陸海軍を三つの国内的文脈、つまり政軍関係の文脈（「政府・議会と軍」）、民軍関係の文脈（「民衆・社会と軍」）、戦争指導の文脈（「戦争と軍」）という三つの文脈から考察した諸章を、本書では三部に分けて収録している。ただし対外戦争を担う組織としての軍という、軍の本来的な使命に関わる側面（大正中期までは、さらに植民地総督も独占していた組織であり、また在外駐屯部隊をも保持していた組織）からいえば、国際社会や国際関係との関わりも重要な論点である。すなわち、陸海軍の国際的文脈をも併せて検討しなければ、その実相を十全に詳らかにすることはできない。本書が「国際的文脈における軍」を第四部として設けた所以である。

しかし、軍の対外的な側面はきわめて多様である。たとえば軍の対外認識や軍外交、また戦地での作戦・戦闘、戦地での陸海軍の協力関係、占領地行政等々、研究対象としてはいろいろな側面がある。そのうち本書で取りあげたのは、軍医、華北駐屯軍、捕虜虐待という三つの国際的な諸問題である。

まず日向玲理「万国医学会と日本陸軍軍医」（第10章）は、ドイツ留学や万国医学会に参加した明治期の陸軍軍医（学士軍医）や医学者たちが、欧米医学社会をどのように観察し、いかなる知識や経験を得たのか、それらが日本の陸軍衛生部の組織改革や人材育成とどのように結びついたのか、について考察している。草創期の陸軍衛生部を支えた石黒忠悳と彼が寵愛した小池正直らの学士軍医たちは、陸軍軍医制度を近代化するための改革者としての強い自負と信念をもち、留学により最先端の学問を学んだが、それは学問に没頭するだけでなく、社会への広い関心をともなうものでもあった。万国医学会参加の意義は、会議に参加した留学生や医学者たちの間では認められていたが、日清戦争以後、政府もその重要性を認めるようになる。それは日本の医学を国際社会に発信していく好機、日本医学の発揚の場との認識が醸成されてきたからでもあった。一八九〇年に石黒が陸軍省医務局長に就任した時期に小池や森林太郎（鷗外）らの留学組が帰朝し、陸軍衛生部の組織改革が進行する。留学組の多くは行政職ではなく陸軍軍医学校教官となるが、それは優秀な軍医の育成こそが重要と認識されていたからであった。

クリミア戦争でのナイチンゲールの活躍や国際赤十字の創設（一八六三年）にみられるように、一九世紀後半期における各国の軍医・衛生兵制度はいまだ脆弱であったが、日本も近代軍を創出するなかで、軍事医学（軍陣医学）のさらなる発展や軍医・衛生兵制度の整備を急ぐことになる。それには欧米の先進医学の受容が急務であったが、第10章（日向）は日本軍が欧米の影響を受けて形成され、国際的な側面を常にもつ軍隊であることを、軍医の視点からあらためて想起させるものとなっている。

次に櫻井良樹「華北駐屯アメリカ軍の撤退と支那駐屯軍」（第11章）は、北清事変以降、華北に駐屯した列強各国の軍隊の動向を、日米を中心に検討することによって、列強諸国による中国に対する協調抑圧体制が、日中戦争の勃発と華北駐屯アメリカ軍の撤退により終焉を迎えたことを論じたものである。一九二〇年代の中国は軍閥間の争いが過熱し、ナショナリズムが高揚した混乱期にあり、列国駐屯軍は天津租界等を防衛するための共同体制をいったんは成立させるものの、やがて崩壊していく。まず北伐の進展にともない、アメリカ軍が鉄道沿線の共同警備体制から離脱する。次に満洲事変以後、華北の治安問題との関わりを強め、中国の保安隊や抗日運動に向き合うことになった日本の支那駐屯軍が独自の行動をとるようになる。それに対してアメリカ駐屯軍は、日本軍の行動を牽制するという側面を新たに加えるものの、その役割は次第に自国民の生命・財産を守るためだけのものとなっていく。そして日中戦争が本格化するなかアメリカ人の退避が進むにつれて駐屯軍の規模は縮小され、海兵隊に交代、日米開戦の直前に撤退が決定し実行される。それは論理的には、日本軍の中国からの撤退を求めていた日米交渉におけるアメリカ側の主張の合理性を高めるものとしても理解することができる。

植民地等に駐屯する日本の在外部隊をめぐる問題については、第2章（大江）でも国内的文脈から取りあげられている。国際的文脈からもその実相を明らかにすることが必要であるが、支那駐屯軍については、関東軍・朝鮮軍・台湾軍等とは大きく異なる点がある。それは、部隊が駐屯する天津租界は各国軍が駐屯する国際的な場であり、各国軍隊との連絡・調整や租界当局との関係が、儀礼的側面も含めて、日常的に存在するからである。支那駐屯軍はまさに国際関係の最前線に位置する軍隊といえる（第一次世界大戦時の青島守備軍も似ている）。そしてそれは、各国軍の駐屯が北清事変後の北京議定書等にもとづいているがゆえに、日本を含む列強の中国に対する「協調抑圧体制」を維持する機能を本来的に有するという国際的文脈にある。櫻井氏にはすでに『華北駐屯日本軍』（岩波書店、二〇一五年）という好著があり、支那駐屯軍のもつそうした国際性について明らかにされているが、本章はさらに日米両軍の動向に焦点を絞り論じている。

第四部の最後が、小菅信子「日本軍の捕虜処遇と「文化差」――歴史と歴史コンテンツの相剋」（第12章）である。比較的捕虜の少なかった日露戦争や第一次世界大戦では、自国の捕虜に対する偏見や蔑視はともかく、日本の「武士道精神」は特に問題にならず、むしろ国際的な賞賛を浴びた異文化交流の事例であった。だが世界大戦レベルの総力戦がこの先起きれば、捕虜処遇をめぐり日本と欧米との間で大きな問題が起こりかねないという奈良武次陸軍省軍務局長の予測は、太平洋戦争で現実となる。日露戦争及び第一次世界大戦と太平洋戦争における欧米人捕虜の処遇の相違は、文化差的側面もあるが、大量の捕虜の存在と補給のままならない「大洋の戦争」による物資不足、過酷な気候等の諸点にもある。また実際の捕虜処遇には、時期や場所、管理する側の側面などの違いから、少なからぬ相違が生まれた。さらに戦後世界における日本軍の捕虜処遇に関する集合記憶の形成に大きな影響を与えたのは、ＢＣ級裁判や捕虜の体験談ではなく、「戦場にかける橋」や「戦場のメリークリスマス」などの映画であった。

　太平洋戦争中の日本軍による捕虜虐待の問題は、ポツダム宣言でも言及された国際法に関わるものであり、まさに日本軍の国際性が問われた問題であった。戦後の日英関係に刺さった大きな棘がこの捕虜虐待問題であったが、小菅氏は長年、同問題の研究と日英和解の実践に取り組んできた研究者である。本章では、捕虜問題の集合記憶が戦後世界で形成される過程において果たした「戦場にかける橋」の影響の大きさを指摘している。他方、映画で形成された捕虜体験のイメージだけが日本軍の捕虜体験ではないと主張する元捕虜たちもおり、英軍の元捕虜の間でも記憶の齟齬があり、集合記憶と個人記憶との対立にも着目している。また小菅氏は、戦争の記憶の問題を和解の問題と結びつけて章を終えているが、戦争の記憶をめぐる研究は、今日多様な側面から論じられているテーマでもある。

　以上、本書の各章を四部に分け、その内容を本書の視座に即して、簡単にではあるが紹介してきた。日本陸海軍を国内的文脈と国際的文脈の両面から考察した本書が、今後の日本軍事史研究の進展を促すものになることを願っている。

（1）　本総説の第一節は、黒沢文貴「生命体としての軍隊」（『軍事史学』第五五巻第三号、二〇一九年）に加筆修正を施したものである。
（2）　軍隊と地域・社会との関係をテーマとする研究は数多いが、ここでは比較的新しい研究成果として、中野良『日本陸軍の軍事演習と地域社会』（吉川弘文館、二〇一九年）、木村美幸『日本海軍の志願兵と地域社会』（吉川弘文館、二〇二二年）、兒玉州平・手嶋泰伸編『日本海軍と近代社会』（吉川弘文館、二〇二三年）を挙げておく。
（3）　宇野重規『政治哲学へ――現代フランスとの対話』（東京大学出版会、二〇〇四年）一〇九頁。
（4）　たとえばジャン・ジャック・ルソーは『社会契約論』のなかで「戦争の目的は敵国の撃破であるから、その防衛者が武器を手にしているかぎり、これを殺す権利がある。しかし武器をすてて降伏するやいなや、敵または敵の道具であることをやめたのであり、ふたたび単なる人間にかえったのであるから、もはやその生命をうばう権利はない」と述べている（同書、

桑原武夫・前川貞次郎訳、岩波文庫、一九五四年、二五頁)。
(5) 小菅信子「〈戦死体〉の発見」(石塚久郎・鈴木晃仁編『身体医文化論――感覚と欲望』慶應義塾大学出版会、二〇〇二年)参照。
(6) 黒沢文貴・河合利修編『日本赤十字社と人道援助』(東京大学出版会、二〇〇九年)参照。
(7) 田中豊(陸軍中佐)「自治ト軍隊教育」(『偕行社記事』(以下『記事』と略記)第五六〇号、一九二一年四月)三七頁。
(8) 堀木祐三(陸軍中尉)『近代思想と軍隊教育』(成武堂、一九二三年)自序五頁。
(9) 寺師義信(陸軍三等軍医正)「軍人ノ自覚」(『記事』第五七九号、一九二二年一一月)九九頁。
(10) M・J大佐「軍隊教育振興」(『記事』第五五四号、一九二〇年一〇月)三〇頁。
(11) 堀木前掲書、自序五頁。
(12) 本間雅晴(陸軍大尉)「思想の変遷に鑑みて軍紀と服従とを論ず」(『記事』第五五〇号、一九二〇年六月)四六頁。
(13) 和田芳男(陸軍二等主計)「時代思潮ニ鑑ミ世人ヲシテ益々将校ヲ信頼セシムヘキ方法」(『記事』第五六三号、一九二一年七月)一〇七頁。
(14) 稲葉正夫編『岡村寧次大将資料』上(原書房、一九七〇年)三六七頁。
(15) 以上については、黒沢文貴『大戦間期の日本陸軍』(みすず書房、二〇〇〇年、オンデマンド版、二〇一一年)第三章参照。
(16) 和田前掲論文、九七頁。
(17) 「開国」については、黒沢文貴『二つの「開国」と日本』(東京大学出版会、二〇一三年)および同「近現代日本と四つの「開国」」(軍事史学会編『第一次世界大戦とその影響』(『軍事史学』第五〇巻第三・四合併号)錦正社、二〇一五年)を参照。
(18) 黒沢文貴「大正・昭和期における陸軍官僚の「革新」化」(小林道彦・黒沢文貴編『日本政治史のなかの陸海軍――軍政優位体制の形成と崩壊　1868-1945』ミネルヴァ書房、二〇一三年)参照。
(19) 同右参照。
(20) 臨時軍事調査委員「独逸屈服ノ原因」(『記事』第五三七号附録、一九一九年五月)一八頁。
(21) 黒沢前掲『大戦間期の日本陸軍』八九―九〇頁。
(22) たとえば、藤田俊『戦間期日本陸軍の宣伝政策――民間・大衆にどう対峙したか』(芙蓉書房出版、二〇二一年)、石原豪『大正・昭和期日本陸軍のメディア戦略――国民の支持獲得と武器としての宣伝』(有志舎、二〇二四年)など参照。

(23) たとえば、吉見義明『草の根のファシズム——日本民衆の戦争体験』(東京大学出版会、一九八七年)参照。
(24) 玉音盤奪取のクーデター騒動や昭和天皇の落飾など生身の天皇ではなく、天皇制度(国体)の維持に走ろうとした軍の一部将校たちが、周知のように存在したのであり、それが実現したとすると、終戦時の軍はもはや「天皇の軍隊」ともいえない組織体になっていたといえるのであろうか。それとも天皇制度の維持に固執したという側面に着目すれば、ある種変則的ながら、それでも「天皇の軍隊」の姿を保持していたのだといってもよいのであろうか。いずれにせよ、天皇の命にも服さない「天皇の軍隊」とは、どのような組織体として理解すればよいのであろうか。その意味で、終戦間際の八月一四日に下された昭和天皇の二度目の聖断の後、陸軍大臣室に阿南惟幾陸相、梅津美治郎参謀総長、土肥原賢二教育総監の陸軍三長官をはじめ、実力部隊を率いる杉山元第一総軍司令官、畑俊六第二総軍司令官、河辺正三航空総軍司令官が集まり、「皇軍ハ飽迄御聖断ニ従ヒ行動ス」という「陸軍ノ方針」に署名して、本来ならば当然の陸軍の行動原則であるはずの「承詔必謹」をわざわざ確認していることに、あらためて注目する必要がある。なお天皇の「身」と「位」に関しては、黒沢文貴「近代天皇の「身」と「位」」(『いまこそ考える　皇室と日本人の運命(文藝春秋 SPECIAL 二〇一七年冬号)』文藝春秋、二〇一六年一二月)参照。
(25) 日本軍が一億玉砕を本気でめざしていたとするならば、そこには軍事的合理性も近代的組織性も、もはや見出すことはできない。そもそも終戦時の日本軍は、何のために戦い、誰に(もしくは何に)忠誠をつくそうとしていたのであろうか。
(26) 黒沢前掲『大戦間期の日本陸軍』を参照。

第一部　政府・議会と軍——政軍関係の文脈

第1章　徴兵令と外征をめぐる政軍関係
――正院・左院・陸軍省と旧藩兵

大島明子

はじめに

civil-military relationsという言葉は、日本では「政軍関係」と訳されることが多い。政軍関係研究のパイオニアである三宅正樹は、その訳語について、「シヴィル」という単語には「市民社会一般も含まれていないわけではないが、文民の政府という意味合いが濃いので」いつの間にか、民軍関係という訳語ではなく政軍関係という訳語が定着したようだ、と述べている[1]。

また三宅は、ハンチントンが提唱した「客体的文民統制」(objective civilian-control) をめぐる論争についても解説している。ハンチントンは、将校団が責任ある専門的な技術者集団として成立しプロフェッショナリズム（専門職業意識）をもてば、軍は政治的に中立になると主張していた[2]。論争の結果は、専門軍化は政治的中立をもたらさないとしたパールマターとファイナーのほうが優勢であった。

この論争は日本人の関心を引いた。それは、ハンチントン『軍人と国家』上・下（原書房、一九七八・一九七九年）が、プロフェッショナリズムの対極に位置する非科学的な精神性を特徴とする軍の例として、第二次世界大戦前の日本軍を挙げたことや、ファイナーが、軍の政治化の要因としてその国の政治文化に注目し、日本を成熟（mature）まではしていなくても発達した（developed）政治文化をもった国に分類したことなどのためである。そして、ハンチントンの日本軍についての記述が史実に反するという批判や、その理論そのもの、ひいては理論を用いた歴史分析自体への批判などが巻き起こった(3)。

その後は、「日本軍部の政治介入の要因を諸外国との比較のなかで、その共通性と特殊性の両面において把握する理論創出の必要性」も指摘され(4)、政軍関係という言葉も定着してきている感があるが、理論への懐疑は根強く残り、ハンチントンの理論を分析に利用する研究は少なくなった。それだけでなく、史料の読解と批判という伝統的な方法にひたすら依拠し、精緻な実証をめざす方法への回帰が起こったようにさえ思われる(5)。

興味深いのは、「客体的文民統制」をめぐる論争で分が悪かったにもかかわらず、アメリカ合衆国においては、ハンチントンが試みた政軍関係分析の方法が、その後も参照され続けていることである。論争における争点だけでなく、『軍人と国家』は、冷戦後にもう一つ誤りを指摘されている。その誤りとは、ハンチントンが同書でアメリカが冷戦に敗北するのではないかと警告していたことだ。ハンチントンは、その理由として、アメリカ社会において自由主義的・反軍的なイデオロギーが支配的であることと、合衆国憲法が議会に強い軍事権限を与えていることの二つを挙げた。だが、合衆国は自由主義的イデオロギーを捨てることなく冷戦を乗り切ったとされ(6)、そのように予測を誤ったと指摘されながらも、その理論的枠組みは冷戦後にも影響を保持し続けた。

ハンチントン『軍人と国家』は、合衆国の政軍関係を規定する要因として①対外危機の強度、②憲法に基づく軍と議会・大統領・国防省の関係、③社会における支配的なイデオロギーの三つを挙げている。そして、軍の政府への服従（軍からの安全）と危機における軍の有効性（軍による安全）の両方を最大化するために、その三つがどうあるべきかを考究した。それらの分析のための三つの条件は、修正を加えられたり反論されたりして、軍の役割と行動についての新たな研究を刺激し続けている。(7)

さて、この章では次のような問題を検討する。すなわち、幕末から明治初年にかけての日本では、天皇を政府・軍の頂点に戴き、合議制を備えた政権が正当性をもつというイデオロギーが支配的であった。そのイデオロギーのもとで、日本の近代的な軍事官庁、内閣や憲法、議会が成立した。それらの、通常政軍関係において重要である法制・機構のうち、特に、初期の陸軍省と発達途上の合議体・立法機関であった左院に注目してみたい。両機関は、一八七二(明治五)年末から一八七三(明治六)年初頭にかけて、徴兵制度の導入のために協力している。それは、太政官正院(内閣の前身)と外務省が台湾・朝鮮への外征を企て、旧薩土肥藩兵の再召募をもくろむ最中でのことであった。

徴兵制導入に先立っては、一八六九(明治二)年から翌年にかけて、新政府軍として旧雄藩の藩兵を用いるべきだとする勢力と、徴兵制導入をめざす兵部省の長州系の官僚たちが、兵制選択をめぐって争った。(8)徴兵制が西洋の火器を用いた戦術に適合し優れていることは、実戦経験のある軍事官僚たちを中心に認識されていた。だが、徴兵制の導入のためには数百年も続いてきた身分制度・禄制を同時に改革する必要があり、改革を断行すれば内乱になってしまう恐れもあった。

そこで、一八七一(明治四)年に政府は旧薩長土三藩兵からなる御親兵といわれる部隊を編成し、その力を背景として廃藩置県を断行した。廃藩置県後は、正院から大幅な委任を受けた大蔵省と兵部省(一八七二年四月五日陸軍省・海軍省に分離)、陸軍省が、禄制・兵制改革を推し進めることにした。

一八七三(明治六)年初頭における徴兵令の発令に先立っては、左院は独自の四民平等の社会構想をもって陸軍省と協力し、両者の合作として徴兵制度はつくられた。一方で左院は、地方官会議を左院の下で開催し、軍事費や兵制について審議しようとしていた。諮問機関にすぎないとして軽視されてきた左院だが、徴兵制度の創出に積極的に関わり、兵制と軍事費を審議事項として押さえようとしたことが注目される。

また、このように雄藩の軍事力結集がなされるとき、常にそれに対抗して他の諸藩や地方官による合議体がめざされ、それが公議所・集議院・左院として発展したことも確認してみたい。その軍事力結集と公議の関係は、前近代の日本の伝統を受け継ぎつつも、日本の憲法には十分に活かされなかった合議制と軍の政軍関係だったと考えるからである。

＊月日の記載は、太陽暦を基本とし、適宜太陰太陽暦を（　）内に記した。

一　軍事力結集と合議

1　公議と公論

よく知られているように、一八九〇（明治二三）年の日本における議会の成立に先行しては、さまざまな合議制のあり方が模索された。幕末から明治初期にかけての政治変動のなかで、政権とその政策を正当化するためには「公議」が不可欠とされた。その「公議」とは、合議によってなされる決定の手続きと合議機関の両方を指していた(9)。

現在も活発に行われている公議・公論研究の傾向として特に注目されるのは、次の二点である。①徳川政権が滅びる以前の幕末の合議制論と、明治時代に入って以降の合議制論を連続してとらえようとしていること、②合議制の起源を、西洋の政体の考え方が導入される前の江戸時代（もしくはそれ以前）にも求め、東アジアの政治的伝統のなかでも考えようとするようになってきたこと(10)、だ。

江戸時代には、高い家格の大名に限定された合議制があった。その合議に参加する大名の枠の拡大が盛んに試みられたのは、新たな海防の負担が問題化した安政年間頃からである。そのなかには、たとえば越前藩士橋本左内による水戸と西国の大名の合議構想や、幕閣による東国の有力大名中心の構想などがあった。一五代将軍となった徳川慶喜も、参勤交代で在府中の大名に「海陸備禦」について談合することを命じ、慶喜を支えた老中の一人小笠原長行は、合議と多数決による討議結果の集約を試みていた。一八六八(慶応四)年の鳥羽伏見の戦い後に開かれた公議所も小笠原の提案による(11)。

戊辰戦争の戦乱のなかで、公議機関は政権の正当性を主張するために不可欠の装置となっていく。一八六八年六月(慶応四年五月)に仙台で成立した奥羽列藩同盟の修正盟約書では、それに先立つ白石盟約で「大事件ハ列藩尽衆議、可帰公平之旨、軍事之機会、細微之節目等ニ至候テハ、不及集議、可随大国之号令事」となっていたうち、「軍事之機会」以下が、「細微則可随其宜事」に書き改められ、軍事についての大藩主導は否定された(12)。この仙台に上野戦争から逃れてきた輪王寺宮公現法親王を迎え、仙台・米沢両藩主を総督とする軍議所を設置して成ったのが公議府である。公議府は軍事指揮系統の再編において大きな役割を果たした(13)。

2　廃藩置県への道と公議所・集議院

戦争に勝利した新政府は、幕府の公議所(旧公議所)の人員に議事政体取調所を作らせ、一八六九年四月(明治二年三月)、その建議に基づき再び公議所(新公議所)を設置、諸藩の公議人を集めたが、この公議所は設置後約四カ月で集議院に改組された(14)。

政府が公議所や集議院に期待したのは、府藩県三治制のもとでいまだ自立性を保っている諸藩に中央集権化改革のための意見集約を行わせることだった。一八六九年の版籍奉還においては、政府は薩長土肥四藩の公議人に版籍奉還の「機務」を下問し、その政策を正当化した(15)。版籍奉還後、集議院には藩制の審議が命じられた。藩制は、藩高の一〇分の一を陸海軍費として徴収し、藩債の償却を義務づけ、禄制改革を余儀なくさせる厳しいものであったが、財政破綻に直面していた多くの中小藩がこれを受け入れていく。一八七〇（明治三）年中の諸藩大参事などから成る集議院の審議において、禄の平均化を肯定した藩は四六藩に上った[16]。一方、兵制については、藩の石高に応じた供出に賛同した公議人六六名に対し、兵農一致の徴集を支持した公議人は一六人であった[17]。大藩の反発は強く、そのなかで集議院は二度目の閉鎖を命じられた。一八七一年に入り、合議機関の復活が叫ばれるなかで、鹿児島（旧薩摩）・山口（旧長州）・高知（旧土佐）三藩の藩軍事力が御親兵として中央政府の直属とされ、鹿児島・山口両藩が主導する、いわば上からの廃藩置県が断行される。

このように、実際には強力な中央軍を創設することで藩の解体が実現したため、封建制の廃止は、その武力を出した雄藩――この場合特に鹿児島・山口両藩――が最初から主導して成ったように思われがちであるが、実は旧幕臣や中小藩の武士たちのほうが、武士身分の特権がすでに崩壊寸前であることを早くから認識していた。静岡藩を含むそれらの諸藩は、雄藩に先行して自ら禄制改革や武士の帰農商に取り組もうとした[18]。

雄藩では、高知藩も、早くから家禄の禄券化と士族の常職の廃止を打ち出していた。郡県化につながるその施策は、福井藩や米沢藩などの諸藩に影響を与え、やがて改革派諸藩の提携へと発展してゆく。一八七一年六月（明治四年四月）には、高知藩を盟主とした改革派諸藩の会議が開かれ、高知・熊本・徳島・彦根・福井・米沢藩の大参事などが集まった。彼らは、「人民平均」と民政・兵制の確立、「議院」の開催を唱えた[19]。

三雄藩の藩兵からなる御親兵が東京に結集したのはこの頃だが、この時点では全面廃藩は日程に上っていなかった。改革派諸藩による急進開化路線が社会の一潮流となり出して初めて、鹿児島・山口両藩は危機感をもち、その動きに「促迫されて[20]」上からの全面廃藩に踏み切ったのである。一八七一年八月（明治四年七月）に断行された廃藩置県が、高知藩抜きの鹿児島・山口両藩の密議によって実現した[21]ことは、両藩が、高知藩を盟主として公議を要求する改革派諸藩を排除するために先手を打ったことを示す。

重要なことは、このときに問題となった改革が、身分制・禄制・税制とともに必然的に兵制の改革をともなうものだったことだ。それゆえ、もし改革派諸藩が改革の主導権を握った場合は、彼らが開設を主張する議会が、禄制改革や税制事項とともに、必ず兵制についても話し合うことになっただろう。山口・鹿児島両藩は、戊辰戦争を通じて保ってきた軍事についての主導権を、そうした多数諸藩の合議に縛られることを危惧していた。

二　徴兵令の成立

1　大蔵省・陸軍省・左院

廃藩置県後の官制改革で、太政官は正院と左右両院からなる三院制をとった。正院は、太政大臣三条実美と右大臣岩倉具視、旧薩長土肥四藩から一人ずつ出た参議からなり、実質的な政策決定権をもった。正院が決定し天皇の裁可を得た政策を実行するのは各省であった。省卿（長官）・大輔（次官）には政策の立案と実行が任され、省はかなりの自律性をもっていた。なかでも地方民政と財政を両方管轄する大蔵省は、政府内政府といってもよいほどの幅広い分掌を委任されていた。いわゆる「大大蔵省」である[22]。

「大大蔵省」が、実際に中央集権化改革へと乗り出すのは、一八七一年一二月（明治四年一一月）に岩倉遣外使節団が米欧へと出発した後である。このとき国内に居残った三条実美太政大臣以下、西郷隆盛・板垣退助・大隈重信の三参議、大蔵大輔井上馨、兵部大輔山県有朋などの官僚たちを「留守政府」と呼ぶ。

留守政府は数々の画期的な改革を行った。特に、大蔵省が推進した藩債の処理や地租改正準備、兵部省（陸軍省）が調査・推進した徴兵令などは、その目玉ともいえる。留守政府における大蔵省の強大さはよく知られているが、事務章程で省務の総判を認められたのは他省も同じであって、兵制調査と徴兵制の導入は、一貫して兵部省・陸軍省の軍事専門官僚に任されて行われた。大蔵省の事実上のトップとなった大蔵大輔井上馨と兵部省（陸軍省）のトップ兵部大輔（陸軍大輔）山県有朋が同じ長州出身だったのも、両省が提携して改革を推進するのに好都合だった。

これら行政部に対し、正院の諮問機関となった合議機関が左院である。一八七一年一一月（明治四年一一月）に達せられた左院事務章程は、左院を「立法ノ事ヲ議スル」とし「一般ニ布告スル諸法律制度ハ本院之ヲ議スル」[23]としていた。それまでの合議機関である集議院は左院の「被管」となった（一八七三年六月に集議院は廃止され、その事務は正式に左院に引き継がれた）[24]ので、左院は地方の意向を集約する役目も担った。

次に徴兵令の成立過程を簡単に述べ、左院が果たした役割や、陸軍省が提出した方針を左院がどのように変更したかを検討したい。

2　徴兵令の成立

一八七三年の徴兵令制定に先立ち、陸軍省は元御親兵の近衛兵と鎮台兵の解隊のスケジュールをたてている。それらは、割拠的な体制を緩和するために、一時的に旧藩軍の一部を政府軍としてとりこんだだけのもので、陸軍省は徴兵制導入をめざしていたからだ。

陸軍省が鎮台兵・近衛兵の早期解隊をめざしたのは、鎮台兵・近衛兵が封建回帰を望んでいたからではない。それら将兵の主体は、「官軍」として戦った経験のある帰還将兵であって、旧社会における地位もさまざまであった。問題は、新政府の成立に貢献した彼らが、安定した職業と給与を与えられると期待していたのに、限られた財政収入では全員を職業軍人にすることが不可能だったことだ。また、特に元御親兵の近衛兵は自裁などの古い罰則によって規律を保つ旧式な気風をもち、画一的な調練には不向きであった。

近衛兵の統制に苦慮しつつ陸軍省は兵制を研究し、一八七二年五月（明治五年四月）には、東京鎮台兵だけは入隊から満三年を服役期限とし、一八七四(明治七)年の秋に解官とすることを発表した。また、一八七二年五月(四月)、近衛局は元御親兵の近衛兵を翌年三月に解隊する案を上申した。同案は、一八七二年夏の近衛兵暴動の際に提出され、裁可された。その際、八月(七月)に西郷隆盛は近衛都督となり「鹿児島隊の難物」[25]を引き受け、その解官に当たることになった。

一八七一年の初頭に編成された御親兵が一八七三年の三月に解官となるということは、その在営期間は約二年である。東京鎮台兵が三年を「服役期限」とされたことを考えても、それらは志願兵制ではなかったし、陸軍省は、そうするつもりもなかった[26]。

山県陸軍大輔が徴兵の詔と徴兵令の原案を「徴兵大意」「癸酉徴兵略式」「近衛編制並兵額」「四民論」という付属文書とともに左院に提出したのは、一八七二年一二月一九日(明治五年一一月一九日)より少し前のことと考えられる。「徴兵大意」は、原史料は行方不明だが、徴兵告諭の原案と考えられる。「癸酉徴兵略式」は東京鎮台管下の石高と徴兵すべき人数の計算書、「四民論」は漸進的に徴兵制を導入するために免役規定を身分別に適用する提案である。一二月一九日、太政官の史官は、「勅書竝徴兵告諭」以外の「別紙」(徴兵令など)が左院の審議を経たことを伝え、「別冊二」は「四民論」に関係し保留とされているので、「明廿日」山県が参朝して説明するはずである、と伝達している。

同じ綴りのなかには、一二月二六日(一一月二六日)の左院の「陸軍省ヨリ伺出候徴兵制度ノ答議」が収められている。そのなかで左院は、陸軍省から提出され、おそらく山県の説明を受けた「四民論」に逐一反論している。また左院は、「勅書案布告案徴兵大意等」については「皇国兵制ノ一大変革四民ノ名称廃除ノ基本」であるから「猶全院ノ熟議」を経たい、と申し添えていた。徴兵制を「四民ノ名称廃除」すなわち四身分を平等にする変革の基礎とするこの部分には、左院の主張がよく表れている。この答議を受け、正院は答議の二日後に「徴兵令其外四冊」を審議し、

徴兵令を裁可し陸軍省から印刷・布告させること、勅書と徴兵告諭は正院で上梓（印刷）することを陸軍省宛に伝達した。(27)

一八七二年の末のこの時期、正院には三条実美太政大臣と参議として板垣退助・大隈重信がいたはずだが、西郷隆盛は一二月一〇日に鹿児島県へ向けて出航したところで不在であった。一方、この頃には、司法省はじめ各省や地方官の大蔵省への反発が高まり、井上馨大蔵大輔は自宅に引きこもり、左院は勢力拡張のチャンスをねらっていた。

国立公文書館蔵『官符原案』には「勅書案　太政官布告案　徴兵大意」と表紙に墨書し陸軍省罫紙に書かれた綴りが収められ、三文書のうち「勅書案」「太政官布告案」だけが残り、「徴兵大意」は行方不明である。(28)しかし、『公文録』に残る左院の答議をみると、山県が作成した「徴兵大意」を左院が大幅に書き改めて「徴兵告諭」とし、最終的にそれが布告されたことがわかる。

また、左院は徴兵令には大賛成だったが、それがもたらすショックや過剰な負担を緩和するために山県が提案した「四民論」には反対であった。左院が山県の徴兵制導入案とその文書に加えた主な修正点は次の五点である。

第一に、山県が提出した勅書案の「海陸兵制モ亦古ニ復セサル可カラス」の部分の「亦」以下を「時ニ従ヒ宜ヲ制セサルヘカラス」に直し、徴兵の詔とした。(29)

第二に、山県は「四民論」で、現在士族卒は秩禄を支給されているので、他の身分で嗣子・戸主等に認められる免役を、士族卒にだけは認めないことを提案していた。これに対し左院は、「徴兵大意」で「血税」という言葉が使われ「士ノ常職ヲ解ク」方向性が打ち出されている以上、免役規則の適用は四民一律にすべしとした（表1）。

第三に、山県は「四民論」で、皇族・華族・中小の商工業者に体力がないなどの理由で徴兵猶予を提案していたが、左院は華族・中小の商工業者については猶予を否定し、皇族については四民と同様に徴兵する必要はないとした（表1）。

第四に、山県は、「四民論」で、特に農民については地主・中農・小作人に分け、富農の子弟だけに兵役を課すよ

表1　「陸軍省ヨリ伺出候徴兵制度ノ答議」にみる左院による四民論の棄却理由

四民論の提案	左院答議による批判・意見
皇族は10年猶予の後，四民同様に部隊に編入	皇族を四民一般の部隊に入れる理はなし
華族は5年猶予後，四民同様に部隊に編入．本人服役有無にかかわらず禄に応じ現米100石につき100両の軍資金を徴する	5年猶予の必要なし．すでに租税の制があるので軍資金徴収の理はない
士族卒が兵役に就くのは「固ヨリ其分」であり「名禄」も得ているので，士族・卒には嫡子・独子独孫・兄弟在勤についての免役は認めない．時宜により25歳までの者も徴集	現在士族は「常職ヲ解ク」ことになっており，人民一般血税をもって国に報いるのは「同一ノ理」であるから，免役規則の適用も四民で同一にすべきである
僧侶で，20歳で寺を継いでいるものは宗旨ごとに経文修得度など検査の上兵役を免ずる	四民について戸主を免じているのと同じで，免役して可．神職も同じ
農民には免役規則を適用．さらに地主・自作農・小作人に分け，世帯収入から租税や小作料を引いた手取りを算出，世帯人数分の食糧1年分を賄える以上の農民に兵役を課す	血税を富んだものと貧しいもので分けて徴収するのは，貴賤同一の理に反する．免役規則もあるので，一律に課すべきである
商工業者は取引額によって3段階に分け，上商は通常の兵役を賦課か代人料徴収，中商は5年の免役と代人料1/2徴収，下商および漁業・林業・芸能人などは5年間猶予	工商事業者を農民と分ける必要はなく，貧富によって区別する理もない．同一に兵役を課すべき

出所：国立公文書館DA，公00666100『公文録・明治5年・第43巻・壬申11月・陸軍省伺』．

う提案し、工商についても事業の取引額によって分け、下商その他の零細業者には兵役猶予を与えようとしていたが、左院は「血税」の徴収を貧富で分けるべきではないとしてそれらの措置を否定した（表1）。

第五に、山県が出した「徴兵大意」の「人固ヨリ心力ヲ尽シ国家ニ報セサル可カラス西人之ヲ称シテ血税ト云フ」という部分は残しつつも、左院は独自にそれを書き変えて「徴兵告諭」を作成した。それは、一八七二年一二月二八日（明治五年一一月二八日）に、一八七三年一月一〇日の徴兵令に先行して、徴兵の詔とともに公布された。周知のごとく、徴兵告諭における「抗顔坐食」などの士族批判は士族を激怒させ、「血税」という言葉は血税反対一揆を引き起こした。山県は困惑したに違いない。一種の原則として「血税」という言葉は使ったものの、実際には士族に禄が支給されている現状に合わせて五―一〇年の移行期間を設け、その間は、士族卒に富農商の次男以下を加えた軍隊を養成するつもりだったのだから。

一方、左院は士族の常職を廃止して秩禄処分を早期に行うことをめざしていた。左院にとって、徴兵制は秩禄処分のための布石だったといってもよい。だが、当時、秩禄処分は行き詰まっていた。大蔵省の処分案をもとに禄券発行に必要な外債を求めて渡米した大蔵少輔吉田清成は、駐米公使森有礼の猛反対にあい、岩倉大使からも「ちと急に過ぎ」ると難色を示され、七分利国債に対するアメリカの金融界の反応は悪かった(30)。

このように、山県が、東京鎮台管下の使いやすい士族卒を中心に最初の徴兵制軍隊を創設し、租税負担者である農商民の疲弊を防ごうとしたのに対し、左院は、社会改革の一環として徴兵制導入を進めたがっており、両者はめざすものが全く異なっていた。それでも、とにかく徴兵令を出すことでは、このとき山県と左院は一致し、協力できたのである。

両者が協力できたのはなぜだろうか。それは、一八七二年夏以降、薩摩出身の西郷隆盛陸軍元帥兼参議・近衛都督と土佐出身の参議板垣退助・肥前出身の外務卿副島種臣が中心となって、正院に征韓・征台論が起こってきていたからにほかならない。外征のために旧薩土肥藩兵が召募されれば、解官された御親兵を復帰させることになり、再び旧雄藩連合軍が出現し、外征を主導する薩土肥出身の政治家が正院を牛耳ることになりかねない。

それは、廃藩置県直前に改革派諸藩が要求していた禄制・兵制・土地制度改革も、それらを継承する左院の四民平等策も、大村益次郎の衣鉢を継いだ軍事官僚が推し進める徴兵制構想も、すべて吹き飛ばしてしまう破壊的な動きであった。

三　外征論の発生と左院大会議構想

1　正院における外征論の発生と政体潤飾

一八七二(明治五)年の夏に起こった台湾出兵論は、鹿児島分営長樺山資紀が前年の琉球民殺害事件の報をもって上京し、九月一一日（八月九日）に西郷隆盛の私宅を訪れて出兵を提案したことから始まった[31]。しかし、それより先に、副島種臣外務卿が朝鮮政府との交渉の打ち切りを上申すると[32]、九月一〇日（八月八日）には正院は外務省中録彭城中平と池上四郎・武市正幹に対し、清国の牛荘（現営口）への派遣を命じ、清国と朝鮮の関係や盛京奉天（現瀋陽）・興京（現撫順）、黒龍江・伊犁などの兵備や民政の探索を命じていた。九月一二日（八月一〇日）には、副島外務卿が「各段ノ官員」の朝鮮派遣を上申し、花房義質外務大丞の派遣が決まったが[33]、それには陸軍大佐別府景長（晋介・鹿児島県出身）、陸軍中佐北村重頼（高知県出身）、さらに陸軍中佐河村洋與（山口県出身）が同行した[34]。

山県が徴兵令原案などを提出したのは、一二月六日に花房、一二月七日に北村・別府が帰国した直後である[35]。そして、徴兵令発令前後には、副島外務卿は元厦門駐在米領事リゼンドルの情報をもとに、台湾攻略を提案する第一―第三覚書、台湾・朝鮮を不可分とし旧藩兵による侵略・領有を提案する第四覚書を正院に提出している[36]。

廃藩置県前に脱隊騒動が起こってしまった山口県とは違って、鹿児島県と高知県、佐賀県は、いずれも県内に大量の帰還将兵を抱えていた。それらは、陸軍省がめざす徴兵制度にとって脅威だっただけではない。正院が徴兵制による正規軍とは別に外征軍を召募して外征を主導すれば、それは陸軍省の軍事専管をも脅かすだろう。しかし、そのためには、省卿（欠員や不在の場合大輔）に大幅な分掌が任されている官制を変えなければならない。それが実際に起こったのが、一八七三年五月二日の政体潤飾であった。

このとき太政大臣の権限が書き変えられたことは全く注目されていないが、一八七一年の段階で「天皇ヲ輔翼シ庶政ヲ総判シ祭祀外交宣戦講和立約ノ権海陸軍ノ事ヲ統知ス」とされていた太政大臣権限は[37]、潤飾後の太政官職制では「天皇陛下ヲ輔弼シ万機ヲ統理スル事ヲ掌リ諸上書ヲ奏聞シテ制可ノ裁印ヲ鈐ス」となり、「宣戦講和」や「海陸軍統知」は削除された。一方、参議は内閣の「議官」とされ、「諸機務」を「議判」すると定められた。これを、参議の合議を主体として兵制や外征を決定する準備ととらえることもできよう。事実、正院事務章程は、「帝国経理事業ノ緩急」の決定に始まり、諸制度諸法律及規則の「草案」と「議決」、賞罰、税制、予算・秩禄・臨時諸費・「非常ノ軍費及国費」の決定、兵制改革、兵員の増減、鎮台兵営及提督府等の変更、城壘武庫等の築造などをその専掌事務としていた。(38)

2　左院大会議構想と板垣退助の選択

新章程が立法までを正院内閣の特権としたことに対し、本来立法機関とされていた左院は黙ってはいなかった。新章程は左院職制章程を「追テ定ムヘシ」としていたので、五月八日、左院三等議官宮島誠一郎は左院副議長伊地知正治に「左院改訂之議」を提出したのである。その主旨は、「国会院」設立の準備として地方官会議を左院が引き継ぎたい、というものだった（同会議は、大蔵省が地租改正審議のために召集したものの停止されていた）。この案に伊地知は後藤象二郎とともに賛意を表明したので、宮島は板垣にその旨を書簡で報せ、西郷隆盛を訪ねたところ、西郷は大喜びで、左院が地方官を引き受けてくれるなら「仕合ノ事」だといった。ところが、左院大議官谷鐵臣が出席した閣議では西郷はこの件について発論せず、この話はいったん立ち消えになり地方官は帰県させられた。

興味深いのは、このとき左院が作成・提出した大会議規則である。同規則は前文で「全国人民ノ代議人」によって「公議輿論」を採用し立法を行う必要性を説き、その練習として地方官と官吏による合議機関を設けるべきだとした。したがって第一則は、会議の構成メンバーを、地方知事・令・参事、各省奏任以上の官、左院常在議官から成ると定めていた。第二則—第三則は議長以下の役割分担と開院規定。第四則では大会議が話し合う事柄が次のように示されていた。①歳入歳費および会計、②貧民授産・貧院病院、③国債、④鉱山、⑤道路橋梁、⑥江河堤防、⑦兵士徴募、⑧軍費、⑨鉄道鉄橋・電信電灯燈台、⑩墾田拓地、⑪牧畜、⑫駅逓、以上の一二カ条に加え、左院本来の審議事項と、「其他人民ノ疾苦ニ関スルコトハ建議スルノ権アリトス」となっていた。(39)

審議すべき事項に兵士徴募と軍事費が入っていること、軍事費を予算とは別の独立した審議事項としていることが注目される。先述のように、左院は徴兵令発令に協力しただけでなく、徴兵制度に社会変革のための積極的な意味を見出していた。それは秩禄処分を可能にし「人権を斉一にする道」だと考えていたのである。この「大会議」が実現していたならば、左院は地方の意見を集約し、政府の軍政全般を制約する機関となっただろう。

しかし、六月二四日に下付された左院の職制章程では、左院の事務は「会議及国憲民法ノ編纂或ハ命ニ応シテ法案ヲ草スル」となった。左院常在議官以外では「地方奏任以上」と「各省奏任以上」も議官を兼任することができることになったものの、左院議官と地方官が一堂に会するような会議の規則は結局作られなかった。また、伊地知副議長が憲法編纂に乗り出そうとすると、七月一四日に後藤象二郎が左院事務総裁に任命され、立法の範囲を刑法・治罪法・税法・商法・訴訟法の五法に限定する方針を打ち出したので、落胆した伊地知副議長は辞表を提出して引きこもった[41]。

後藤事務総裁の管理下で、「左院会議及分課規定」が決められ七月三一日に裁可されたが、税法課・民法課・商法課・訴訟法課・治罪法課・刑法課の六課が定められただけであった。大会議と通常の会議の「規則」は別に定めるとされたが、地方官の意見を取り入れつつ兵制や軍事費について話し合う会議は結局作られなかった。

さて、このように左院の地方官会議継承や憲法編纂への意欲は挫折させられたが、宮島はあきらめなかった。八月三日になると宮島は、帰国して二カ月ほどの大久保利通を訪ね、三権分立の実現に向けて左院を議政機関とするように希望を述べたのだ。だが、大久保は三権分立には興味を示さず、宮島から情報を取得しつつ内務省設立へと向かう[42]。

まさにこの八月三日には、西郷隆盛が三条実美に手紙を送り、台湾問題を速やかに処理し、西郷自身を朝鮮に派遣してくれるよう願っていた[43]。これより先、西郷は七月二一日の時点で、西郷従道（陸軍大輔）に宛て、台湾の様子が少々わかったため、諸方面から願い立ててくる前に鹿児島一大隊を用意し別府晋介に任せてくれ、と要請している[44]。

海軍にも話が通っていたらしく、勝安芳（海舟）海軍大輔は八月三日に春日艦を「台湾近海測量」に向かわせる伺いを出し、八月二九日に裁可されている[45]。海軍省はこれを受けて九月四日に「本月下旬ヨリ後ニ春日艦差遣候都合ニ取計」ったと届け出たが[46]、これ以後正院は態度を変え、海軍は正院から「暫可見合旨御内達」を受け取った[47]。

この間の九月一二日、西郷隆盛は別府晋介に宛てて北村重頼がぜひ連れて行ってくれと頼んでいるので「土州人も一人は死なせ置き候わば跡が宜しかるべく」と伝え、二〇日までには出帆できると述べている[48]。九月二一日には薩派の軍人と開拓使長官黒田清隆で朝鮮問題についての会合があった。黒田は当時副島に対抗して樺太出兵を唱えていたが[49]、西郷隆盛は翌日黒田に対し、「此度又々相変わり候ては、私も諸君へ対し面目これなく、実に痛心いたし居り候間、幾重にも宜敷御汲み取り下され」と丁寧に手紙で頼んでいる。台湾から朝鮮へと出兵先を変えたばかりで、また樺太に変えると都合が悪いので樺太案を引っ込めてくれ、ということだろう。一方、この西郷隆盛の手紙では、西郷従道と思われる人物が山県に遠慮して戦争に消極的だとして「実にいやら敷」と罵られている。その人物は、最後には「もふは戦にてこれなく候わでは済む間敷」と言わされてしまった[50]。薩派はこの日に出兵先を朝鮮に一本化したと考えられる。

これら一連の西郷隆盛書簡からは、だいたい九月中旬から下旬にかけて、大西郷を中心に土佐系の軍人を加えて、対朝鮮出兵の備えをする方針がまとまっていったことがわかる。廃藩前、改革派諸藩の会議を主導していた土佐派は、兵力を出したにもかかわらず全面廃藩の密議には入れてもらえなかった。その苦い経験から、板垣は、今度こそ長派に代わって薩派のパートナーとなり、外征と軍事を主導することを決意していたのだろう。

一〇月二日、左院議官宮島誠一郎は、退勤後に板垣を訪い、「断然地方会議ヲ起シ国本ヲ確定スルノ憲法ヲ設立スベシ」と主張した。すると板垣は、「余此頃少シク意見アリ中央政府ニ最少シ聚権セントス会議論ハ第二着ト相成タリ」と答えた。宮島が板垣の「素論」に反する「圧制主義」に驚き、その「蘊奥」を問うと、板垣は病気の西郷を訪い「征韓ヲ約スル大旨」を打ち明けた。宮島は、内政が整わないのに外征に及ぶとは実に大難事であり、「徴兵令モ布令アリ、今又俄ニ藩兵ヲ用ユル如キ実ニ不堪驚嘆」といさめ、西郷との約束であれば、どうしようもないが、「詳思」するようにと言って別れた(51)。

この三日後の一〇月五日、勝海軍大輔は、「艦仕舞」も済み乗組員が出発を望んでいるとして、目的を「海路研究」、行き先を「上海香港等」に変える上申を行っている(52)。このことから、台湾測量には協力する方針だった海軍省が、九月後半にもちあがった薩土中心の征韓論からは海軍を遠ざける措置をとったことがわかるが、行き先変更案の裁可は、明治六年政変（征韓論政変）直後の一〇月二九日であった。

おわりに

幕末から明治初年にかけては、海防などの軍役の分担や戦争など軍事事項の決定には、権威ある君主の意思とそれを支える公議が必要だという考えが一般的になった。特にいくつかの大藩がその軍事力を結集して政局の主導権を握ろうとするときには、大藩側は正当性を獲得するために合議と朝廷の権威を必要とし、中小藩は合議によって大藩の勝手な決定を制御しようとするという対立図式が見られた。ところが、一八七一年八月の廃藩置県に先立っては、集議院が合議に基づいて禄制・兵制改革を主導しようとしたところで、集議院は閉鎖され、御親兵の軍事力を背景として、いわば「大国の号令」によって藩の解体が宣言されたのである。

確かに、諸藩の解体と中央集権化には、強力な士族軍の結集と威圧が不可欠であった。だが、その勝ち組の士族軍を新政府の正規軍にはしない、というのが若手軍事官僚の方針だった。もし雄藩の藩軍を抱えこんで職業軍人にしてしまえば、その人件費が建軍に必要な技術導入や教育の費用を圧迫するし、政治にも影響するだろう。こうして、徴兵制をめざす軍事官僚と「四民平等」の社会改革をめざす左院が協力しうる状況が生じた。

そもそも新たな負担を人民に賦課することになる徴兵制の導入にあたって、山県有朋のような一軍事官僚がそれを行うには、天皇政府の「公議」を司る左院との協力が不可欠であった。陸軍省は鎮台兵の身分構成や戸主・非戸主の別についてデータをもっており、士族は戸主でも兵になっている割合が高いことがわかっていた。(53)「四民論」はそれに基づく現実的な提案だったと考えられる。だが、左院による社会変革構想と「四民論」は真っ向から対立した。そこで山県は左院と妥協して「四民論」を捨て、徴兵の詔と徴兵令を出し、それによって大量の旧藩軍の再召募を防ぐことを選択したのである。

このとき左院は、自分たちが描く社会のデザインを性急に実現しようとして反発を招いたが、地方官会議によって地方の実情を把握し、軍事費や軍事制度を検討していこうとしたことは評価できる。左院の後身である元老院も、兵制や予算における軍事費の配分などについて議論をし続けた。(54)

高知県の立志社では、一八八一(明治一四)年に、坂本南海男・広瀬為興・山本幸彦らに「日本憲法見込案」、植木枝盛に「日本国国憲案」を起草させた。「日本憲法見込案」は国会に宣戦講和権を与えていたが、「日本国国憲案」では、宣戦講和の「機ヲ統ブ」のは皇帝(天皇)であった。宣戦講和権は国会にあたる連邦立法院から取り去られたのである。また、植木案には連邦常備軍と各州の常備軍・護郷軍の規定があったが、皇帝は立法院の議を経ずに連邦常備軍以外に軍兵を徴募することができた。(55)

大日本帝国憲法では、和戦の決定権や編制権は大権となり、主な軍事事項では、軍事予算を含む予算の決定だけが議会の協賛を要することになった。兵制については国会で議論されたが、議論は負担そのものより、その不平等性へと向かいがちだった。(56)和戦の決定や軍のあり方を公議によって制御するという幕末以来の課題はついに達成されなかったのである。

ハンチントンは、「暴力の管理」を将校が占有する専門技術とし、特に兵制によって管理技術が違うとは考えなかった。実際には将校が軍隊を指揮する技術は兵制によって違うし、将校と下士官・兵士の関係は、そのときの社会構造や社会状況の影響を受ける。だから、政軍関係を考えるとき、政府のエリートと軍事エリートである将校団との関係が重要なのはもちろんだが、広く社会一般の利害を視野に入れられる議会が、兵制や軍、安全保障環境についてどのような情報をもち、いかに議論しているかは非常に重要である。

また、ハンチントンは、合衆国憲法が議会に戦争の宣言、軍事予算と軍の規模編制の決定という強い権限を与えていることから、軍人が政治に巻き込まれやすいことを心配し、社会の反軍的なイデオロギーを変える一方、軍人の職業意識を高めるべきだとした。そして、その後も、アメリカでは、大統領と議会で、外交・軍事、特に戦争権限をどのように分担すべきかについて議論が続けられている[57]。

近代日本の政軍関係研究では、「統帥権の独立」という問題が最大のテーマであり続け、特に行政府と軍、もしくは軍政と軍令の関係が注目されてきた[58]。だが、たとえば満洲事変以後の戦争の時代において、「軍部」とそれを統御できなかった政府や政治家だけが問題だったのだろうか。実際には、それらの関係も、国際環境や議会、経済・社会の状態などの複雑な要因によって規定されていたのではないか。

軍による安全と軍からの安全を両立させるという難解な問題を解くためには、国際環境はもちろん、政府と軍の関係に大きな影響を与える憲法・議会・政党・支配的なイデオロギーなど、さまざまな要因に視野を広げて考えてみる必要がある。少なくとも、既存の枠組みを抜け出して考えるきっかけを与えてくれるという点で、それが外国の軍についてのものであっても、理論を参考にすることは有効ではないだろうか。理論は「答え」をもたらすものではなく、「分析の軸となる疑問を浮かび上がらせる[59]」ものなのだから。

（1）三宅正樹『政軍関係研究』（芦書房、二〇〇一年）一三―一四頁。
（2）同右、第一章。
（3）高度化した現代の軍はむしろその専門性ゆえに政治介入しやすくなるという理論そのものに対する批判は、廣瀬克哉「軍事専門職業論の論理構造とその限界」（『思想』第七〇九号、一九八三年七月）。理論を適用して戦前の日本軍や日本政治史を分析することについての批判は、たとえば伊藤之雄編著『維新の政治変革と思想　一八六二―一八九五』（ミネルヴァ書房、二〇二二年）五―六頁。また、伊藤之雄「〈書評〉合理的選択モデルと近代日本研究――J. Mark Ramseyer and Frances M. Rosenbluth, *The Politics of Oligarchy: Institutional Choice in Imperial Japan*, Cambridge U. P., 1995」（『レヴァイアサン』第一九号、一九九六年秋）。
（4）纐纈厚『近代日本政軍関係の研究』（岩波書店、二〇〇五年）三八九頁。
（5）同右、一二―一四頁、注(3)は、史実中心の戦前期日本軍に関わる諸研究を「広義における政軍関係史」として整理している。一方、理論の利用を提唱した一例は、小森雄太「新制度論の応用可能性に関する一研究――政軍関係理論の視点から」（『政治学研究論集』第三二号、二〇一〇年）。ハンチントンの理論を参照して日本における軍事専門官僚としての将校・下士官の成立を分析したのが大江洋代『明治期日本の陸軍――官僚制と国民軍の形成』（東京大学出版会、二〇一八年）である。
（6）Peter D. Feaver, Takako Hikotani, and Shaun Narine, "Civilian Control and Civil-Military Gaps in the United States, Japan, and China," *Asian Perspective*, Vol. 29, No. 1, 2005, pp. 234-235.
（7）Peter D. Feaver and Erika Seeler, "Before and After Huntington: The Methodological Maturing of Civil-Military Studies," Suzanne C. Nielsen and Don M. Snider, eds., *American Civil-Military Relations: The Soldier and State in a New Era*, Baltimore: Johns Hopkins Univ. Press, 2009.
（8）千田稔『維新政権の直属軍隊』（開明書院、一九七八年）。
（9）公議・公論という二つの語について、公論は「正論」「至当性」として、公議は機構や手続きとしてとらえられる傾向がある。それについては、奈良勝司『明治維新をとらえ直す――非「国民」的アプローチから再考する変革の姿』（有志舎、二〇一八年）第五・六章、池田雄太「幕末公議研究の論点」（小林和幸編『明治史研究の最前線』筑摩書房、二〇二〇年）、伊藤之雄「「公論」と近代天皇制の形成」（伊藤前掲書）。
（10）三谷博『東アジアの公論形成』（東京大学出版会、二〇〇四年）。朴薫「一九世紀前半日本における「議論政治」の形成とその意味」（明治維新史学会編『世界史のなかの明治維新』有志舎、二〇一〇年）。

(11) 奈良前掲書、一八四―二一三頁。
(12) 太政官編『復古記』第一二冊（内外書籍、一九三〇年）三八一―三八三頁。友田昌宏『戊辰雪冤――米沢藩士・宮島誠一郎の「明治」』（講談社、二〇〇九年）一一六―一三一頁。保谷徹『戊辰戦争』（吉川弘文館、二〇〇七年）二四三―二四四頁。
(13) 友田昌宏「戊辰戦争研究の論点――奥羽越列藩同盟をめぐって」（小林前掲書）四三―四七頁。
(14) 寺島宏貴「「公議」機関の閉鎖――新旧「公議所」と集議院」（『日本歴史』第七八六号、二〇一三年一一月）。
(15) 奈良前掲書、二六七頁。
(16) 松尾正人『廃藩置県の研究』（吉川弘文館、二〇〇一年）一四三頁。
(17) 淺川道夫「維新政府による公議政治と兵制策問」（『日本法学』第八七巻第二号、二〇二一年九月）。
(18) 落合弘樹『秩禄処分――明治維新と武家の解体』（講談社、二〇一五年）五六―八五頁。
(19) 松尾前掲書、二九五―二九九頁。松沢裕作『自由民権運動――〈デモクラシー〉の夢と挫折』（岩波書店、二〇一六年）一二―一七頁。
(20) 高橋秀直「廃藩置県における権力と社会――開化への競合」（山本四郎編『近代日本の政党と官僚』東京創元社、一九九一年）八八頁。
(21) 松尾前掲書、三三〇頁。
(22) 小幡圭祐『井上馨と明治国家建設――「大大蔵省」の成立と展開』（吉川弘文館、二〇一八年）。
(23) 国立公文書館デジタルアーカイブ（以下DA）、太00236100『太政類典・第二編・明治四年―明治十年・第十四巻・官制一・文官職制一』「左院事務章程」。
(24) 国立公文書館DA、太00236100『太政類典・第二編・明治四年―明治十年・第十四巻・官制一・文官職制一』「左院集議院ヲ管ス」、及び「集議院ヲ廃シ従前ノ事務左院ニテ取扱」。
(25) 明治五年八月一二日付大久保利通宛西郷隆盛書簡（西郷隆盛全集編集委員会『西郷隆盛全集』第三巻、大和書房、一九七八年）二九六―二九七頁。
(26) 大島明子「明治維新期の政軍関係」（小林道彦・黒沢文貴編『日本政治史のなかの陸海軍――軍政優位体制の形成と崩壊1868-1945』ミネルヴァ書房、二〇一三年）一〇―一二頁。
(27) 国立公文書官DA、公00666100『公文録・明治五年・第四十三巻・壬申十一月・陸軍省伺』。藤村道生「徴兵令の成立」（『歴史学研究』第四二八号、一九七六年一月）、大島前掲論文は「四民論」を山県案とし、古屋哲夫「近代日本における徴兵制度の形成過程」(『人文学報』第六六号、一九九〇年三月)は山県案ではないとした。
(28) 国立公文書館DA、単00214100『単行書・官符原案・原本・第四』。勅書案は徴兵の詔の原案。
(29) 同右。中世に権力者の意思＝「時宜」と議決による「時議」の区別が曖昧だったことについて、佐藤進一「時宜(一)」(網野善彦・笠松宏至・勝俣鎮夫・佐藤進一編『ことばの文化史　中世1』平凡社、一九八八年)。
(30) 落合前掲書、一〇〇—一一九頁。
(31) 西郷都督樺山総督記念事業出版委員会編『西郷都督と樺山総督』(西郷都督樺山総督記念事業出版委員会、一九三六年)一三九—一四〇頁。
(32) 外務省外交史料館日本外交文書デジタルコレクション、外務省調査部編『大日本外交文書』第五巻(日本国際協会、一九三九年)三四〇—三四一頁。
(33) 同右、三四一—三四五頁。
(34) 国立公文書館DA、任A00009100『諸官進退・諸官進退状・第九巻・明治五年八月』。
(35) 国立公文書館DA、公00063110『公文録・明治五年・第八巻・壬申十一月・外務省伺』、太00312100『太政類典・第二編・明治四年—明治十年・第九十巻・外国交際三十三・諸官員差遣五』。
(36) 国立公文書館DA、単01036100『単行書・生蕃事件』。
(37) 国立国会図書館デジタルコレクション、内閣官報局『明治四年法令全書』(内閣官報局、一八八八年)第三八六「太政官職制並事務章程」二九八頁。
(38) 国立公文書館DA、公00733100『公文録・明治六年・第三巻・明治六年五月・各課伺(履歴・財務・法制・庶務・歴史・地誌・記録・用度)』。
(39) 吉野作造編『明治文化全集』第四巻、憲政篇(一九二八年、日本評論社)、三五〇—三五三頁。
(40) 国立公文書館DA、太00236100『太政類典・第二編・明治四年—明治十年・第十四巻・官制一・文官職制一』。
(41) 吉野前掲書、三五三頁。
(42) 同右、三五四—三五五頁。
(43) 西郷隆盛全集編集委員会『西郷隆盛全集』第三巻(一九七八年、大和書房)、三七六—三七九頁。
(44) 同右、三六九—三七〇頁。
(45) 国立公文書館DA、公00773100『公文録・明治六年・第四十三巻・明治六年八月・海軍省伺』。
(46) 国立公文書館DA、公00774100『公文録・明治六年・第四十四巻・明治六年九月・海軍省伺』。

(47) 明治六年一〇月三日付太政大臣三条実美宛海軍大輔勝安芳伺。国立公文書館ＤＡ、公 00775100『公文録・明治六年・第四十五巻・明治六年十月・海軍省伺』。
(48) 『西郷隆盛全集』第三巻、三九八—三九九頁。
(49) 醍醐龍馬「黒田清隆の樺太放棄運動」(『年報政治学　二〇二一—I』二〇二一年六月)。
(50) 『西郷隆盛全集』第三巻、四〇八頁。
(51) 憲政資料室蔵、宮島誠一郎関係文書一〇一四「国憲編纂起原」。
(52) 明治六年一〇月五日付太政大臣三条実美宛勝安芳海軍大輔伺。国立公文書館ＤＡ、公 00775100『公文録・明治六年・第四十五巻・明治六年十月・海軍省伺』。
(53) 大島明子「廃藩置県後の兵制問題と鎮台兵」(黒沢文貴・斎藤聖二・櫻井良樹編『国際環境のなかの近代日本』芙蓉書房出版、二〇〇一年)。
(54) 尾原宏之『軍事と公論——明治元老院の政治思想』(慶應義塾大学出版会、二〇一三年)。
(55) 「日本憲法見込案」「日本国国憲案」は家永三郎ほか編『明治前期の憲法構想』増訂版第二版(福村出版、一九八七年)、二三八—二五七頁。これらの二つの立志社憲法案とその成立順序については、稲田正次「植木枝盛の憲法草案についての家永教授の駁論に答える」(『日本歴史』第一七一号、一九六二年八月)、家永三郎「植木枝盛憲法草案について稲田教授の示教に答える」(『日本歴史』第一七四号、一九六二年一一月)、稲田正次「新史料に基づき立志社憲法草案について再論する——家永教授から再び示教に接して」(『日本歴史』第一七七号、一九六三年二月)において議論された。本章は、植木案を後とする稲田説をとる。
(56) 加藤陽子『徴兵制と近代日本　1868-1945』(吉川弘文館、一九九六年)。一ノ瀬俊也『近代日本の徴兵制と社会』(吉川弘文館、二〇〇四年)第二部。
(57) 宮脇岑生『現代アメリカの外交と政軍関係——大統領と連邦議会の戦争権限の理論と現実』(流通経済大学出版会、二〇〇四年)第一章。
(58) 戸部良一「戦前日本の政軍関係——陸軍軍人はなぜ政治化したのか」(『戦略研究』第八号、二〇一〇年七月)。
(59) マーク・トラクテンバーグ(村田晃嗣・中谷直司・山口航訳)『国際関係史の技法——歴史研究の組み立て方』(ミネルヴァ書房、二〇二二年)四九頁。

第2章　文官総督と台湾軍
――原敬内閣期の政軍関係

大江洋代

はじめに

大正デモクラシーに同調的で政党政治にも協調的な陸軍像を示したのは黒沢文貴氏であった[1]。植民地総督武官専任制の廃止も、こうした大正期陸軍の動向と無縁ではない。本章の目的は、文官総督が就任した台湾における軍の位置づけの変化を明らかにすることを通じ、大正期の政軍関係に台湾軍が果たした意味を考察することにある。

台湾に駐屯した陸軍[2]（以下、「台湾軍」と略記）は、領有以来、台湾総督府の一部局である軍務局として位置づけられていた。軍務局は民政局と並ぶ総督府の両輪であり、台湾統治の基盤である。そして台湾軍を指揮するのは、武官である総督であった。しかし、大正八（一九一九）年、総督文武併任制（以下、「文武併任制」と略記）への移行にともなって、陸軍は台湾総督府から切り離され、本国陸軍の直属の組織となり、大きくかたちを変えたのであった。

こうした台湾軍の変化は、第一に文武併任制への移行過程を探ろうとする政治的観点から研究されてきた。台湾・朝鮮ともに制度としての文武併任制が実現するが、人事としての文官総督の就任をみたのは台湾のみである。その外的要因としては、台湾における抗日運動の沈静化[3]、および第一次世界大戦後における民族自決の世界的潮流[4]を受けたものであることが指摘される。内的要因としては、軍全体を統制下に置くことを試み、台湾・朝鮮に文武併任制を実現しようとした原敬首相のリーダーシップが重視されている[5]。これに連動し、原による初代文官総督田健治郎の選定過程[6]、そして田の文官総督としての業績[7]も分析対象となってきた。

第二が台湾軍そのもの、台湾統治のなかの台湾軍の役割に注目した研究である。ここでは「土匪討伐」部隊としての内部構造、「土匪討伐」の経緯について詳細に明らかにされた[8]。

第一の視点においては、文武併任制は大正期政軍関係変容の象徴的出来事として把握される[9]。だがそれにもかかわらず、分析対象となっているのは『原敬日記』、つまり原からみた文武併任制の実現過程に限られる。一方の陸軍のうごきについても、同じく『原敬日記』の記述が用いられる。ここから田中義一陸相が文武併任制に対する陸軍内の反対意見を緩和すべく動いていたことが明らかになるものの、陸軍は、原に対する一方的な客体として扱われてきたという問題点が指摘できる。すなわち陸軍が、文武併任制をどのようにとらえていたのかについて、明らかになっていない。

こうした問題点をふまえた上で、この時期の政軍関係の検証にあたっては、植民地における政軍関係の変容と、本国における政軍関係の変容とが、どのように連動しているのか考慮する必要もある。すなわち小林道彦氏が、「原はもともと出先陸軍権力の肥大化抑制に熱心であり、朝鮮総督や関東都督の武官専任制を廃止して、外地統治システムの文官化を押し進めようとしていた。彼は、総督府という「植民」統治システムを段階的に解体して、朝鮮や台湾を「内地」と同じ地方制度の下に置くという、所謂「内地延長主義」を適用しようとしていた[10]」とみる。そのうえで、文官総督が軍をコントロールできるのかと問い、「原はそうしたリスクの存在に気付いており……、外地軍権力の縮小を統帥権改革に結びつけようとしていた」と指摘している点に留意したい。

本章では、台湾軍を対象とすることで、総帥権改革を外地から内地へ波及させようとする原に対する陸軍の対応が検討できると考える。それは、制度としての文武併任制は、朝鮮から提起された後、台湾・朝鮮同時に適用されたが、人事としての文官総督が台湾でのみ実現したからである。陸軍は政党内閣に圧倒され続けてきたが、朝鮮総督への文官就任だけは阻止したといえる。このように陸軍が「譲らなかった朝鮮」に対し、制度・人事ともに文官総督を許した台湾に注目することは、むしろ、陸軍が政党内閣に対して、譲れた領域と譲れなかった領域を析出することにつながるのではないだろうか。

ここで、原敬首相と陸軍首脳との関係を確認しておく。田中陸相は、原と元老山県有朋との協議により就任する。田中は総力戦に備えるためには政党との妥協が必要であると考えていた(11)。対する原は山県や軍部との対決を避け、陸軍の改革は陸軍の改革者に任せるべきであるという姿勢をもって、田中を通じて軍をコントロールしようとしていた(12)。そこで原と田中は緊密に連携して、植民地官制改革やシベリア撤兵を実現していくことになる。

しかし、こうした政軍一致は、田中からみれば、参謀本部廃止論や、山本権兵衛内閣以来くすぶっていた軍部大臣文官制など、軍が厳しさを覚える政党内閣の要求に日夜さらされながらの対応であったかもしれない。ところが、原敬内閣期の政軍一致を指摘する論考においても、田中が、いかにして陸軍を説得することで、政軍の一致をもたらしたのか、詳細には踏み込まれていない(13)。その具体像の一例が、台湾総督府官制改革を通じて明らかになると思われる。田中が政党内閣と向き合うなかで、植民地官制改革をめぐりどのように陸軍をとりまとめたのか、原に呼応して陸軍が形成しようとした政軍関係のかたちを検証したい。

第二の台湾軍に視点を当てた研究においては、武官総督期、文官総督期問わず「土匪討伐」の側面に集中するあまり、文官総督に切り替わった際における軍の統制についての具体的変化に関心が払われていない。

このように先行研究においては文武併任制導入にあたって、軍の具体的対応や台湾軍の変化が検証されておらず、政軍関係を総体的に検討しているとは言いがたい。

よって本章では、陸軍が文武併任制を受け入れるにあたって、政軍の間で内地延長下の植民地軍の具体的なかたちがいかなるものとして構想、調整、施行されたのかを、陸軍の動向に即して検証していくことを課題とする。

以下、第一節では文武併任制に対する陸軍の対応、第二節では植民地官制に書き込まれた新たな政軍関係の審議過程、第三節では文官総督着任にともない台湾軍司令官となった柴五郎大将時代の台湾軍のあり方を明らかにする。

一　総督文武併任制導入と陸軍

原首相からみた文武併任制の導入経緯については、すでに複数の先行研究で明らかになっている[14]。原は「植民地の統治体制における内地延長」をめざし、文武併任制を実現した[15]。

制度導入にあたっての陸軍の抵抗が強かったことについては、春山書に詳しいが、陸軍にとって、どの部分に抵抗があったのかは明らかになっていない。したがって一では政軍の間で文官総督の下における植民地軍のかたちのすりあわせがどのように行われたのかについて検討したい。第1項では右記の観点から、原からみた文武併任制導入の経緯を再構築し、第2項で陸軍―田中義一陸相の具体的対応を明らかにする。

まず前提として、文官総督制導入期における台湾の軍事的位置を確認しておく。このとき、「土匪討伐」は一段落していた。加えて台湾は外敵から守備できればよいという体制を採っていた[16]。ゆえにかつての厦門事件のような台湾軍による対外進出は途絶えていた。また、明石元二郎台湾総督は、朝鮮で三・一運動が起きた際、それが「台湾対岸福州厦門広東等今排日行動尚沈着に至らす」と、対岸に波及したものの、「幸に台湾には何等影響を与居らす候」と把握していた[17]。

ここから、台湾軍は植民地軍が有する「治安維持」「対外防備」「帝国拡張」の三つの機能のうち、「治安維持」「対外防備」のみ担っていた。またこうした軍事力は、武官総督への委任軍隊統率権によって発動されることになっていた[18]。

1　原敬首相からみた陸軍の反応

武官専任制の廃止を、最初に原に持ちかけたのは、朝鮮総督府政務総監山県伊三郎であった（大正七年九月一三日）。原は「此事はうかと之を提議せば例の通軍人共反対すべきに因り……好機会を見て余之を提議すべし。……今日より山県公を始め其筋に充分に其理由及事情を内話し置かれよ[19]」と伊三郎に伝えた。伊三郎は自らが総督となることを構想していたが、養父山県有朋の反対によって断念した。

次いで三・一運動の収拾に手間取った長谷川好道朝鮮総督が辞意を表明すると、これを「好機会」とみた原は田中に、武官専任制の廃止を持ちかけた（一一月二三日）。原は「今日の事態に於ては朝鮮何時迄も武人に限るは不可なり。寧ろ軍政と分離し国防の指揮は陸軍直轄とし総督は武官にても文官にても可なる事に改正する方宜し[20]」と田中に言う。ここでのポイントは、(1) 統治と軍政を分ける、すなわち統治と軍事を分離するという考え方とともに、(2) 分離された軍を陸軍直轄にするとの考え方である。武官総督下の委任軍隊統率の制度を改め、軍を本国陸軍の直轄とする、それならば総督は文武いずれでもよい、と田中に説いたのであった。植民地軍のかたちの内地延長である。これを受けて田中は陸軍内の調整に動く。

一二月一七日、原は三浦梧楼を使って山県有朋の動向を探る[21]。三浦によれば、山県は朝鮮総督の文武併任制に最初不同意であったものの、「朝鮮のみに非らす台湾にも此制度を及ぼすこと」に合意したという。ここで初めて、朝鮮から派生して台湾でも文武併任制を行おうとしていることがわかる。

翌年大正八年一月一五日、田中の対応が原に示された[22]。ここで田中は、武官専任制の廃止を自ら提議したことにして、陸軍内部に出るかもしれない不満を収める作戦を立てる。原は日記に「文武何れの官にも任命の事に改正するは時局に適応する件は田中自身の発意として決行に進みたし、他より提議せられ（又閣僚中よりにても）たる事となりては内部に於いて決行に不便なるに付、其の事になしたし」と書き留めた。ここで田中は、陸軍部内を説得するためという理由で官制改正・人事の主導権を握った。

田中は二月三日[23]、まずは関東都督を文官にすることで寺内正毅の合意を得、官制改革を実現させ[24]、着々と陸軍内部の合意形成を進めた。大正八年五月一日、陸相官邸にて田中、明石元二郎台湾総督、立花小一郎朝鮮駐箚軍司令官、山梨半造次官ら、実務責任者が会同、朝鮮・台湾を「文武統一の組織」とするという方向で合意を得た。この点については次節で詳述する[25]。

実務レベルでの関係者の合意を取りつけた田中は五月一九日、「陸軍部内にも種々の議論あるに因り」、陸軍から武官専任制の廃止を提議したい旨、原に再度提案した[26]。その方向性は、(1) 制度としての文官総督制では陸軍が妥協できないので、文武併任制とすることと、(2) 朝鮮総督人事としての文官就任も陸軍が妥協できないので、海軍の斎藤実朝鮮総督案で部内を説得するというものであった[27]。この段階では武官専任制に山県・寺内が反対している模様である[28]。原は不満であったが「田中の苦衷も察せらる[29]」と、田中案を受け入れた。

そして六月一〇日、田中が山県・寺内の同意を調達したため、植民地官制変更は内々に法制局との調整段階に入った[30]。次いで六月一三日[31]、田中は閣議にて朝鮮・台湾総督文武併任制を提案し、内閣一同も賛成した。なお、この過程で行きがかり上、植民地官制変更のいわば所管省庁が陸軍省とされ、法制局との調整の任を負うことになったようである。

六月一九日、原は閣議決定を山県に直接報告すると、山県は「根本的に改革を要すとて賛成を表したり[32]」と応じた。

こうして、文武併任制は正式に法制局審議にかけられ[33]、枢密院審議へと進んでいった[34]。

右記の経緯を原からみれば、武官専任制の廃止断行を優先し、人事面で妥協を受け入れたとされる[35]。一方、田中陸相に一任することで、具体的な文武併任制の法令への書き込みが陸軍側に投げられたことにも注目しなければならない。

2　陸軍の懸念と田中陸相の対応

では、右記の過程で田中が払拭しようとした陸軍部内の懸念とは何であったか。

その一点目が「陸軍による政治的独立領域[36]」たる植民地における軍の地位低下である。これに対し、田中は、軍の内外に向けて、内閣に対して軍の地位は低下していないとみせて、ないし、真にそのように考え、政軍関係の再構築を行おうとしていた。具体的には、植民地官制に新たな政軍関係を書き込む際、部内の反発を抑えるために持ち出した田中の理論が、総督文武併任制によって〈文武の統一〉がされるという説明であった[37]。なお興味深いことに、政治側は総督文武併任制により〈文武が分離[38]〉するため、武が文の統制下に入ると考えていたが、これとは全く逆に、田中は〈文武が統一〉されるので文武が同格となると言い、陸軍をまとめきったのであった。

〈文武の統一〉を田中が最初に使ったのは、山県に対して文武併任制に同意するよう説得する際であった。史料の傍点は引用者による。「朝鮮に於ける事情は文武の統一を離れては統治の実を挙くることは到底六ケ敷き様[39]」という文脈である（大正八年八月）。

また、第1項で触れた陸相官邸における明石、立花、山梨らの会同でも、合意事項にこれを埋め込んでいる。

四、統治方針は併合の本義に基き、同化を以て基本方針とす。従て将来に於ては、内地と其政治を一にするを理想とすへしと雖も、当分の内尚ほ特別施政区域となし、文武統一の組織を可とすること。五、台湾に於ては大体前記方針に準拠すること[40]

その後、田中は、文官総督が着任した台湾軍司令官へも「文武の協働一致」を命じる訓令を発した。これに対し台湾軍参謀は、この内容を各部隊にそれぞれ内報した後、「文武の協同一致に付ては大いに其の必要を認めあらかじめ努力する必要ありたり[41]」と省に返答しているのである（大正八年一一月一〇日）。

この考え方は文官総督着任に至らなかった朝鮮における軍司令官宛陸軍大臣訓示にも示されている（大正八年八月二九日）。ここで田中は「軍司令官の任務と朝鮮総督府職域とは統治上密接離るへからさるものにして、各所属機関の分立は往往事務の沮滞を来すの虞なきにあらす。制度更改の時期に於て特に然り。かくの如きは国政の統一を害するもののみならず延て外間より乗するの機となり朝鮮民の帰趨を誤らしめ……故に其の職務の存する所を念ひ関係各部の連携を密にして和衷協同の実を挙くを要す[42]」と書き込ませた。

朝鮮軍司令官宛訓令には「和衷協同」という言葉を用い、田中は一貫して文武が協働するという意味合いの言葉を用いながら、文武併任制について部内を説得している。そして、田中の言う〈文武の統一〉とは、総督が武官文官いずれであっても、植民地統治にあたり、文武は同格であるという考えを前提としている。おそらく田中は、自分と原が実現しているように文武が一致している情況を、陸軍の地位の低下とは考えておらず、互いは同格であって、朝鮮軍司令官宛の文言にあるように「国政の統一」を支えているものと考えていたのではないか。

文官総督と軍司令官が「一致」、すなわち植民地における政軍が一致することが前提であれば、現行の、すなわち原敬内閣期における内地の軍隊の統制と変わりなくなる。よって田中は文武併任制とは、陸軍の地位低下でなく、陸軍にとって失うものはないと部内を説得したのではないだろうか。

そしてこの「一致」のために、植民地軍と本国陸軍との関係性の再構築も必要となる。それが懸念の二点目、陸海大臣の地位低下である。従来植民地軍の指揮系統は、陸軍大臣―武官総督―植民地軍であったものが、文官総督となることによって陸軍大臣の位置づけが文官総督に対して低下する恐れである。

それはたとえば児玉秀雄が、山県に対して文官総督制の弊害について説く際、「小生は自己の私見として今回官制改正の無意義なること……、総督文武併用主義の採用は陸海大臣の地位に影響を及ぼす虞ある事を申述べ[43]」たことに現れている（大正八年六月二八日）。

ゆえに田中は、「陸軍大臣の地位に影響を及ぼ」さないため、第二節で後述するように植民地の政軍関係を、日本国内同様内閣―陸軍省のラインに収斂していく方向で調整していく。

以上から、この時期を歴史的にみれば、内閣の統制に陸軍が服していると位置づけられるが、おそらく当の田中にそのような自覚はなく、田中は、陸軍にとっての文官総督制の弊害として考えられる植民地における軍の地位低下も、軍部大臣の地位低下も、文武の意思疎通が良好でありさえすれば文武は同格である、文官の下に入るのではないという、原・田中が瞬間的に実現しえている政軍関係を、植民地で再現するだけであるという論理で押し通したのではないか。文武の統一がうまくなされれば、総督が文官であったとしても、植民地における陸軍の地位や権限を損なうことはない、と考えていたのではないだろうか。

では田中は、このいわば「新たな」政軍関係、すなわち政軍が一致していることが大前提となっている政軍関係をどのように植民地官制や植民地軍事制度に書き込もうとしたのであろうか。

二　植民地官制に書き込まれた新たな政軍関係

植民地官制改革案は、法制局と陸軍省において閣議了承案となった原案が作成され、そこに海軍による軽微な修正が加えられ[44]、枢密院による修正で成案がなった。なお、朝鮮には武官（斎藤実）を任用することを前提とした官制改革であるので、実際に軍の位置づけの改変を迫られる台湾で譲らない、台湾で困らないことが田中の方針であったと考えられる。

1　枢密院での修正

内閣が枢密院に提出した原案は朝鮮・台湾共通事項として、①総督就任の条件から陸海軍大将（朝鮮）、中将（台湾）との条件を削除する、②総督の天皇直隷を改め、内閣総理大臣の監督を受けることとする、③文官総督の場合、軍に対する出兵請求権を与える、これに対し武官総督の場合、委任の範囲内において陸海軍を統率する権限を与えることとする、となった。

そして、台湾のみに「総督陸軍武官なるときは之に台湾軍司令官を兼しむることを得るの規定を加ふ[45]」、とわざわざあるのは、武官の総督就任が望めなくなることを見越した書き込みと推測される。

原内閣と枢密院は、対立と妥協を繰り返すという間柄であり[46]、枢密院（伊東巳代治審査委員長[47]）は原案に対し二点修正を加えてきた。

一つ目が総理大臣に対する総督の地位である。「内閣総理大臣の監督を承け諸般の政務を統理す」との台湾・朝鮮共通の原案を、朝鮮についてのみ「かつて一国を形成した朝鮮の統治者を首相の属僚のごとき地位に置けば総督の威望を損なう」[48]として、「総督は諸般の政務を統理し内閣総理大臣を経て上奏を為し裁可を受く」に修正した。

原は、これを「憲法上輔弼の重責にかかりて内閣総理大臣の双肩に在ることは固より当然にして……、此修正案は原案に比して何等其の事実を異にすることなく……、〔朝鮮総督の──引用者注〕其の体面を保たしめんことを期したる」[49]だけであると受け止めており、両植民地総督が総理大臣のラインに位置づいたことに満足した。

二つ目が、総督の職権である。枢密院は、武官総督の場合には軍の統率権を与えるという条文を削除した。その理由は武官総督であっても、文官総督であっても、総督が植民地統治のための軍の統率権をもたないことが、この官制改革の主眼であるのだから、この条文は不要であるとする。ゆえに文武問わず総督には、軍司令官に対する「兵力使用の請求」があればよく、兵力の「必要の有無は総督に於て之を裁酌認定する」べきであるとした。そして軍に対する出兵請求の要件を「安寧秩序の為」と書き込んだのである。関連して、総督に軍隊統率権がなければ、武官総督も現役武官である必要がなくなるということも書き込んでいる[50]。

以上の修正を経て成案は、総督は文武官問わず任用され、彼らに軍隊統率権はない、総督は内閣総理大臣の統制下にあり、「総督は安寧秩序の為必要と認むるときは其管轄区内に於ける〔朝鮮では「朝鮮に於ける」──引用者注〕陸海軍の司令官に兵力の使用を請求することを得」というかたちになった。

これにより内閣総理大臣の下にある総督が、軍司令官に請求する兵権によって、初めて軍が動くという建て付けの完成となる。以上により、第一に総理大臣──総督──軍司令官という指揮系統が明確化された。ここには原内閣期の政軍関係が反映されている。総理大臣のラインには陸軍大臣が組み込まれているという政軍の了解を前提としている。第二に文官総督も勝手に軍を指揮しない、軍司令官も文官総督の出兵請求なしに基本的に動かないという文武の役割分担が明確化された。

2　総督軍隊統率権をめぐって

こうして八月一九日、新たな植民地官制が公布されたが、枢密院では総督の軍隊統率権をめぐり「他日、必要あらば軍令を以ても之を補充し得べき」[51]という密約めいたものが清浦奎吾枢密院副議長と原の間で結ばれていた模様である。官制に書き込めなかった総督軍隊統率権を軍令によって総督に付し、その際は、総督府付武官を置くというものである。

朝鮮の政務総監に決まっていた水野錬太郎は、参謀本部の児玉友雄少佐が軍令の準備をしていることから、この事実を知り、「折角官制を改革したる本旨を滅却する」、「朝鮮統治上の支障をきたす」と、原と田中のもとに怒鳴り込んだ。田中は「統率権の付与は寺内の熱望より生じたるもの」で、もともと田中は「賛成せざりし」立場であったと説明する。[52]さらに田中は「陸軍は必ずしも、軍の統率権を総督に押売するにあらず、只従来の関係上此くするが適当ならんと思惟したるに過ぎず」、統率権がいるか、いらないかは総督の判断に任せるので斎藤総督と相談したらどうだと応じた。腑に落ちない水野は、枢密院の審査委員長伊東巳代治を訪ねる。伊東は「枢密院の委員会にて文官出身者たる総督にも軍の統率権を与へんとするの議ありたるも、政府は之に同意せざりしを以て、然らば武官出身者たる総督にも此の権を与へず、兵力の使用に関しては軍の司令官に要求せしむることにしたるなり」と回答した。

これを受け、翌日、水野が再度、田中を訪ねると、田中は総督の軍隊統率権と総督付武官は絶対不要であるとの水野の主張を「参謀本部の人達に相談したるに別に意義はなし」との反応であったと述べた。[53]

この経緯からわかるのは、第一に、文官総督に直接軍隊統率権付与することを、内閣が拒否していたことである。これこそが、植民地官制改革において田中が守るべき第一線で、内閣に容れさせた線であった。植民地官制改革が、軍部大臣文官制に及ぶことを防いだのである。また第二に、守るべきものを守った田中に対し、参謀本部も協力的だったこともうかがえる。田中は、陸軍にとって敗北といえるかもしれない植民地官制改革に際して、陸軍をまとめあげることに成功していると言ってよいであろう。

官制の外で帷幄上奏的に総督に軍隊統率権を付すということを陸軍は断念するが、この官制の範囲で、慎重に台湾軍を位置づけていく。

3　台湾軍の本国直轄化

官制改革により、文官であっても武官であっても文に徹するという総督と、軍との役割分担が明確になったことにより、台湾軍の位置づけも大きく変化することになった。

それは台湾軍が直接、本国の陸軍に紐づいたということである。まず職員録を確認すると、武官総督制の下では、台湾軍の武官は総督府のスタッフとして位置づけられていた。しかし文官総督制となると、彼らは総督府のスタッフから消えている。このことは大正八年「台湾総督府職員録」陸軍部／海軍部から、大正九年「台湾総督府職員録」への変化によって確認できる[54]。つまり、台湾軍武官は総督府でなく、内地の陸軍のスタッフに転換したのである。

この台湾軍自体の位置づけの変化を示したものが、文武併任制に対応して制定された「台湾軍司令部条例」である。注目すべきは「台湾軍司令部条例」が、内地の「師団司令部条例」とほぼ同じ作りとなっている点である。

大正八年軍令陸第二一号「台湾軍司令部条例」

第一条　台湾軍司令官は陸軍大将又は陸軍中将を以て之に親補し、天皇に直隷し台湾（澎湖列島を含む。以下同し）に在る陸軍諸部隊（憲兵隊を除く）を統率し、台湾の防衛に任す

第二条　軍司令官は軍政及人事に関しては陸軍大臣、作戦及動員計画に関しては参謀総長、教育に関しては教育総監の区処を承く

第三条　軍司令官は台湾総督より安寧秩序を保持する為、出兵の請求を受くるときは之に応することを得、但し事急にして台湾総督の請求を待つ遑なきときは兵力を以て便宜処置することを得　前項の場合に於ては直に陸軍大臣及参謀長に報告すへし

大正七年軍令陸第三号「師団司令部条例」

第一条　師団長は陸軍中将を以て之に親補し、天皇に直隷し部下陸軍諸部隊を統率し、軍事に係る諸件を統理す

第五条　師団長は地方長官より地方の静謐を維持する為兵力の請求を受けたるとき事急なれば直に之に応することを得。其の事地方長官の請求を待つ遑なきときは兵力を以て便宜処置することを得
前項の場合に於ては直に陸軍大臣及参謀長に報告し、東京に在ては東京衛戍総督にも報告すへし

第八条　師団長は軍政及人事に関しては陸軍大臣、動員計画及作戦計画に関しては参謀総長、教育に関しては教育総監の区処を承く

「天皇勅隷」のほか、「地方長官」や「台湾総督」に出兵請求権があること、軍政と人事が陸軍大臣の所管であること、作戦・動員計画が参謀総長の所管であること、教育が教育総監の所管であることによって、台湾軍と内地師団とは同等となった。

以上をまとめる。

官制からみると、（一）総督が内閣総理大臣のラインに位置づけられたこと（大正八年八月一九日勅令第三九三号台湾総督府官制中改正）、（二）それにともない、台湾軍司令官が内地の陸軍省のラインに位置づけられたことである（大正

八年八月二〇日軍令陸第二一号台湾軍司令部条例）。すなわち文武がいずれも本国の統制下に入り、内地同様のかたちで政軍関係が整えられた。文官総督の着任によって、統治体制の内地延長主義が実現したとされるが、軍のあり方も内地延長主義となったことを見逃してはならない。

ゆえに陸軍からみると、軍は総督ポストの独占権を失ったものの、台湾軍司令官という新たな司令官ポストを得る。この台湾軍は内地師団と同格に位置づけられた[55]。右の措置により軍の指揮系統は総理大臣―陸軍省ラインに入ったものの、純軍事的な役割に変化はない。この点について「某将軍」が新聞取材に対して「戒厳令を敷く場合は格別、現状に於ては毫も統率権を有する必要なし。且仮に付与されたりとするも官制上僅か一名の副官の外幕僚を有せざる総督は、其の事実に於いて軍司令官に一任する外なかるべく、畢竟統率権は単に虚名に過ぎずしていたずらに世の反感を買うの具たるに終わるべし[56]」とコメントしている。総督が文官であっても、植民地軍のあり方に変化はない、との認識が示されており、田中の構想した植民地の軍隊のあり方の方向性を許容していることがわかる。

台湾軍が国内師団と対等となったことにより、陸軍は事実上何も失わないというかたちに落ち着いたのではないか。台湾総督ポストを失ったとしても、台湾を守備するという陸軍の役割は変わらず、さしあたって台湾軍から打って出ることはない、という対外環境も一連の官制改革を後押ししたであろう。

また田中は、初代文官総督田健治郎に向かって「台湾を都合能く見事に遣って貰ひたい[57]」と送り出していたという。この言葉を素直に受け止めれば、田中は、政軍が一致することを前提として運用される〈新たな政軍関係〉が、台湾で実現することを願っていた。

以上の台湾軍のかたちは、軍の反発を抑えながら、原のめざす軍の統制[58]、田中のめざす軍利益を通すための円滑な政軍関係[59]に貢献しうるものであった。軍を嫌悪する風潮を和らげることにも貢献しえたであろう[60]。こうして政軍の一致が大前提となっている植民地官制が制度に書き込まれ、台湾で実証実験が行われることとなった。

三　文官総督下における台湾軍——田健治郎台湾総督と柴五郎台湾軍司令官

本節では、前節で構想された政軍関係が台湾でいかに展開したのか検討する。検討対象は文官総督の試金石となった田健治郎台湾総督と柴五郎台湾軍司令官の時期とする。

1　台湾軍司令官——柴五郎という選択

田総督（一〇月二九日任）、柴軍司令官（一一月九日任）の任用は、明石元二郎総督の一〇月二六日死去にともない、急ぎ決定された。三日で決まった初代文官総督に比して、相手となる軍司令官の選定には一〇日以上費やしていることが注目される。山県系貴族院議員出身の田総督については、原の山県への気遣い人事などといわれる。[61]柴はどうか。大正八年九月一日時点での中将、その停年順[62]を、参考にしながら考えたい。

植民地軍司令官は、野心のある軍人にとっては「一閑職に過ぎずして、一年后の後には軍事参議官に転補せられ、其儘年齢満限を待つ身となり、終に葬りさるる」[63]ポストである。また、この七月に柴が「普通の順序より言へば」朝鮮軍司令官に任ぜられるべきところ、宇都宮に対する「当路多少の手心」によって、宇都宮太郎となっていた。[64]したがって、単なる順番で補された可能性もあるが、選定に時間を要していることから、新しい政軍関係を定着させる役割を担わせるという役目が、全く考慮されなかったとはいえないだろう。

新聞報道によれば、柴より停年順の若い、島川文八郎（三重）、大井成元（山口）、由井光衛（高知）らが、候補となっている。島川らは軍事参議官に相応しいが、台湾軍司令官には柴が「経歴」において相応しいとある。[65]

柴の「経歴」とは何か。以下のような観点から、柴によって台湾における円滑な政軍関係が創始されるという期待が原や田中にあったためではないだろうか。

第一が国際的観点である。柴は国際的な威信のある軍人であった。彼は支那通[66]として知られ、士官学校時代から中国語に取り組み、明治一〇年代には清国に差遣され、同地で情報収集に従事した。台湾との関わりでいえば、征台戦争で樺山資紀総督とともに初上陸し、降伏清国兵一七〇〇名を福建省に送り届ける任務を果たした[67]。次いで北清事変時には清国公使館附武官として北京籠城の指揮を執り、中国の実情や国際的環境を踏まえた冷静な対応が、内外で高く評価された。さらには辛亥革命後、現地陸軍強硬派をおさえるため中国に派遣されている[68]。海外において常に世界のなかの日本の立場を踏まえた行動を行ってきた。こうした信頼感から、東伏見宮依仁親王イギリス差遣随行員にも選抜されていた。

国際的に朝鮮、台湾における日本の武断政治への批判が高まっていた第一次世界大戦後の時期、国際的に文官総督による統治がどのように評価されるのかは、内外における関心事項であったであろう[69]。ここにも柴に軍司令官を任せたことの意味が見出せる。柴は台湾における欧米外交団にとって「在台北領事団、則ち米国ヒッチコック、英国バットラー、和蘭ガットリッヂ鉄道ホテルに宴を張り、予〔田―引用者注〕及び柴司令官を招く……英国領事、柴大将に対し賛辞を述べ、大将之に答ふ。食後暫話して散す[70]」という存在であった。文官総督そのものだけでなく、対となる軍司令官が柴であることは、国際社会における文官総督による統治の評価に影響を与える要素となりうるものであった。

第二が常に自らの置かれた立場、任務を意識して任務遂行に努めてきた柴の人柄である。全く新しい総督―軍司令官関係を受け入れて行動しうる人物として柴に焦点が当たったのではないだろうか。原は、台湾赴任前の「柴に対しては田総督に内訓したる趣旨を内話し且つ今回初めて文武分れたる事に付、両間の調和には配慮ありたしと云ひ柴、無論の事として之を諾し、尚対岸政策其の他に付ても総督と力を合わすべき旨話せり[71]」と伝えている。

この「調和」についての具体的懸念には、台湾総督よりも陸軍大将の席次が上位であるという宮中席次問題があった。席次は朝鮮総督第六、陸軍大将第一〇、台湾総督が相当するのは第一一である[72]。このため原は「波多野宮相に会見し、田台湾総督の宮中席次は柴台湾軍司令官の下に在り、台湾統治上妙ならず、既に田中陸相気付きて注意せし次第なれば内閣にても考ふべきも宮中に於いて何か一考ありたしと内談したり[73]」と波多野に相談しているが、宮内省では特に対応を行わなかった。そこで原は松本剛吉を通じて「田の席次に付軍司令官柴大将は台湾に於ては其の席次を譲るべき旨過日電報にても申送りたるも尚其の趣旨を伝えたり[74]」と柴に電報を送っていた。後述するように、柴は原の依頼通りに、田に席次を譲ることになる。

第三に幕僚の統率という観点である。このとき、台湾軍の位置づけは変化したにもかかわらず、幕僚は全員留任となっている[75]。これは文官総督下でも台湾軍の軍事的役割が変わらないというところに起因していると思われる。しかしながら元来台湾では後藤新平民政局長官以来の文武の反目が問題視されていた。文官総督時代に、幕僚が武官総督時代と同様の行動様式をとったのでは、文官総督による統治は成り立たなくなる恐れがある。そのような幕僚の統率も、軍人としての能力の高い柴の手腕に頼ろうとしていたのではないだろうか。

そのほか、柴と田は近所に住んでおり、個人的に親しかった[76]。円滑な政軍関係構築のため、両者の関係も考慮されたかもしれない。

なお、柴の任用について新聞報道は「軍による政治へのあてつけ説」を採っていた。「軍隊の規模から言つても朝鮮関東州の振合から考えても台湾の軍司令官は中将級の人が任命せらるることと信ぜられていたが、意外にも柴大将の任命が発表された。聞けばこれは軍閥が悪戯をしたのだという。……原首相や田総督への面当に大将級の人を軍司令官に選定した、と云ふのは大将であれば宮中席次が文官総督より上席である。大将級の軍司令官を台湾に送りあらゆる公席に於いて総督上座に据え、文官総督に嫌な思ひをさせるのも一興ではないかと遂に実現[77]」とある。だが本節の考察のように政治的背景からも、軍事的背景からも、「悪戯」ではなく、誰もが納得できる人選が柴であったと考えられる。

2　総督―軍司令官関係

本項では、総督と台湾軍司令官との関係を検証していく。

原が懸念していた宮中席次問題についてみる。最初の場面は大正八年一二月の明石総督百日祭に訪れた。このとき田は代拝を送っているが、柴は、その代拝者にさえ席次を譲った[78]。そのほか田日記に示されるだけでも、台湾神社例祭[79]、明治神宮御霊代鎮座祭[80]において、柴は田に席次を譲ったことが確認できる。

宮中席次問題に象徴される総督と軍司令官の政軍関係について、柴は「自分は宮中席次といふことに関しては、実は自分の地位が総督よりも上であるけれども、併し台湾統治の主体は総督であるからして、其の総督の位地を重んじて宮中席次如何に拘らず、自分は総督の下に就くといふ主義を採って居つた。良いか悪いかは知らぬけれども自分の是まで執った態度を申送って置く[81]」と後任軍司令官福田雅太郎に伝えた。柴は、宮中席次について台湾に期待される新たな政軍関係を踏まえたうえで振る舞っていたのである。

田のほうも就任直後、軍に向かい「猶一言付加へて申します。此の度官制改革に依りて文武各分立し、一方には文官総督が出来、一方には軍司令官が独立されたのです。これは時勢の進運が最早文武途を異にして良いという場合に進んだのと、一は台湾の実況が総督が必ずしも兵権を握るの必要ないといふ程度に進んだ結果である。故に今日別々になったからとて施政上掌を覆へすが如く思ふのは大いなる誤解である。自分は初めて文官総督の任を承けましたが武官との関係は円滑なる諒解の下に成り立ったことで寧ろ事々しく申さぬが好ひと思います[82]」というメッセージを送っていた（一一月二二日）。以上から、田と柴は新しい政軍関係にもとづき、政軍の役割分担と調和をめざすことで一致していた。

ゆえに両者は、普段から密に連携、情報交換を行っていた。これは『田健治郎日記』から判明する。

まず先住民対策についてである。「柴大将を軍司令部に訪ひ、生蕃鎮撫策に関し意見を交換、寛話一時間して帰る[83]」、「柴大将来訪、警察用銃砲譲受の件、其の他数件を暫話す[84]」という具合に、刻々と変化する先住民の状況に対して相互訪問を行い、密に情報交換していたことがわかる。

また、「守房太郎大佐来り。将来蕃地に対する出兵数の増減、及び守備期間の長短を問ふ。非常事変の外、約一ヶ月間現状維持を要す意を答へる。曽田少将、柴大将の意を承りて来り、赤松少佐蕃地視察の復命書を内示、予の参考に供す。書中理蕃政策又施設の謬を頗る痛論す。以て他山の石と為すに足る也[85]」との記載からは、長期的な先住民対策についても、軍と情報、対策を共有していた。曽田は、曽田孝一郎基隆要塞司令官である。

さらに、対岸対策についても同様のことがいえる。「軍参謀歩兵少佐黒田周一、午後七時来邸、支那南方政府近時の状勢、及び之れに対する我が操縦政策を詳述[86]」、「参謀黒田少佐、予の召に応じて来訪、南支各勢力消長及び親日、排日の事情を説明[87]」といった記述から確認できるように、軍と総督の情報共有は密に行われていたと推測される。

なお、軍事的観点とは異なるが、久邇宮訪台時、応接の際も「予、柴大将と到る処の沿道地勢、沿革、人情、産業等の状況を説明す[88]」と連携していた。ここからも軍事に限らず、両者の関係は円滑であった。

では実際に軍が動くときはどのように事態が進んだのであろうか。

一九二〇（大正九）年九月[89]、流行性感冒が先住民地域で流行した。日本人と交通したためとし、先住民が蜂起、巡査以下に死傷者を出した。総督府は行政ルートで、警視を派遣し、台中州知事と協議し、鎮圧した。あわせて総督府は、軍司令官に対しても出兵を請求した。田は「軍司令官に対して軍隊出動を求め、其の結果、埔里社駐屯兵約五十余名を霧社に派遣、而して別に、埔里社及留母安に対し、駐屯兵若干を増遣の事」と日記に書いた。これが文官総督初の出兵請求であった。警察で鎮圧可能な蜂起であったこともあるが、軍が勝手に動いた形跡もなく、官制に定められた政軍関係が保たれていたといえる。

3　総督─本国陸軍関係

前項では台湾内部における政軍関係を検討した。本項では、総督と本国の陸軍の関係について検討する。具体的には共に内閣総理大臣のラインに位置づけられた総督府と陸軍省、および総督府とこの時点で陸軍省の統制下にあると考えられる参謀本部の関係について検討する。

まず、陸軍省との関係である。大正九年一一月、田の帰京時、田は「田中陸相を官邸に訪ひ、軍銃譲渡の件を嘱す」[90]と日記に記載する。台湾において、軍から警察へ銃砲を移譲する件は、柴と田の間ですでに話し合われており[91]、田中と田の会談はその総仕上げであった。この例から総督、省、軍の連携関係がうかがえる。

次に、参謀本部との関係である。田は文官総督の越権とも思われるほど、軍令事項についても上原総長と相談しあっていた。大正九年四月、田の帰京時「参謀本部に赴き、先ず福田次長を訪ひ、基隆要塞取締の緩和及南支経営政策に関し意見を交換す。次で上原参謀総長と面談、台湾防備問題に関し上下意見の後、西比利亜経営の大方針に関し大いに意見を闘し、互いに領解する処有り」[92]と、対岸政策をも視野に入れて総長、次長と意見交換を行っている。

大正九年七月の田の帰京時には、「上原総長を参謀本部に訪ひ、特に福田次長及び各部長を集めて台湾北勢蕃反抗の情況、及鎮圧の為の軍隊出動の必要を述べ、予め其の準備調査を要請す」と、対先住民作戦について踏み込んだ相談をしている。

以上から、軍令事項についても、その前提となる情勢判断については忌憚なく文官と武官が意思疎通する関係が生まれていた。田中と原が模索した政軍関係以上のものが、田中・上原・柴と田の間で展開されていたことは注目に値する。

これには上原と田が「大変懇意」[93]であった背景もあろう。また柴と上原も陸軍士官学校の同期で親しくしていた。この人間関係のなかで、柴も上原に向け「警察にても持て余し軍隊の援助を望み居る様子に御座候。……其場合には、所用の費用を本省に申請可致に付、其節は御賛助を奉願度候。去四月台湾増兵の卑見を呈し置候が他日国費の許すに至れは一個師団位を置かるる必要あるへく、其場合に於ける配兵案を地理風土気候等に鑑み立案為致居候」[94]と、率直に軍備について相談していた。

以上から、内閣による陸軍省・台湾軍の統制、および内閣による総督府の統制は、政軍が一致していることが前提となっている制度に則り、運用できていたことが確認できる。加えて総督―参謀本部間・軍司令官―参謀本部間の属人的ルートも機能し、上原参謀本部は省の統制の下、総督と台湾軍の「相談相手」として存在していた。制度と、制度と適合的な人間関係があいまって、関係者が緊密に情報を共有することが可能となり、初めての文官総督制を成り立たせていたといえる。なお、柴の退任後は上原派の福田が台湾軍司令官に就いたが、良好な政軍関係は維持された[95]。

こうした政軍関係を朝鮮と比較してみよう。朴廷鎬氏は朝鮮について「朝鮮軍の指揮権が朝鮮軍司令官に帰属することにより、その結果、朝鮮軍司令官は朝鮮総督府の影響力から離れることになった。最後の朝鮮軍参謀長であった井原潤次郎は、この時期以来の朝鮮軍と朝鮮総督府の関係を「お隣づきあい」と表現した。このような相互の基本的に独立した関係が朝鮮軍の自律性を高めると言えよう[96]」と指摘している。つまり朝鮮では総督と軍司令官を対等と読み、朝鮮では軍の独立性を高める結果となった。しかし台湾はこれとは反対に、柴・後任の福田の時期に関しては[97]、総督と軍司令官関係は、総督優位によって調和していた。

以上のような政軍関係を築いた柴は、在任一年半で台湾を後にした。上原は「しばらく在台」し、「暫時気張れぬか」と柴に打診していた模様である。しかし柴は会津時代から苦労を共にした兄を「余命の存する中に介抱至し遣度」、東京以外の勤務は「〔兄が―引用者注〕心細さを感するならむと気の毒と思ふ……家兄天命を尽候後は再び台湾なり何れの陬僻に出ても悦て御奉公」するのだと上原に述べている(98)。上原は同期の誼というのでなく、柴が魂を入れた新しい政軍関係を後押ししていたのである。柴は内地と植民地の新たな政軍関係を築き、台湾を去ることになった。

おわりに

田中率いる陸軍は、台湾で文官総督就任を許し、政党内閣に譲ったようにみえるが、実は陸軍が後退しているという自覚はなかったと思われる。田中は、植民地統治に臨む文武の意思疎通が円滑であれば両者の関係は同格であるとして陸軍を説得し、軍隊統率権を有する文官を許容しなかった。植民地管制改革が軍部大臣の任用資格に及ぶことを防いだのである。田中はこの線で陸軍をまとめ、柴に台湾軍司令官を託した。柴は文官総督下の軍司令官の行動規範を示す役割を担った。柴は意識的に軍を政治の下に置き、台湾において政治優位の政軍関係を体現した。また第一次世界大戦後、国際協調を重要視する世界的風潮のなか、文官統治に切り替わった際の台湾における軍司令官が、国際的信望を有していた柴であったことは、国際社会に安心を与えたであろう。大正期における新たな政軍関係、新たな対外関係に対応しうる軍司令官が柴であった。柴の指揮する台湾軍の変容こそが、台湾文官統治を軌道に乗せたといえる。

本章の検討から、陸軍は、植民地官制改革で政党内閣に敗北したというより、政軍の意思疎通が円滑であることを前提とした新たな政軍関係の運用モデルを、台湾において作り出すことに成功したと考えられる。

こうした陸軍の姿勢は、大正九年に高橋是清蔵相が提起した参謀本部廃止論を瞬時に阻止するという原の判断にも影響を与えたのではないだろうか。台湾で体現された政軍関係の安定は、内地における先鋭的な統帥権改革を緩和する役目を課したと考えられる。文官総督制が台湾で軌道に乗ったことは、国内の政軍関係の安定、ひいては政党内閣の安定にも貢献したといえよう。換言すれば柴率いる台湾軍は、いわゆる大正デモクラシー体制[99]の維持を台湾の政治・軍事から下支えしたと結論づけられる。

（1）黒沢文貴『大戦間期の日本陸軍』（みすず書房、二〇〇〇年）。
（2）台湾に駐留・駐屯する軍隊の名称・編制の変化は下記の通り。明治二九年台湾守備混成旅団（三個旅団＋基隆要塞砲兵大隊＋澎湖島要塞砲兵大隊）。明治三九年混成旅団廃止、台湾守備隊（歩兵二個連隊＋基隆要塞重砲兵大隊＋澎湖島要塞重砲兵大隊）。大正八年台湾軍（軍指令部（兵器部・経理部・軍医部・獣医部・法官部）＋守備隊（第一司令部・第二司令部・歩兵二個連隊・山砲個中隊＋基隆要塞重砲兵大隊＋馬公要塞重砲兵大隊））。本章では台湾軍と呼称される以前、台湾に駐屯した部隊を「　」付き「台湾軍」とする。
（3）黄昭堂『台湾総督府』（筑摩書房、二〇一九年）。
（4）マーク・ピーティー（浅野豊美訳）『植民地――帝国50年の興亡』（読売新聞社、一九九六年）一四一頁。
（5）李正龍「原内閣における植民地官制問題――朝鮮総督府を中心に」（『慶應大学大学院法学研究科論文集』第二六号、一九八七年）一八四頁。春山明哲『近代日本と台湾――霧社事件・植民地統治政策の研究』（藤原書店、二〇〇八年）一九四―二〇一頁。
（6）春山前掲書、一九七、二〇八―二一〇頁。
（7）ピーティー前掲書、一四五頁。
（8）柏木一朗「台湾平定後の日本軍と民衆」（檜山幸夫編『帝国日本の展開と台湾』創泉堂出版、二〇一一年）。本康宏史「台湾における軍事的統合の諸前提」（台湾史研究部会編『日本統治下台湾の支配と展開』中京大学社会科学研究所、二〇〇四年）。近藤正己「台湾における植民地軍隊と植民地戦争」（坂本悠一編『帝国支配の最前線』（地域のなかの軍隊7　植民地）吉川弘文館、二〇一五年）。
（9）三谷太一郎「戦時体制と戦後体制」（同『近代日本の戦争と政治』岩波書店、二〇一〇年）三七―三八頁。戸部良一『逆説の軍隊』（中央公論社、一九九八年）一八二頁。

(10)　小林道彦『近代日本と軍部　1868-1945』(講談社、二〇二〇年) 三五〇―三五一頁。
(11)　小林道彦『政党内閣の崩壊と満州事変　1918-1932』(ミネルヴァ書房、二〇一〇年) 九頁。
(12)　森靖夫『日本陸軍と日中戦争への道―軍事統制システムをめぐる攻防』(ミネルヴァ書房、二〇一〇年) 五二頁。
(13)　上原勇作参謀総長と田中の関係については小林道彦前掲『政党内閣の崩壊と満州事変　1918-1932』九頁。同書によれば上原は、総力戦であるからこそ、軍は政党とは距離を置くべきであると考えていた。両者は総力戦体制を構築するにあたっての政党内閣に対するスタンスが異なっていた。また原が企図する参謀本部解体に対して、田中は原と連携することでそれを回避しようとしていた。上原は田中と妥協することで参謀本部全面解体を食い止めようとしていた。こうして三者の妥協関係が生まれたとされる。
(14)　三谷太一郎『大正期の枢密院―『枢密院会議議事録』別冊』(東京大学出版会、一九九〇年)、五一―五四頁。岡本真希子「朝鮮総督府・組織と人」(『東洋文化研究』四、二〇〇二年)、注2、二三二頁。李炯植『朝鮮総督府官僚の統治構想』(吉川弘文館、二〇一三年) 六七―七二頁。春山前掲書、一九六―二〇一頁。
(15)　李正龍前掲論文、一八四頁。春山前掲書、一九六―二〇一頁。
(16)　「台湾総督と海陸軍（台湾は海防本位）」(『朝日新聞』大正七年六月七日)。「守備隊幹部演習旅行施行の件報告」(JACAR アジア歴史資料センター Ref. C03023010800, 防衛省防衛研究所)、「台湾総督に与ふる明治41年度作戦計画訓令」(中央／作成指導その他／59、防衛省防衛研究所所蔵)。
(17)　大正八年六月二三日寺内正毅宛明石元二郎書簡（尚友倶楽部編『寺内正毅宛明石元二郎書翰―付『落花流水』原稿（『大秘書』）』芙蓉書房出版、二〇一四年)、一一五頁。
(18)　戸部良一「第五章　朝鮮駐屯日本軍の実像」(同『戦争のなかの日本』千倉書房、二〇二〇年)。
(19)　大正七年九月一三日条（原奎一郎編『原敬日記』五、福村出版、一九八一年、二五頁)。春山前掲書、一九六頁。
(20)　大正七年一一月二三日条（『原敬日記』五、四二頁)。春山前掲書、一九六頁。
(21)　大正七年一二月一七日条（『原敬日記』五、五〇頁)。春山前掲書、一九七頁。
(22)　大正八年一月一五日条（『原敬日記』五、六一頁)。春山前掲書、一九七頁。
(23)　大正八年二月三日条（『原敬日記』五、六六頁)。
(24)　大正八年三月二四日「枢密院における関東庁官制改正主旨説明」(清浦奎吾)(「枢密院会議筆記」枢 00D422, 国立公文書館所蔵)。
(25)　大正八年五月一〇日「朝鮮統治の方針相談の際提出の意見書」(尚友倶楽部児玉秀雄関係文書編集委員会編『児玉秀雄関

係文書』一、同成社、二〇一〇年、二〇〇頁。

（26）大正八年五月二〇日条（『原敬日記』五、九七—九八頁）。春山前掲書、一九九—二〇〇頁。

（27）大正八年五月二三日条（『原敬日記』五、九九頁）。春山前掲書、二〇〇頁。三谷前掲論文、五二頁。

（28）大正八年五月二七日条（『原敬日記』五、一〇〇頁）。春山前掲書、一九九—二〇〇頁。

（29）大正八年五月二五日条（『原敬日記』五、一〇〇頁）。

（30）大正八年六月一〇日条（『原敬日記』五、一〇五頁）。

（31）大正八年六月一三日条（『原敬日記』五、一〇六頁）。

（32）大正八年六月一九日条（『原敬日記』五、一〇九頁）。

（33）大正八年六月二〇日条、二四日条（『原敬日記』五、一一二・一一三頁）。

（34）大正八年七月一四日、一六日、八月五日、八日条。

（35）岡本前掲論文注2、二二二頁。

（36）森山茂徳「日本の朝鮮統治政策（1910-1945年）の政治史的研究」（『法政理論』三・四、新潟大学、一九九一年）。

（37）文武の一致については李炯植前掲書、七一—七二、八一頁、李炯植書の注73が「田中は文武の統一をしなければ統治の実を挙げることは難しいと考えていた」という田中の意図に沿った文脈で引用している。

（38）本章の注71「文武分れたる事」（原）、本章の注82「文武各分立し」（田）。

（39）大正八年月日欠山県有朋宛田中義一書簡（尚友倶楽部山縣有朋関係文書編纂委員会編『山縣有朋関係文書』二、山川出版社、二〇〇六年）、三一七頁。

（40）大正八年五月一〇日「朝鮮統治の方針相談の際提出の意見書」（『児玉秀雄関係文書』一、二〇〇頁）。

（41）「台湾軍司令官へ訓示の件」（『永存書類甲輯第1類　大正九年』防衛省防衛研究所、JACAR Ref. C02030914000, 三画像目）。

（42）「朝鮮軍司令官へ訓示の件」（『永存書類甲輯第1類　大正八年』防衛省防衛研究所、JACAR Ref. C02030864600, 五—八画像目）。

（43）大正八年六月二七日寺内正毅宛児玉秀雄書簡（「寺内正毅関係文書」書簡の部 123-22, 憲政資料室所蔵）、寺内正毅関係文書研究会編『寺内正毅関係文書2』（東京大学出版会、二〇二二年、四四三頁）。

（44）「朝鮮総督府官制台湾総督府官制改正資料」（「斎藤実関係文書」72-5, 憲政資料室所蔵）。

（45）「朝鮮総督府官制中改正ノ件外七件」（「枢密院審査報告・大正八年」枢 C00021100, 国立公文書館所蔵）。

（46）望月雅士『枢密院——近代日本の「奥の院」』（講談社、二〇二二年）一二六頁。

(47) 二点の修正の存在については三谷前掲『大正期の枢密院』、望月前掲書に指摘あり。
(48) 望月前掲書、一三四頁。
(49) 「朝鮮総督府官制中改正ノ件外七件」。
(50) 同右。
(51) 「朝鮮総督の権限に関する抗議事情」(尚友倶楽部・西尾林太郎編『水野錬太郎回想録・関係文書』山川出版社、一九九九年)一二七頁。
(52) 大正八年八月一七日条(『原敬日記』五、一三二頁)。
(53) この経緯は「朝鮮総督の権限に関する抗議事情」から引用した。また大正八年八月一七日条(『原敬日記』五、一三二頁)にも言及されている。前書によれば伊東は原―清浦間の軍令で総督に統率権を付すという合意を否定しているが、後書で原は合意を認めている。
(54) 中央研究院台湾史研究所「台湾総督府職員録系統」にて検索。
(55) 「匪徒討伐部隊」以外の機能は外敵防禦・攻撃であり、また兵の補充も全国からの寄せ集めであるため、「台湾軍」は内地師団より格下とみなされる(前掲近藤論文)。
(56) 「朝鮮総督統率権改革の意を徹底せよ」(『朝日新聞』大正八年八月一七日、東京版朝刊)。
(57) 大正八年一〇月二八日条(岡義武・林茂編『大正デモクラシー期の政治――松本剛吉政治日誌』岩波書店、一九五九年、四一頁)。
(58) 小林前掲『近代日本と軍部』三五〇―三五八頁。
(59) 北岡伸一『日本陸軍と大陸政策』(東京大学出版会、一九七八年)。纐纈厚『近代日本の政軍関係――軍人政治家田中義一の軌跡』(大学教育社、一九八七年)。
(60) 「文官最初の総督、各新紙、皆筆を揃へ称賛の意を表す。亦以て人心の帰嚮を見る可き也」(大正八年一一月六日条、尚友倶楽部・広瀬順皓編『田健治郎日記』四、芙蓉書房出版、二〇一四年、一八四頁)。
(61) 春山前掲書、一九七頁。清水唯一朗『原敬――「平民宰相」の虚像と実像』(中央公論新社、二〇二一年)二六一頁。
(62) 陸軍省編『大正八年九月一日調陸軍現役将校同相当官実役停年名簿』。
(63) 大正七年七月二四日条(宇都宮太郎関係資料研究会『宇都宮太郎日記』三、二〇〇七年、岩波書店、一二八頁)。
(64) 大正七年七月二四日条(『宇都宮太郎日記』三、一二八頁)。
(65) 「陸軍将官異動評」(『朝日新聞』大正八年一一月一日、東京版朝刊)。

(66) 戸部良一『日本陸軍と中国――「支那通」にみる夢と蹉跌』(講談社、一九九九年)。
(67) 台湾総督府陸軍幕僚『台湾陸軍幕僚歴史草案』(捷幼出版社、一九九一年)一九頁。
(68) 大正二年七日二二日条(『原敬日記』三、三三六頁)。大正二年七月一八日条(『宇都宮太郎日記』二、二四七―二四八頁)。
(69) 梶居佳広「英米から見た日本の台湾支配――戦間期領事報告を中心に」(『立命館大学人文科学研究所紀要』第八〇号、二〇〇二年)は、英米が台湾の文官統治(一九一九―一二三年)に高い評価を与えていたことを明らかにした。
(70) 大正九年八月二五日条(『田健治郎日記』四、四三九頁)。
(71) 大正八年一一月二八日条(『原敬日記』五、一七八頁)。
(72) 大正四年二月一三日皇室令第一号「宮中席次令」。大正一五年一〇月二一日皇室令第七号「皇室儀制令」。
(73) 大正八年一一月八日条(『原敬日記』五、一六八頁)。
(74) 大正八年一二月三日条(『原敬日記』五、一八二頁)。
(75) 「台湾軍司令部幹部」(『朝日新聞』大正八年八月二八日、東京版朝刊)。参謀長曽田孝一郎、副官田中源太郎等。なお文官機構のほうも幹部クラスは多くが留任した(岡本真希子『植民地官僚の政治史――朝鮮・台湾総督府と帝国日本』三元社、二〇〇八年、三三九頁)。
(76) 大正九年一月一一日条「午前、田中氏を伴ひ柴太一郎翁を近隣柴邸に訪ふ。氏柴大将の兄、三十年前の旧交也……氏大に喜び」等(『田健治郎日記』四、三二〇頁)。
(77) 「東人西人」(『朝日新聞』大正八年一一月五日、東京版朝刊)。
(78) 田健治郎伝記編纂会編『田健治郎伝』伝記叢書四七(大空社、一九八八年、四〇七頁)。
(79) 大正九年八月二八日条(『田健治郎日記』四、四四〇頁)。
(80) 大正九年一一月一日条(『田健治郎日記』四、四七五頁)。
(81) 「名士談話　福田雅太郎氏」(『田健治郎伝』六二〇頁)。
(82) 『田健治郎伝』四〇四―四〇五頁。
(83) 大正九年四月一五日条(『田健治郎日記』四、三六四頁)。
(84) 大正九年一一月一六日条(『田健治郎日記』四、四八二頁)。
(85) 大正九年一〇月五日(『田健治郎日記』四、四六〇頁)。
(86) 大正八年一二月一八日条(『田健治郎日記』四、三〇六頁)。
(87) 大正九年五月三日条(『田健治郎日記』四、三七九頁)。

(88) 大正九年一〇月二二日条、ほかに一〇月二六日条（『田健治郎日記』四、四六八・四七一頁）。

(89) 大正九年九月一九日条（『田健治郎日記』四、四五〇頁）。

(90) 大正九年一二月一日条（『田健治郎日記』四、四九二頁）。警察の銃の老朽化にともない、銃を軍から譲ってもらう相談と考えられる。

(91) 大正九年一一月一六日条（『田健治郎日記』四、四八二頁）。

(92) 大正九年四月一日条（『田健治郎日記』四、三五六頁）。

(93) 福田雅太郎の回想（黒板勝美編『福田大将伝』福田大将伝刊行会、一九三七年、三六四頁）。

(94) 大正九年七月二八日上原勇作宛柴五郎書簡（上原勇作関係文書研究会編『上原勇作関係文書』東京大学出版会、一九七六年、二一三頁）。

(95) 元帥上原勇作伝記刊行会編『元帥上原勇作伝』下、一九三七年、一七〇頁。

(96) 朴廷鎬「近代日本における治安維持政策と国家防衛政策の狭間――朝鮮軍を中心に」（『本郷法政紀要』一四、二〇〇五年）二三六頁。

(97) 前掲「名士談話　福田雅太郎氏」（『田健治郎伝』六二〇―六二一頁）によると、福田は「前司令官の主義を守」り、皇太子訪台の際も「軍司令官は実は統治に関係なく寧ろ総督の客分としての地位に立つて居る者であるから、その主人公が、今のやうな場合に先立つて総ての御用を承り御接待申しあげるということは当たり前の話である」とした。また、次期軍司令官鈴木壮六にもこれを申し送り、鈴木も同様にしていた。しかし「其の後に行った人あたりが、総督府の方に必ずしもよろしいと思わぬが色々な事が起こってきて、到底私の所までも内務省から宮中席次の地位の関係に付いて従前はどういふ方法を執って居ったのかという公然の質問も来たことがある位で大分衝突が起こったことがあったらうと想像している」と指摘している。

(98) 大正〔一〇〕年三月二七日付上原勇作宛柴五郎書簡（「上原勇作関係文書」二四八―一一、東京都立大学図書館所蔵）。

(99) 「内にあっては政党内閣制、外にあってはワシントン体制を奉ずる政治体制」（酒井哲哉『大正デモクラシー体制の崩壊――内政と外交』東京大学出版会、一九九二年）八頁。

(付記) 本章は二〇二〇年六月一四日 国学院大学国史学会大会での報告をもとにしている。

第3章　政党内閣期の海軍の議会対策

太田久元

はじめに

江戸後期から外国船が日本近海に来航するようになると、国内では海防論が沸き上がり、欧米列強の侵攻をどう防ぐのかが議論となった。明治政府が樹立されると海軍の整備が必要とされたが、海外からの軍艦購入や、国内で軍艦を建造するための諸施設の整備、技術の獲得、人員の養成などには莫大な資金が必要であり、海軍の整備は容易には進まなかった。しかし、海外からの侵攻から日本を防ぐために海軍の整備が必要であるということは、一九二七(昭和二)年のジュネーブ海軍軍縮会議に臨むにあたって、若槻礼次郎首相が「日本の海軍は決して攻撃を目的とするものでなく、却つて日本が他より攻撃された場合辛うじて日本を防禦し得る程度の勢力に過ぎない」と述べたように[1]、国土防衛のために必要な海軍戦力の整備については、与野党を含めたある程度の意見の一致がみられた。

一九二四(大正一三)年六月に加藤高明内閣が組閣されると、財部彪海軍大臣ら海軍首脳部で問題となったのは、補助艦整備のための海軍補充計画予算の成立や政党各党から要望された軍部大臣武官制の資格任用撤廃問題などであっ

た。(2)

翻ってみると、一八九〇(明治二三)年一一月の第一議会以後の初期議会において政府と民党とが対立した要因の一つに海軍の艦艇建造予算の問題があり、日露戦争後も予算の拡充を図る海軍と政府、陸軍、政友会などとの提携の歴史があった。(3) 第一次世界大戦後には、原敬内閣の下で一九二〇年八月に総額約七億六一〇〇万円に及ぶ八八艦隊計画予算が成立したが、一九二二年二月には主力艦の保有量を制限するワシントン海軍軍縮条約が締結された。

明治後期から第一次世界大戦勃発前後までにかけて、日清戦争後の一時期を除き、日本は不況下にあり、政府、大蔵省は緊縮財政方針をとる一方、立憲政友会は地租軽減などの民力休養や公共事業の拡大を求めた。そのため、日露戦争後、海軍は各政治勢力と提携しながら艦艇建造予算を獲得していった。その後、第一次世界大戦による日本の好景気を追い風にして、八八艦隊計画予算が成立した。八八艦隊計画は日本の国家財政に大きな負担を強いるものであったが、それにもかかわらず予算が成立したのは、日本が国家財政規模を拡大させていった時期であったためである。しかし、第一次世界大戦後の戦後不況や、ワシントン海軍軍縮条約の締結により、海軍は補助艦艇の補充計画予算を捻出するために、帝国議会で協賛を経た八八艦隊計画予算を含む軍艦製造費を組み替えて流用したのである。

加藤高明内閣以降の政党内閣期は、海軍の政党に対する姿勢を変化させうるものであった。一九二三年三月に成立した補助艦艇補充計画は一九二七年度に完成予定であったが、海軍は新たな補充計画を策定していく。補充計画予算を成立させるためには、閣議決定、議会の協賛を経なければならず、海軍の立場を政党や国民に表明し、それへの理解と支持を得ることが必要であった。(4) 戦後不況や関東大震災の復興予算の捻出など緊縮財政方針をとった加藤高明内閣と第一次若槻礼次郎内閣において、海軍は政党に対し補助艦艇補充計画予算の協賛を得るための活動を行っていく。

本章では、特に一九二〇年代を中心に海軍がどのように政党内閣や帝国議会へ対策を行っていったかについて言及する。なぜなら、この政党内閣下において、海軍、特に軍政機関である海軍省が政党との提携を重視していく過程が明らかになると考えるからである。

一　海軍の軍艦建造と予算

帝国議会が開設された後の海軍の建艦計画予算は、どのように帝国議会の協賛を経て成立していったのであろうか。帝国議会開設後、政府と民党とが予算をめぐり対立したが、対立の要因の一つに海軍の軍艦建造費の問題があった。この初期議会での政府と民党との対立を収拾するため、一八九三(明治二六)年二月に、明治天皇から和協の詔勅が出されることにもつながった。

海軍予算は、経常部と臨時部で分かれ、艦艇建造にあたる予算は臨時部で支出された。予算の区分では、経常部、臨時部のなかの大区分として「款」、「款」を区分する「項」、「項」を細分した「目」に分かれる。艦艇建造の予算は、臨時部、海軍拡張費(款)の造船費(項)、軍艦製造費(目)、水雷艇製造費(目)や造兵費(款)の軍艦兵器費(目)、水雷艇兵器費(目)などであった。一九〇七年には、「補充艦艇費」(款)が新たに設置されるが、日露戦争後のイギリスのドレッドノート級戦艦の竣工による列強各国の建艦競争の激化や、日本の保有戦艦の旧式化による海軍戦力の低下を受けて、一九一〇年五月、斎藤実海相は桂太郎首相に新たに海軍軍備充実を提議し、既定継続費である軍艦製造費、整備費、艦艇補足費、補充艦艇費の四款を軍備補充費に合算、整理した。そして一九一〇年度における予算残額は軍備補充費に繰り越され[5]、一九二〇年八月、第四三議会の協賛を受けて成立した八八艦隊計画案まで、軍備補充費によって軍艦建造が行われた[6]。一九一一年度から一九二二年度までの軍備補充費(款)中の軍艦製造費(項)の既定予算総額は約一九億三三〇〇万円に達することとなった。

こうした海軍の軍艦建造予算は、多額の賠償金を得られた日清戦争直後の第一期および第二期海軍拡張計画と、第一次世界大戦中の好景気を通じて政府が財政支出を拡大させるとともに海軍予算を拡大させていった八四艦隊計画から八八艦隊計画の時期を除き、不況による緊縮財政下で海軍予算の成立が図られていった点に注目すべきである。

また明治後年から大正政変にかけての軍艦建造予算をめぐる問題は、先行研究で明らかにされてきたように陸軍、山県閥、立憲政友会、貴族院、薩派などと並んで海軍も、各政治勢力と連携しながら、帝国国防方針における国防所要兵力の整備を行ってきた(7)。この時期の海軍予算の獲得が非常に困難であったのは、政府が緊縮財政方針をとるなかにあって、各政治勢力が予算の維持、拡充を図ったためであった。この間、海軍次官として海軍と各政治勢力との交渉を主導的に担った財部彪が、後述する一九二〇年代の政党内閣期に海軍大臣として海軍予算の確保に尽力することとなる。

八八艦隊計画は、第一次世界大戦中の好景気にともない海軍予算の拡大をめざしたものであり、政府と海軍間での修正、妥協は行いやすかったといえる。『海軍軍備沿革』では、八八艦隊計画といわれる海軍軍備充実に関して、「財政ノ計画ト調和ヲ保ツノ必要アリ幾多ノ攻究審議ヲ経テ艦型及巡洋艦以下隻数等ニ修正ヲ施シ」たと記述している(8)。

海軍は軍艦建造を、横須賀、呉、佐世保、舞鶴の四海軍工廠（舞鶴は一九二三—三六年は工作部）に加え、三菱造船所、川崎造船所、石川島造船所、浦賀船渠、藤永田造船所の大手五社に艦種を指定して発注していた。三菱造船所には戦艦、巡洋艦、潜水艦、特殊艦を、川崎造船所には戦艦、巡洋艦、潜水艦を、石川島造船所、浦賀船渠、藤永田造船所には駆逐艦の建造を発注した。なお海軍艦艇の建造を行う際、同級艦の一番艦を横須賀海軍工廠あるいは呉海軍工廠で行い、二番艦以降を造船会社、他の海軍工廠で建造させていた(9)。

ワシントン海軍軍縮条約の締結により、肥大化した海軍予算の国家財政への負担は幾分か軽減され、戦艦六隻、巡洋戦艦八隻の建造中止と、航空母艦への転換により、軍備補充費の一部は国庫に返納されることになった。ただし、小池聖一氏などにより明らかにされているように、軍備補充費は補助艦艇建造の予算に流用されることとなる(10)。

加藤友三郎内閣は、一九二二年度中に着工する補助艦艇については軍備補充費（款）の軍艦製造費（項）の予算で建造することとし、巡洋艦（八インチ砲搭載）二隻、駆逐艦三隻、潜水艦六隻、航空母艦二隻、潜水母艦一隻、特務艦四隻、合計一八隻を一九二五年度までの三カ年継続費として約一億二三〇〇万円を計上した。また、新たに艦艇製造費（款）、補助艦製造費（項）を設置し、軍艦製造費から約一億八八〇〇万円を組み替え、追加額として約一億八〇〇〇万円を加えた合計約三億六八〇〇万円を計上し、巡洋艦（八インチ砲搭載）六隻、駆逐艦一八隻、潜水艦二二隻など合計五三隻の建造を一九二三年度から一九二七年度に完成させる五カ年継続費として帝国議会に上程した。

一九二三年三月二九日、これらの予算案は第四六回帝国議会での協賛を受けて成立した(11)。こうしてワシントン海軍軍縮条約直後の海軍補充計画で七一隻の補助艦艇が一九二三—二七年までの期間に建造されることとなった。加藤友三郎内閣は、立憲政友会の無条件援助を受けて成立したこともあり(12)、衆議院予算委員会第四分科会で政友会の賛成多数で予算案が原案通り通過した(13)。このように軍備補充費の既定予算から流用することによって行われた補助艦艇建造予算の議会での協賛は、比較的容易であったといえよう。

海軍がワシントン海軍軍縮条約締結後に補助艦艇の建造を行った理由は、海軍の現有する補助艦艇が一九二三年二月二一日に第二次改定された帝国国防方針、帝国国防所要兵力に満たなかったためであった。帝国国防方針の第二次改定によって国防所要兵力とされた海軍の艦艇は、戦列部隊が主力艦（戦艦）九隻（一九三五年までは一〇隻）、航空母艦三隻、巡洋艦四〇隻、水雷戦隊及潜水戦隊旗艦一六隻、駆逐艦一四四隻、潜水艦八〇隻、航空母艦（一万トン以下）、敷設艦、航空隊、根拠地隊、補給部隊、その他所要の特務艦艇であり、防備部隊に巡洋艦、駆逐艦、潜水艦、特務艦艇、航空隊若干が、さらに揚子江方面の警備艦船として河川用砲艦若干が指定された(14)。

それに対して一九二四年末の時点で海軍が保有していた艦艇は、主力艦一〇隻、一等巡洋艦（七〇〇〇トン以上）〇隻、二等巡洋艦（七〇〇〇トン未満）一八隻、航空母艦（一万トン以下）二隻、水雷母艦四隻、敷設艦三隻、一等海防艦

（七〇〇〇トン以上）七隻、二等海防艦（七〇〇〇トン未満）四隻、一等砲艦四隻、二等砲艦九隻、一等駆逐艦三〇隻、二等駆逐艦五一隻、三等駆逐艦二隻、一等潜水艦一隻、二等潜水艦三九隻、三等潜水艦一〇隻の一九四隻で、特務艦は測量艦四隻、工作艦一隻、運送艦一九隻、砕氷艦一隻の二五隻、非武装化された練習特務艦三隻、標的艦一隻であった。[15] 一九二四年八月時点で、建造中の艦艇は航空母艦二隻、一等巡洋艦六隻、駆逐艦一六隻、潜水艦一六隻、未着手の艦艇は一等巡洋艦二隻、駆逐艦一二隻、潜水艦一二隻、その他三隻であった。[16]

二　加藤高明内閣の成立と海軍の補助艦艇建造計画

一九二四（大正一三）年六月一一日、憲政会、立憲政友会、革新倶楽部の三派連立による加藤高明内閣が成立した。九月一三日、財部彪海相から加藤高明首相に対し「海軍補助艦艇補充ノ件」が提議された。この文書では「我カ補助艦艇ノ現在勢力ハ右所要兵力ノ四割ニ達セス、現ニ実施中ノ補充計画ハ大正十七年ニ於テ完成スルモ、尚所要ノ六割ニ過キス」と述べているが、これはアメリカが補助艦艇の増勢を行わないとの仮定のもとで補助艦保有量を対米六割まで引き上げる目的で補助艦艇の建造を行ったことを示している。またワシントン海軍軍縮条約では補助艦の制限がなされなかったことから、次期軍備制限会議が行われることを予期し、ワシントン海軍軍縮会議での主力艦制限の方針が現有戦力の比率を基礎としたため、対米補助艦比率を向上させることで交渉を有利にするといった側面ももっていた。[17]

この提議以前に海軍軍令部から海軍省に対し「補助艦並航空兵力補充ニ関スル件」が一九二四年二月五日に商議されている。これは、軍艦製造費による補助艦艇建造が一九二五年度に完成し、一九三一年以降からワシントン海軍軍縮条約の代換規則で定められた戦艦（金剛）の代艦建造が始まることを受けて策定された。この計画では、一九二五年度から一九三〇年度にかけて航空母艦一隻、偵察巡洋艦一二隻、駆逐艦三六隻を含む一一五隻を建造するものであった[18]。

しかし、海軍軍令部の補助艦艇建造計画案は総額九億円以上となる計画であり、第一次世界大戦後の不況に加え、関東大震災の復興といった財政状況の悪化により、計画の実行は不可能であった。そのため、海軍省は一九二六―三〇年度にかけて有効艦齢を超過する艦艇、巡洋艦四隻、一等駆逐艦九隻、二等駆逐艦二二隻、潜水艦一四隻の計四九隻を代艦対象とし、巡洋艦（一万トン）四隻、駆逐艦（一等）二二隻、潜水艦一〇隻、航空母艦二隻、高速給油艦一隻、敷設艦四隻の計四三隻を、約三億二五〇〇万円で建造する案を策定した。この案は、国防所要兵力の第二次改定により戦列部隊に充当する艦艇の有効艦齢が巡洋艦一六年、駆逐艦、潜水艦を一二年としたことを受けたものであった[19]。これは、巡洋艦で代艦とされた利根、平戸、矢矧、筑摩が一九一〇―一二年に竣工したため、戦列部隊の巡洋艦の有効艦齢を一六年としたことで四隻を代艦としたためである。一九二三年二月に帝国国防方針、国防所要兵力が第二次改定されたが、これは海軍補充計画が第四六回帝国議会で協賛を受けて成立する約一カ月前であった。国防所要兵力で戦列部隊の有効艦齢を明記し、「上記ノ艦齢ヲ経過シタル巡洋艦、駆逐艦及潜水艦ハ代艦ヲ得テ防備部隊ニ充ツ」と規定したのは[20]、海軍軍縮条約体制下における補助艦艇建造計画を円滑に進める意図もあったと考えられる。海軍としては、戦列部隊に充当する八インチ砲搭載の一万トン巡洋艦を新規に建造するために、四〇〇〇トンクラスの防護巡洋艦を防備部隊としたうえで代艦指定したものであった。

海軍省は「各般ノ事情ニ鑑ミ今ニ於テ何等対策ヲ講スル事ナク、兵力ノ減耗ニ委シ置ク時ハ、他年一日挽回スヘカラサル窮地ニ海軍ヲ陥レ、国運ノ消長ニ重大ナル影響ヲ及ホスコトナルヘク……大正十七年前後有効艦齢ヲ超過スル補助艦艇ノ代艦建造丈ハ対策ヲ尽シテ実施スルノ必要ヲ認ムルモノニ有之」とし、「代艦建造ハ国防上最小限度ノ要求ニ基クモノ」であると補助艦艇建造計画の必要性を強調した。この案は一九二五年度予算案に上程するものではなかったが、今後上程する際の建造予算を確保するために提議されたものであった[21]。

行財政整理を主とする緊縮財政方針を掲げた加藤高明内閣のなかで、海軍は艦艇建造の既定継続費の繰延、新規の補助艦艇建造計画、ワシントン海軍軍縮条約締結による民間会社への補償問題などの成立に苦心していく。この加藤内閣以後、続く憲政会内閣と立憲民政党内閣で海軍大臣に就任したのが財部彪であった。財部は憲政会、立憲民政党との関係を深めながら、一方で海軍予算の確保といった難題を行っていく。

一九二五年度の予算編成では、加藤内閣が海軍省に軍艦製造費、補助艦製造費の既定継続費の一年繰延を求め、この要求に対し海軍が反発することとなった。財部海相は、第二次山本権兵衛内閣時代に海軍工廠と造船会社の建造能力を維持するために、一年あたり最低でも八八〇〇万円が必要であるとし[22]、一九二三年一一月一四日に山本権兵衛首相、井上準之助蔵相との間で製艦費に関する覚書を取り交わしていた[23]。そのため、財部は「昨冬八八は必ず保持し繰上げをも為すと確言し、漸く部内を抑へ」たことから、強硬に反発し、犬養毅逓信相、高橋是清農林相などに斡旋を依頼し[24]、既定継続費の繰延は回避されることとなった。

一九二五年一〇月二六日、財部海相は加藤首相に対し「海軍補助艦艇ノ補充ニ関スル件」を請議し、一九二六年度からの新たな補助艦艇建造計画の予算獲得を図った。前年の「海軍補助艦艇補充ノ件」では、合計四三隻の艦艇建造案であったが、「海軍補助艦艇ノ補充ニ関スル件」では、艦艇の建造単価を再計算し、総額三億二五〇〇万円の枠内に収めるため、補助艦艇三七隻（一万トン巡洋艦四隻、駆逐艦二〇隻、砲艦三隻、水上機母艦一隻、給油艦一隻、潜水艦五隻、工作艦一隻、敷設艦二隻）を建造する案として再提出したものであった[25]。

「海軍補充計画要領」では、「代艦ノ艦型ハ時代ノ進運ニ順応シタルモノトス、之カ為製艦費ノ膨張ヲ来タスヲ以テ兵術上堪へ得ル限リ隻数ヲ減少ス」と隻数を減少した理由が説明されるとともに、「揚子江流域ニ使用スヘキ河用砲艦ハ戦列部隊ト称シ難キモ、同地方一般ノ政治的考察ト現用砲艦中衰朽甚シキモノアル事実ニ鑑ミ之カ代艦ヲ認ム」

と、[26]第二次奉直戦争以降の中国問題に対応する河川用砲艦の建造を行うとした。
八月以降、海軍省と大蔵省は補助艦艇建造計画をめぐり予算折衝を行ったが、大蔵省側は「補充ニアラス拡張ナリ」と主張するなど、合意には至らなかった。しかし、幣原喜重郎外相の斡旋もあり、駆逐艦四隻の新規建造が一九二六年度から三カ年継続費約二六〇〇万円で認められることとなり、[27]その他の新規補充計画案については「本補充案は差当り駆逐艦四隻の新造に着手する事とし、其他は大正十六年度予算編制期に於て調査決定するものとす」と、翌一九二七年度への持ち越しが決定した。[28]
憲政会の機関誌『憲政公論』では、一九二六年六月から九月にかけて、小林躋造軍務局長が「海軍補助艦の話」を四回にわたり連載し、憲政会に対し補助艦艇建造の予算成立を訴えている。小林は、補助艦艇の整備が遅れた理由について、日露戦争後、「何分戦闘の主力になる戦闘艦其物が、一大革新をして「ドレッドノート」と云ふ新しい型が生れたのであるから、容易に補助艦の方に力を注ぐことが出来」ず、「海軍勢力補充の方針は一言にして言へば主力艦偏重であつた」と説明した。[29]しかし、第一次世界大戦によるドイツ海軍の潜水艦による通商破壊作戦から、「日本は其の戦時たると平時たるとを問はず、国民の生存に必要な物資或は産業の原料を常に何等の障碍なしに日本に流入する様にする手段を取ることが必要であ」り、補助艦艇の整備にも注力せざるをえなくなった。そこで、一九一六年に第二次大隈重信内閣で成立した八四艦隊計画案から補助艦艇の建造をはじめ、一九二〇年に原敬内閣で成立した八八艦隊計画案でさらなる建造を行うこととなった。[30]
こうした経緯があったため、ワシントン海軍軍縮条約の締結時には補助艦艇の整備が十分ではなく、また第一次世界大戦時に英米両国が補助艦艇を大量建造しているなかで、「当時の日本海軍に当嵌めて考へると、吾々が一番力を注いだ主力艦が制限され、而して無制限になつた補助艦は、拡張はしたが、其拡張の時期が遅いから、羽翼整はざる状態にあつた」とし、加藤友三郎内閣での補助艦艇補充計画は「華盛頓会議以後に変化したる四圍の事情に伴つて改訂した国防方針の見地から、将来の所要兵力額を根本観念に置いて、一方財政状態を顧慮し又当時の世界の空気が平和に恋々として居るのであるから国防所要兵力は差当り緊急已むを得ざるもののみを整へると云ふ方針で進」み、またこの方針にともなって、加藤高明内閣における補助艦艇補充計画が提議された。さらに、艦艇技術の向上による艦艇の大型化については、「新らたに建造するものは之を大型にて「アップツー、デート」に改めた」と、憲政会に対し補充計画予算への理解を得ようと試みた。(31)

一九二七年六月一日の海軍省省議では、財部海相の意向もあり、一九二五年一〇月二六日提議の「海軍補助艦艇ノ補充ニ関スル件」について再提出せず、海相と蔵相と直接交渉を行うこととなった。(32)海軍省は、従来の補充計画の三七隻建造から一九二六年度に認められた駆逐艦四隻を引いた三三隻を建造し、一九二七—三〇年度の四カ年総額約二億九四〇〇万円という予算案を提議したが、大蔵省側の査定は一八隻建造、予算総額約一億三六〇〇万円というものであった。(33)

ただし早速整爾蔵相の死去による片岡直温蔵相への交代もあり、大臣間交渉から小林躋造軍務局長と河田烈大蔵省主計局長間での局長間協議が行われることとなった。局長間協議において、大蔵省側が隻数に関して譲歩したことにより、海軍省側も継続期間を一カ年延長することで妥協した。その内容は艦艇二七隻（一万トン巡洋艦四隻、砲艦二隻、駆逐艦一五隻、潜水艦四隻、水上機母艦一隻、敷設艦一隻）を一九二七—三一年度の五カ年継続費総額約二億六一〇〇万円で建造するものであった。(34)

三　補助艦艇補充計画予算をめぐる議会での議論

前節で加藤高明内閣、第一次若槻礼次郎内閣での補助艦艇補充計画予算の内閣と海軍との予算折衝、閣議決定についてみてきた。それでは、当該期の議会で補充計画予算に関してどのような議論が行われたのだろうか。特に激しい論戦が繰り広げられたのは加藤高明内閣から政友会が離脱した第五一回帝国議会であった。

一九二五(大正一四)年八月二日、加藤高明に大命が再降下され、憲政会単独内閣となった。これは衆議院において、それまで野党であった政友本党に加え、立憲政友会が野党となったことで加藤内閣の議会運営が困難を増すことを意味した。海軍にとってみれば、海軍政務次官、海軍参与官を務めた秦豊助、菅原傳は政友会所属の代議士であり、彼らは政務官として補助艦艇補充計画予算についての説明を受けていた。こうした点から、衆議院での予算審議では財部彪海相と他の閣員との答弁の矛盾を追及される一因となる。

一九二六年一月二一日に第五一回帝国議会衆議院本会議において政友会の山本悌二郎は海軍予算に関して、今回の駆逐艦建造予算は海軍が一九二六年度に予算上程を計画していた三億二五〇〇万円の補助艦艇補充計画の一部であるかどうかを質問し、加藤高明首相に対し、この計画が国防上必要であるならばなぜ予算上程を見送ったのかと質問した。これに対し、加藤首相は「十五年度ニ於テ建造ヲ必要トスルモノヲ著手シタノデアリマス、其他海軍当局ノ方デハ色々計画ガアリマシタガ、是ハ財政上又其他ノ事情モアリマシテ、当該年度ニナッテ能ク考ヘタラ分ル、予メ今著手スルモノデナイモノヲ今カラ考ヘテ置カヌデモ宜イト云フ見地ヨリ、十五年度ヨリ建造スルモノダケヲ予算ニ計上シタノデアリマス」と答弁した。また、財部海相も、補助艦艇補充計画を上程したい希望があったが、財政上などの点から見送り、「大正十五年度ヨリ著手セザレバ、後カラ如何ニシテモ恢復ノ出来ナイ所ノモノダケヲ先ツ以テ着手致シマシ」たと述べ、一九二七年度の予算編成で補充計画の予算の希望を達成したいとも答弁した(35)。

しかし、一月二八日に加藤首相の急逝を受けて、一月三〇日に若槻礼次郎が首相となったことで内閣の対応が一変する。二月四日午前の衆議院予算委員会において、加藤高明内閣で海軍政務次官を務めた政友会の秦は、一九二六年度の駆逐艦四隻の建造予算の上程と補助艦艇補充計画に関する質問を行い、財部海相は「内閣ニ於テ決定致シテ居ル所デハ、此現有兵力ノ維持ハヤル、ヤルガ其範囲、時期等ニ付テハ尚ホ論究スベキ所ガアルカラ、十六年度予算編成期マデニ延ス、斯ウ云フコトニナッテ居リマスカラ、……是ハ閣議デ決定致シテ居ルコトデアリマス」と答弁した。しかし、若槻首相は「海軍省ニ於テハ他ニモット計画ガアルノデアリマセウ、ソレハ併シ内閣デハ決定シテ居ル事柄デハアリマセヌ」と答弁した。[36]また、午後の衆議院本会議において、政友会の三善清之は「徹底的ニ海軍大臣ハ国務大臣トシテ、主務事項ニ付テ徹底的主張ヲ為サヌカラ斯様ニナッタモノデアルト吾輩ハ信ズル……海軍大臣ノ言フヤウナ、大正十六年度ニ至ッテ予算ノ編成シテト云フガ如キハ、大蔵当局ノ意見ヲ今日モ予算委員会ニ於テ聴キマスト、何等未ダソレ等ノ計画ハ立ッテ居ラヌト云フ、然ラバ海相ノ言フコトハ雲ヲ掴ムヤウデアル、空中楼閣論デアル、空中楼閣論ヲ以テ此貴重ナ議会ニ臨ムト云フコトハ、何タル無責任ノ御答弁デアルカ、甚ダ奇怪千万ニ感ズル者デアリマス」[37]と、内閣と財部海相との答弁の矛盾を指弾した。

二月一二日の政友会の東武からの質問に対しても、若槻首相は「東君ノ只今御指摘ニナッタ三億二五〇〇万円ト云フ計画ナルモノハ、私ハ左様ナ計画ハマダ決マッテ居ナイト考ヘテ居リマスカラ、……閣議デ決定シテ居ルコトデハアリマセヌ、閣議デ決定シテ居ルノハ駆逐艦四隻ヲ三年ダッタト思ヒマス」と答弁した。[38]また、二月一六日の予算委員会第三分科会において秦豊助の質問に対し、浜口雄幸蔵相も「海軍大臣ノ希望サレテ居ル所ノ三億二五〇〇万ノ一部ガ這入ッテ居ルカト云フ御質問デアッタカラ、サウデハナイト御答ヘシタノデアリマス」と答弁した。[39]

財部海相は、加藤首相在任時に一九二六年度予算で駆逐艦四隻の建造着手が認められ、「其他は大正十六年度予算編制期に於て調査決定するものとす」[40]と、翌一九二七年度の予算編成で「調査決定」したことをもって、補助艦艇補充計画案が内閣で閣議決定したものと認識し、加藤首相も議会答弁で補充計画案のうち、一九二六年度で着手すべきものを予算上程したと答弁していた。しかし、若槻首相や浜口蔵相は、あくまでも補充計画案が一九二七年度予算編成で「調査決定」することが閣議決定されただけであり、補充計画案の予算化はいまだ閣議決定されていないことからまだ計画は決定していないとする答弁を行ったのであった。

この内閣、大蔵省と海軍との補充計画案の予算化について、「海軍軍備沿革続篇」では、「国防方針トシテハ海軍大臣カ首相及関係閣僚ト数次会見交渉ノ結果、相当ノ諒解アリシヲ以テ、十六年度ニ於テハ爾余ノモノニ就キ当然審議承認ヲ得ヘク期待セラルルモ、大蔵当局ノ固持スル強硬ナル態度ト財政状態トハ閣議ノ決定ヲ為スニ於テ前途容易ナラサル趨勢ナリキ」と記述している(41)。

一方、政友会は、第五一回帝国議会報告書で、加藤高明内閣・第一次若槻礼次郎内閣での補助艦艇建造に関する予算審議について「海軍当局が、国防の見地より、我現有勢力保持のため、……其の所要製造費三億二千五百万円の計画を有することは、天下公知の事実である」と指摘し、それにもかかわらず大正一五年度予算では駆逐艦四隻の三カ年継続費二六〇〇万円が計上されたにすぎないとし、「財部海相は之を全計画の一部であると言ひ、若槻首相は海軍当局の全計画なるものは何等閣議の認めたるものにあらずと言ひ、両者の矛盾を暴露し、財部海相遂に言を曖昧にして国防計画の徹底せる説明を忌避するに至つたのであ」り、「政府徒に言を左右に託して、此の提案をなしたのは、国防に対する誠意を欠き、且つ財政上の後難を省みざる態度であるから、我党は真に国防の重責を完うするに足るべき健全なる計画の樹立を要望し、姑息なる政府の提案を拒否した」と総括した(42)。

海軍が求めた現有勢力保持の予算について、政友会は「国防の問題たる国家防衛の大事であつて、苟くも糊塗弥縫を許さゞるのみならず、避くべからざる国防費に対して国民は決して之が負担を辞するものでなく、又財政の安固を保持する上より見るも必要なる国防費については速かに其の計画を確定することが肝要である」とし、補助艦艇補充計画を「天下公知の事実」であると表現したように(43)、海軍が計画した補助艦艇補充計画ではなく、若槻礼次郎内閣の姿勢を批判し、それに追従した財部海相の姿勢を「自己の主張を一蹴せられて其の責に殉ずるを知らざるのみならず、飽くまで国民の理解と協力とに依つて、国防の充実を期する公明の態度に出でなかつたのは深く遺憾とする所である」と批難した(44)。これは、批判の矛先を政府と閣員である財部海相に向けてはいるが、政友会自身は海軍の補充計画案そのものには理解を寄せているとの姿勢を示したものであったのである。

第五二回帝国議会で、五カ年継続費総額約二億六一〇〇万円の補助艦艇補充計画予算案は協賛される。衆議院予算委員会で政友会の秦豊助は、「吾々ノ補助艦艇全体ニ通ズル所ノ計画ニ対スル主張ト、海軍大臣ノ心配セラレテ居ッタコトト恰モ合致致シテ居リマシタ」と述べ(45)、政友会は補助艦艇補充計画について「吾々モ今日極メテ重要欠クベカラザルモノ」であるとして、予算案に賛成した(46)。

憲政会は、海軍が上程した補充計画について「老朽補助艦艇の代艦を建造して、現在労力の失墜を防ぎ、国防上遺憾なきを期せなければなら」ず、一九二八年度以降も継続して計画を立て、現状勢力を維持しなければならなかったが、第五二回帝国議会で予算案が協賛されたことにより、「之を以て数年以来八ヶ釜しき議論の的となりつゝあつた海軍補助艦艇の充実計画は、若槻内閣に依て解決せらるゝことゝなつたのである」とし(47)、「海軍補充計画の趣旨は前年度からの懸案であつて、海軍当局は前年度に於て切離して可決せられたる駆逐艦四隻の補充計画と、今回提案せられたる補充計画と同時に議会の協賛を経る積りであつたが、昨年度に於て大蔵省の査定方針に依つて、駆逐艦四隻のみは切離して既に議会の協賛を経て実行の途に着いて居るので、今回は此案を提出したのであつた」と総括している(48)。

憲政会、政友会といった政党は、海軍の現状勢力を維持する補助艦艇補充計画案に対して、基本的に賛意を示した。こうした姿勢は、各党が政権をいつ担当しても軍部と決定的な対立関係を生じさせず、政権運営に支障を来す事態を回避する側面があったと考えられる。また、立憲政友会総裁には田中義一元陸相が就任していたが、一九二七年二月二五日の憲政会、政友本党の憲本連盟によって憲政会と政友本党との提携が進み、四月二〇日に田中義一内閣の発足を受けて、憲政会と政友本党の合同による新政党（六月一日、立憲民政党成立）の結党が本格化すると、海軍出身者を党首に迎えようとする動きも現れた。五月九日、政友本党の福井甚三が財部を訪問し、「新党首に困り幣原男へも勧誘したるも見込十分ならず、財部奮発すべし」と、財部に党首就任を要請したが、財部は「之を一笑に付し、夫は本党等の非難する第二の田中総裁を作らんとするものにして、到底実現すべきものに非ず、又予は其柄に非ずと断言しおけり」と、党首就任を固辞した(49)。また、その後も貴族院議員奥田亀造が財部に対し、斎藤実朝鮮総督を立憲民政党総裁とする案を提案したが、財部は「到底実行の可能性なかるべしと断り置けり」と返答したように(50)、水面下で海軍出身者を政党党首に迎えようとする試みまであった。こうした政党と軍部の円満な関係性が政党内閣の維持に大きく関わっていたのである。

四　海軍予算・政策支持のための政党への働きかけ

一九二六(大正一五)年一月二三日の『財部彪日記』には、「午前貴族院、午後衆議院に於て質問戦。樋口秀雄代議士より、海軍問題に付新政会、本党等に或企ある如し、注意を要すとの内話あり。次官より二〇〇〇を準備の為め取寄す」とあり、翌二四日「樋口氏へ一〇〇〇」との記述がみられる(51)。これは櫻井良樹氏が指摘しているように海軍省所管機密費を支出したものであると考えられる(52)。海軍省所管機密費は一九〇七(明治四〇)年以降八万円で固定されていたが、一九三〇年度予算で六万八〇〇〇円に減額査定された際、海軍省は「機密費削減不可能ノ理由」を作成している。この文書のなかで、「列国ヲシテ益々其ノ対日兵備ヲ助長セシムルモノアリ海軍トシテハデリケートナル国際関係ノミナラス列国ノ兵備、工業力等ノ推移ヲ常ニ探知スル」必要性や、「軍令部カ熱望スル諜報機関ヲ配置スルニハ実ニ数倍ノ機密費ヲ必要トスル現状」を指摘した。また、ワシントン会議以後、列国が秘密主義によって兵器技術の進歩に力を注いでいるため、「最モ重要ナル米国方面ノ如キ全ク知ルニ由ナキ状況」であると論じた(53)。このように中国問題における列強の動向や列国の兵器・工業力などの諜報活動に多くの機密費を必要とするなかにあっても、補助艦艇補充計画予算の通過のため、多額の機密費を議会対策として支出せざるをえない状況であった。

また、海軍は補助艦艇補充計画の予算獲得が難航するなか、第一次若槻内閣での理解を得ようとし、海軍がこれまでに行ってきた政費節減などを文書でまとめている。一九二六年一〇月二九日、次官会議で求められた第一次若槻内閣で行われている海軍省の事業についてまとめた「現政府ノ為シタル及ヒ為シツツアル事業」を塚本清治内閣書記官長に提出している。(54)この文書のなかで、海軍は「行政財政ノ整理緊縮政策ニ基キ海軍ニ於テハ華府条約ニ依ル軍縮整理直後ナルニモ拘ラス更ニ極度ニ政費ノ節約ヲ計」ったことを説明し、さらに老朽艦の軍港繋留による維持費の削減、事業の一部繰延、旅順防備隊の廃止、海軍省局課の統合による人員の削減といった官制の刷新、人員の減少を行いつつ、「現有艦齢超過艦ノ代艦建造ニ依リ海軍力ヲ保持セント欲シ先ツ以テ大正十五年度ニ大型駆逐艦四隻ノ建造ニ着手シ其ノ他ニ就テハ大正十六年度ニ於テ其ノ方策ヲ定メントスルノテアル」と、八インチ砲搭載巡洋艦を中心とした補助艦艇整備に理解を求めた。また、海軍が行ってきた事業として航空隊の充実と施設の拡張、陸上無線電信所の拡張や中国における排外運動による中国沿岸部の居留民保護のための軍艦派遣、オホーツク海における漁業従事者や船舶保護のための艦艇の派遣などを説明している。(55)

このうち特に中国沿岸部への居留民保護の対応を強調したのは、建造を計画していた河川用砲艦のためであった。中国での内戦状態が深刻化するなか、一九二四年八月二八日の野村吉三郎第一遣外艦隊司令官から安保清種海軍次官、斎藤七五郎海軍軍令部次長へ発せられた「動モスレハ日本ハ支那ノ内乱ニ乗シ漁夫ノ利ヲ貪ルモノナリトノ悪評ニ対抗スルカ為ニ効力アルヘシト認メ当隊ニテハ当分宇治ヲ上海ニ勢多ヲ鎮江ニ置キ尚必要ニ応シ安宅ヲ南京ニ派シ居留民保護ニ当ラシメントス」や、(56)一九二五年一〇月六日付の永野修身第一遣外艦隊司令官から「事変突発ニ際シテハ該事変ニ対スル根本的一般対策中央ニテ決定（閣議決定等）次第其要領ヲ成ルヘク速ニ電示ヲ得度シ　今後共陸戦隊揚陸等ハ当該領事ノ発動ニ依ルヘキモ司令官トシテモ根本対策ヲ了知シ麾下諸艦長ニ対シ之レカ徹底ト運用ヲ指示スル必要アリ」とするなど、中国沿岸の居留民保護対策への早急な対応が必要であることが要望されていたことからもうかがえる[57]。

前述した小林躋造の「海軍補助艦の話」では、「我が商工業、我が産業が支那の揚子江沿岸に延びて居る為めに、第一遣外艦隊が行つて通商保護に任じて居る次第である。所が第一遣外艦隊の河用砲艦には随分古いものがあつて、……是等は是非新しいのと代へたい、支那に於ける我産業の開発は揚子江の上流、即ち四川から先の開発が主要であると思ふが、其方面までも上れる河用砲艦は現在僅かに四艘しか無いのである。此際之に適する河用砲艦二艘造りたい」と希望を述べており[58]、一九二七年度の補助艦艇補充計画の策定過程で、海軍部内で河川用砲艦が中国における居留民保護に必要とされたことや、日本の中国での産業開発の通商保護に必要な面を強調することで、予算獲得を試みたのであった。

また、ロンドン海軍軍縮会議の参加が決まった際には、立憲民政党の機関誌『民政』において、海軍軍令部出仕兼海軍省出仕池田敬之助大佐は「大正となりまして以来帝国艦船は悉く内地に於て建造され、その材料は殆ど国産品でありますから、造艦費として費された金額は孰れも内地の商業を潤はせます。故に海軍の平時任務を別問題と致しましても、海軍が産業に密接な関係を持つて居ります……軍縮の為に民間工業に著しい停滞を及ぼすならば、工業力の維持は出来ないばかりか、更に失業者を増加して社会政策上由々しい大事ともならないと限」らないと寄稿し[59]、小槇和輔大佐は「我が国の造船工業は戦時中から戦後へかけて急速の進歩を遂げたもので、軍縮が工業界の進歩発達に及ぼす影響は相当大なるものがあらうと思ふ。故に此の点にも相当の対策は施すべき必要があらうと考へる」と主張した[60]。

海軍は、軍艦建造と国内産業、失業者対策といった社会政策上の問題との密接な関係を指摘することで、ロンドン海軍軍縮会議に対する海軍の主張の貫徹を立憲民政党に働きかけた。このように、海軍は政党が政治課題とする問題と海軍の政策を連動させることで、海軍への支持を得ようとしたのである。

五　海軍省と政党内閣との円満な関係

政党内閣下での予算問題などを通じて、海軍省は政党との関係を重視していった。一九二八（昭和三）年九月、海軍軍令部は海軍省に対し、新たな海軍補充計画の策定、商議を予告し、翌年三月に「艦船補充ニ関スル件商議」を海軍省に提議した[61]。一九二八年の予告時点では鈴木貫太郎海軍軍令部長、野村吉三郎海軍軍令部次長であったが、実際に商議を行ったのは加藤寛治海軍軍令部長、末次信正海軍軍令部次長であった。このなかで、艦艇補充計画に関する海軍省、海軍軍令部間の交渉が行われ、補充計画の原案を作成した海軍軍令部は「軍備ノ相対性ニ重キヲ置キ此際戦列部隊ノ基幹トナルヘキ基準編制論ニ立脚シテ政府ノ方針ヲ一新セシムヘシ」と、米英との艦艇保有量の比率を重視し、帝国国防方針、国防所要兵力にもとづく海軍艦艇補充方針を立案、政府に提議することで政府方針を一新させることを主張した。一方、海軍省は「飽迄現有勢力維持論ヲ基調トシテ政府及議会ニ臨ムヲ以テ良策ト認メ」て、艦齢超過艦艇の代艦を行う現有勢力維持を重視し政府・議会と協調することを主張して、海軍軍令部の比率主義と海軍省の代艦主義とが対立することとなる。この交渉の際は隻数の問題ではなく、主義の問題であるとして細部まで踏み込まず両者が妥協し、一九二九年五月二日に省部協定案が結ばれた[62]。この議論にみられるように、海軍省は政党内閣や議会との関係を重視した姿勢をとったのである。

また、海軍軍令部にあっても、一九三〇（昭和五）年五月に野村吉三郎が海軍軍令部次長時代を回顧して「次長たりしとき七割と文書には書き置くも、実際は幾分下るも無致方云云と当時の鈴木部長語れりと」[63]、財部海相に述べたように海軍省勤務が長い軍政系―政軍協調系の海軍軍人には、海軍軍令部の組織論理の観点から主張しただけにすぎない事項もあったことがうかがわれる。

　こうした海軍省の政党内閣、議会に対する協調的な姿勢は、次のような「議員招待会ニ於ケル答弁資料」にも表れる。作成年月日は不明であるが、一九二九年中に軍務局出仕藤田利三郎、軍務局員阿部勝雄の両名によって作成したと考えられる本資料では、「一、「軍縮」ナリヤ「軍拡」ナリヤ」「二、補助艦七割比率ノ歴史如何」「三、七割比率ノ意義如何」「四、主力艦廃止ノ可否如何」「五、海軍大臣不在中ノ処理」「六、文官タル事務管理ト軍令トノ関係」「七、来年度予算ニ関スル件」の七点の事項について記載されている。(64)

　この「議員招待会」の資料は、ロンドン海軍軍縮会議で海軍が主張した対米七割論について説明する答弁資料を中心に作成された。そのなかでも、「五、海軍大臣不在中ノ処理」「六、文官タル事務管理ト軍令トノ関係」は重要であると考える。これは、軍縮会議中に海軍大臣事務管理を置いた場合の答弁資料であり、堀悌吉軍務局長、沢本頼雄軍務局第一課長の印があることから、海軍省軍務局の公式見解であったとみなすことができる。

　ロンドン海軍軍縮会議では財部海相が全権として参加し、海軍大臣事務管理に浜口雄幸首相が兼摂することとなった。「五、海軍大臣不在中ノ処理」では、「私見トシテハ前例通リ内閣官制第九条ニ依リ内閣総理大臣カ事務ヲ管理セラルルヲ適当ナリト思考ス又省内事務ノ取扱モ略先例ニ依リタキ考ナリ。本件ニ就テハ世間往々議論スルモノアルモ既ニ先年慎重研究ノ結果行ハレタルモノニテ理論上モ又実行上モ支障ナカリシヲ以テ今回亦之ニ依リ差支ナキモノト認ム(65)」と、ワシントン海軍軍縮会議の前例に則り、内閣官制第九条の「各省大臣故障アルトキハ他ノ大臣臨時摂任シ又ハ命ヲ承ケ其ノ事務ヲ管理スヘシ」にもとづき(66)、首相が海軍大臣事務管理となると記載している。

　首相が海軍大臣事務管理を兼摂することは、文官が海軍大臣の事務を担うことを意味する。海軍は、平時の部隊指揮権（用兵伝達）が海軍大臣の管掌事項であり(67)、文官である海軍大臣事務管理が部隊指揮権を担う事態が想定された。その点についての答弁資料が「六、文官タル事務管理ト軍令トノ関係」である。ここで、大臣事務管理の資格は「何等ノ制限」がなく、「其ノ所掌ニモ毫モ制限」がないため、「海軍大臣所掌事項ノ全部ヲ代行シ得ルモノト解ス」とされ、「軍政ト軍令トハ密接不離ノ関係アリテ現在ニテハ海軍大臣ハ軍令ニ関スル事務ノ一部ヲモ処理スルモノナルガ文官タル事務管理亦理論上之ヲ代行シ差支ナシト認ム」と、答弁資料に記載された(68)。

この答弁資料は、ロンドン海軍軍縮会議の全権がいまだ閣議決定される前に作成されたため、統帥権干犯問題が起こる以前における海軍省の海軍大臣事務管理に対する見解であるが、ここからわかるように海軍大臣事務管理が平時の部隊指揮権をも代行することが想定されていた。この文書では、「但シ任用ノ資格ト代理者ノ資格トハ全然別物ナルコト　天皇ト摂政トノ関係ニ於ルカ如シ」との備考が記載されている(69)。

軍令事項の事務の一部を管掌する答弁案は、政党人に軍部大臣の資格任用撤廃への期待をもたせるものであったといえるが、政党側も軍部との円満な関係を構築するために軍部大臣資格任用撤廃の主張を低調化させていた。ただし、海軍省がそこまで踏み込んだ理由としては、将来的な軍部大臣資格任用の撤廃をも視野に入れていたこと、ロンドン海軍軍縮条約後の艦艇建造計画予算への政党の賛同への期待などが考えられる。

ここには、一九二四年以降五年あまりを政党内閣の下で、政務次官、参与官といった政務官を交えて、海軍政策を立案し、議会運営も含めて行政事務を行ってきたこと、また政党内閣においても補助艦艇補充計画の予算がある程度容認されたことが、海軍省内において政党内閣を受容していった一因ではないかと考えられる。このような背景から、ロンドン海軍軍縮会議前に左近司政三は「昔は軍事なるものが軍人の独占物であるかの様に思はれた時代もあつたが、実は一国の軍備は国民全般の肩にふりかゝつてゐる問題であ」ると、『民政』に寄稿したのである(70)。

一方、軍令系――純軍事系の海軍軍人にとってみれば、海軍大臣事務管理が軍令事項の一部を管掌し、平時であるとはいえ部隊指揮権をもつ事態は拒絶すべき事項であった。後年、一九三三年一〇月に「海軍軍令部条例」「省部事務互渉規程」が改正され、「軍令部令」「海軍省軍令部業務互渉規程」が制定され、軍令部の権限が強化されるが、その改正の理由として第一次上海事変において、海軍省が海軍部隊の用兵伝達を行ったことに対する海軍軍令部の不満もあった[71]。

第一次世界大戦では日本はドイツに宣戦布告を行ったが、大本営が設置されなかったため、一九一四(大正三)年八月二三日に「海軍軍令部条例」を改正して第三条中に「但シ戦時ニ在リテ大本営ヲ置カレサル場合ニ於テハ作戦ニ関スルコトハ海軍軍令部長之ヲ伝達ス」とし[72]、大戦中は海軍軍令部長が部隊指揮権を管掌した。しかし、一九二〇年一月一〇日にヴェルサイユ条約が発効するにともない、「平和克服後モ従来通海軍軍令部長ヲシテ伝達セシメラルルコトハ海軍軍令部条例第三条ノ規定ニ照シ妥当ナラズト思料セラルル」としながらも、一月一五日にシベリア出兵による沿海州方面の陸海軍の共同作戦上の観点から、海軍軍令部長が引き続き部隊指揮権を担当することとなった[73]。同日、加藤友三郎海相から出された内令第七号では「本件ハ何等前例トナルモノニアラズ平時艦船ノ行動ハ当然海軍大臣ヨリ伝達スヘキモノ」であることが「本件ハ左ノ諸点ヲ記録ニ留メ置クヲ要ス」の後に特記されている[74]。このように、平時での海軍大臣の部隊指揮権は確立されており、一九二〇年代の中国での騒乱の事例からみても、海外で事変が勃発した際に、海軍大臣事務管理が置かれていた場合には海軍省、海軍軍令部の補佐のもと海軍大臣事務管理が部隊指揮権を担う事態は想定されることであったのである。

おわりに

海軍は、軍艦がなければ存在意義を喪失する可能性がある軍隊である。軍艦の建造には、多額の経費がかかり、また軍艦を保守、維持していくためにも多額の経費がかかる。日清戦争以前から、海軍の艦艇建造計画が策定され、膨大な予算をつぎ込み艦艇が建造されていった。しかし、その艦艇建造計画予算は常に帝国議会での協賛を受けねばならず、その点で議会対策は従前から必要ではあった。ただし、ジーメンス・ヴィッカース事件以前の海軍は薩派と提携することで一つの政治勢力として、他の政治勢力と対抗していった。しかし、山本権兵衛以降、政治指導者としての海軍軍人が現れなかったことで、主体性をもつ政治勢力としては存在を低下させていった。そのなかで政党の実力が増し、立憲政友会だけではなく、憲政会もが内閣を担当する政党内閣時代に入っていく。

海軍は、第一次世界大戦後の日本の数々の不況にともなって、政党内閣での補助艦艇建造計画の予算獲得に苦心していくことになる。海軍の建艦計画では、艦艇建造がない年がない。これは海軍工廠・造船会社の造船能力、技術、人材を維持していくためにも継続的に建艦を行っていくことが必要不可欠であり、財部彪海相が一年間の艦艇製造費を最低でも八八〇〇万円を確保しようとした点はここにある。[75] この造船能力維持も狙いとする艦艇建造予算を確保するために、海軍省は政党内閣・議会との連携を重視していった。また、政党側も与野党を通じて、海軍の艦艇建造計画に基本的には賛成していった。

ワシントン海軍軍縮会議において、加藤友三郎は「文官大臣制度ハ早晩出現スヘシ。之ニ応スル準備ヲ為シ置クヘシ。英国流ニ近キモノニスヘシ」という将来的な軍部大臣の資格任用の撤廃や、「国防ハ軍人ノ専有物ニ非ス。戦争モ亦軍人ノミニテ為シ得ベキモノニ在ラズ。国家総動員シテ之ニ当ルニ非ザレバ目的ヲ達シ難シ。故ニ一方ニテハ軍備ヲ整フルト同時ニ民間工業力ヲ発展セシメ貿易ヲ奨励シ真ニ国力ヲ充実スル非ズンバ如何ニ軍備ノ充実アルモ活用スル能ハズ」といった考えを海軍部内に向けて示している。[76] 第一次世界大戦後の国家総動員態勢の構築に向かう世界的潮流のなかで、軍人のみが国防に参画することが困難になってきたことや、立憲政友会の原敬内閣だけではなく、憲政会の加藤高明内閣の成立といった政党内閣が「憲政の常道」のもとで円滑に運用され、政党が海軍（軍部）へある程度の配慮を示したことによって、加藤友三郎の考えが海軍省を中心とする軍政系―政軍協調系の軍人に浸透し、一九二〇年代を通じて政党内閣を受容していく要因となった。また、一方でこうした政党と海軍（軍部）との円満な関係性が保たれることが、政党内閣を維持しうる一因となったのである。しかし、海軍軍令部、特に加藤寛治を中心とする軍令系─純軍事系の海軍軍人は帝国国防方針、国防所要兵力にもとづく艦艇建造を重視し、政党内閣の政府方針と対立していく[77]。このことが、一九三〇年のロンドン海軍軍縮会議での統帥権干犯問題や、満洲事変後の海軍軍令部の権限強化へとつながる萌芽となっていくのである。

（1）若槻礼次郎「軍備縮小に対する我国の態度」（『憲政公論』第七巻第三号、一九二七年三月）三頁（以下、『憲政公論』は文献資料刊行会編『憲政公論』柏書房、一九八八年から参照した）。

（2）小池聖一「ワシントン海軍軍縮会議前後の海軍部内状況──「両加藤の対立」再考」（『日本歴史』第四八〇号、一九八八年）。小池聖一「大正後期の海軍についての一考察──第一次・第二次財部彪海相期の海軍部内を中心に」（『軍事史学』第二五巻第一号、一九八九年六月）。平松良太「第一次世界大戦と加藤友三郎の海軍改革──一九一五─一九二三年（一）（二）（三）」（『法学論叢』第一六七巻第六号、第一六八巻第四号、第一六八巻第六号、二〇一〇、一一年）。平松良太「ロンドン海軍軍縮問題と日本海軍──一九二三─一九三六年（一）（二）（三）」（『法学論叢』第一六九巻第二号、第一六九巻第四号、第一六九巻第六号、二〇一一年）。手嶋泰伸「一九二〇年代の日本海軍における軍部大臣文官制導入問題」（『歴史』第一二四号、二〇一五年）。太田久元『戦間期の日本海軍と統帥権』（吉川弘文館、二〇一七年）。加藤高明内閣、第一次若槻礼次郎内閣期については、村井良太『政党内閣制の成立　一九一八─二七年』（有斐閣、二〇〇五年）、奈良岡聰智『加藤高明と政党政治──二大政党制への道』（山川出版社、二〇〇六年）、小山俊樹『憲政常道と政党政治──近代日本二大政党制の構想と挫折』（思文閣出版、二〇一二年）など。

（3）室山義正『近代日本の軍事と財政──海軍拡張をめぐる政策形成過程』（東京大学出版会、一九八四年）。坂野潤治『大正政変──一九〇〇年体制の崩壊』（ミネルヴァ書房、一九八二年）。増田知子「海軍拡張問題の政治過程──一九〇六─一四年」（近代日本研究会編『年報近代日本研究4　太平洋戦争──開戦から講和まで』山川出版社、一九八二年）。

（4）土田宏成「日露戦後の海軍拡張運動について──日本における海軍協会の成立」（『東京大学日本史学研究室紀要』第六号、二〇〇二年三月）。坂口太助「戦間期における日本海軍の宣伝活動」（『史叢』第九号、二〇一六年三月）。木村美幸「大正期における日本海軍の恒例観艦式」（『メタプティヒアカ　名古屋大学大学院文学研究科教育研究推進室年報』第一一号、二〇一七年三月）。小倉徳彦「日露戦後の海軍による招待行事──恒例観艦式の創設」（『日本歴史』第八二七号、二〇一七年四月)。木村聡「ワシントン軍縮後の海軍大演習　広報活動としての視点から」(『軍事史学』第五五巻第一号、二〇一九年六月)。中嶋晋平『戦前期海軍のPR活動と世論』(思文閣出版、二〇二一年)。章霖「一九二二年「日本一周巡航」と日本海軍の宣伝活動」(『年報近現代史研究』第一三号、二〇二一年五月)。

(5) 海軍大臣官房編『海軍軍備沿革』(巌南堂書店、一九七〇年)一四六―一五四頁。「海軍軍備沿革」は一九二一年一〇月に海軍編修浅井将秀によって一八六八年から一九二一年までの艦船の整備についての沿革をまとめたものである。「海軍軍備沿革続編」は一九二一年以降の艦船整備、航空兵力整備の沿革について、海軍大臣官房軍政史編纂室が一九三四年八月に編纂したもので、監修は嘱託浅井将秀、校閲は嘱託鈴木秀次、編修は嘱託大宅由耿が務めた。

(6)『海軍軍備沿革』二五〇―二五九頁。

(7) 室山前掲書、坂野前掲書、増田前掲論文。

(8)『海軍軍備沿革』二四七頁。

(9) 防衛庁防衛研修所戦史室『海軍軍戦備〈1〉昭和十六年十一月まで』(朝雲新聞社、一九六九年)五三―五四頁。

(10) 小池前掲「ワシントン海軍軍縮会議前後の海軍部内状況」。小池前掲「大正後期の海軍についての一考察」。鳥羽厚郎「一九二〇年代における国家財政と海軍予算――ワシントン海軍軍縮条約下の予算を中心に」(『千葉史学』第六五号、二〇一四年)。太田久元「一九二〇年代以降における海軍艦艇建造計画と造船会社――海軍軍縮条約体制下における艦艇建造」(兒玉州平・手嶋泰伸編『日本海軍と近代社会』吉川弘文館、二〇二三年)。

(11)『海軍軍戦備〈1〉昭和十六年十一月まで』三一九―三二五頁、『海軍軍備沿革』三二四―三三〇頁。

(12) 村井前掲書、一一八頁。

(13)「第四十六回帝国議会衆議院予算委員第四分科(陸軍省及海軍省所管)第五号」一九二三年二月一〇日。

(14) 防衛庁防衛研修所戦史室『大本営海軍部・連合艦隊〈1〉――開戦まで』(朝雲新聞社、一九七五年)一九六―二〇〇頁。

(15)『海軍軍備沿革』三五二―三六七頁。

(16) 同右、三三八頁。

(17) 同右、三三六―三四一頁。

(18) 同右、三四三―三四六頁。

(19) 同右、三四〇頁。

(20)『大本営海軍部・連合艦隊〈1〉――開戦まで』二〇〇頁。

(21)『海軍軍備沿革』、三三九―三四〇頁。

(22) 尚友倶楽部・季武嘉也・櫻井良樹編『財部彪日記――海軍大臣時代』(芙蓉書房出版、二〇二一年)一九二三年一一月一〇日、七三―七四頁。
(23) 『財部彪日記』一九二三年一一月一四日、七四頁。
(24) 『財部彪日記』一九二四年一〇月二日、四日、一四三頁。
(25) 『海軍軍備沿革』三七四―三八七頁。
(26) 同右、三七六頁。
(27) 同右、三八九―三九一頁。
(28) 『財部彪日記』一九二五年一一月二〇日、二二六頁。
(29) 小林躋造「海軍補助艦の話(一)」(『憲政公論』第六巻第六号、一九二六年六月)七四―七五頁。
(30) 小林躋造「海軍補助艦の話(二)」(『憲政公論』第六巻第七号、一九二六年七月)七二―七四頁。
(31) 同右、七四―七六頁。
(32) 『海軍軍備沿革』四〇三頁。
(33) 同右、四〇三―四〇七頁。
(34) 同右、四〇三―四一〇頁。
(35) 「第五十一回帝国議会衆議院議事速記録第三号」一九二六年一月二一日(『帝国議会会議録』国立国会図書館)。
(36) 「第五十一回帝国議会衆議院予算委員会議録(速記)第五回」一九二六年二月四日(『帝国議会会議録』国立国会図書館)。
(37) 「第五十一回帝国議会衆議院議事速記録第一二号」一九二六年二月四日(『帝国議会会議録』国立国会図書館)。
(38) 「第五十一回帝国議会衆議院予算委員会議録(速記)第一一回」一九二六年二月一二日(『帝国議会会議録』国立国会図書館)。
(39) 「第五十一回帝国議会衆議院予算委員第三分科(大蔵省所管)会議録(速記)第四回」一九二六年二月一六日(『帝国議会会議録』国立国会図書館)。
(40) 『財部彪日記』一九二五年一一月一〇日、二二六頁。
(41) 『海軍軍備沿革』三九二頁。
(42) 「第五十一回帝国議会報告書」(『政友』第三〇三号、一九二六年五月、七頁、文献資料刊行会編『政友』柏書房、一九八〇年)。
(43) 同右、七頁。

(44)「第五十一回帝国議会報告書」七頁。
(45)「第五十二回帝国議会衆議院予算委員会議録（速記）第二回」一九二七年一月二六日（『帝国議会会議録』国立国会図書館）。
(46)「第五十二回帝国議会衆議院予算委員第四分科（陸軍省及海軍省所管）会議録（速記）第三回」一九二七年二月五日（『帝国議会会議録』国立国会図書館）。
(47)「昭和初議会の成績」（『憲政公論』第七巻第五号、一九二七年五月）七〇頁。
(48)「第五十二議会報告書」（『民政』臨時号、一九二七年六月）四九頁（以下、『民政』は文献資料刊行会編『民政』柏書房、一九八六年から参照した）。
(49)『財部彪日記』一九二七年五月九日、三三三頁。
(50)『財部彪日記』一九二七年一一月三日、三六九頁。
(51)『財部彪日記』一九二六年一月二三日、二四日、二三九頁。
(52)櫻井良樹「財部日記の概要」（前掲『財部彪日記』）六五四頁。
(53)「①軍政六六　昭和四年機密費削減不可能ノ理由」（防衛省防衛研究所戦史資料センター所蔵）。
(54)「次官会議」（JACAR（アジア歴史資料センター）Ref. C04015021200「昭和二年　公文備考　官職　巻8」防衛省防衛研究所戦史資料センター所蔵）。原案は、「①軍政五三　大正一五、一〇　現政府ノ為シタル及ヒ為シツツアル事業」（防衛省防衛研究所戦史資料センター所蔵）で、次官会議に提出された文書は原案にさらに修正が加えられている。
(55)「次官会議」。
(56)「江浙問題に関する件」（JACAR（アジア歴史資料センター）Ref. C08051297100「大正十三年　公文備考　巻一三〇　騒乱」防衛省防衛研究所戦史研究センター所蔵）。
(57)この文書は岡野少佐が永野修身第一遣外艦隊司令官に揚子江遡上中に会見し、報告したものである。岡野少佐は海軍軍令部参謀であった岡野俊吉であると思われる（「支那騒乱」JACAR（アジア歴史資料センター）Ref. C08051556100「大正十五年　公文備考　巻一二三　騒乱」防衛省防衛研究所戦史研究センター所蔵）。
(58)小林躋造「海軍補助艦の話（四完）」（『憲政公論』第六巻第九号、一九二六年九月）五〇―五一頁。
(59)池田敬之助「華府会議より倫敦会議へ」（『民政　軍備縮小号』第三巻第一二号、一九二九年一二月）四九頁。
(60)小槇和輔「軍縮の根本問題」（『民政　軍備縮小号』第三巻第一二号）五六頁。小槇和輔は、一九二九年一一月三〇日に戦艦山城艦長となるが、前職は海軍軍令部出仕兼海軍省出仕であった。
(61)『海軍軍備沿革』四三二―四三四頁。

(62) 同右、四四一頁。

(63) 『財部彪日記』一九三〇年五月二〇日、五八四頁。

(64) 「議員招待会ニ於ケル答弁資料」(①軍政七三「軍政参考資料　軍政局〔ママ〕第一課長海軍大佐　澤本頼雄」防衛省防衛研究所戦史研究センター所蔵)。

(65) 「議員招待会ニ於ケル答弁資料」。

(66) 「御署名原本・明治二十二年・勅令第百三十五号・内閣官制」(JACAR(アジア歴史資料センター)Ref. A03020046900「御署名原本・明治二十二年・勅令第百三十五号・内閣官制」国立公文書館所蔵)。

(67) 太田前掲書、五五頁。

(68) 「議員招待会ニ於ケル答弁資料」。

(69) 同右。

(70) 左近司政三「軍縮会議に就て」(『民政　軍備縮小号』第三巻第一二号、一四頁)。

(71) 太田前掲書、一五二頁。影山好一郎『第一次上海事変の研究——軍事的勝利から外交破綻の序曲へ』(錦正社、二〇一九年)。

(72) 海軍省編『海軍制度沿革』巻二(原本一九四一年、原書房、一九七一年、九三二頁)。

(73) 「極東露領方面派遣ノ帝国海軍ノ任務行動伝達方ノ件」(①統帥一四「統帥権(参考資料)」軍政局〔ママ〕第一課長海軍大佐沢本頼雄、防衛省防衛研究所戦史研究センター)。

(74) 「内令第七号」(「統帥権(参考資料)」)。

(75) 太田前掲論文。

(76) 「加藤全権伝言」(大分県立先哲史料館『堀悌吉資料集』第一巻、大分県教育委員会、二〇〇六年、七〇頁)。

(77) 軍政系—政軍協調系、軍令系—純軍事系の政策志向については、太田前掲書、一四—四〇頁を参照のこと。

(付記) 本章は、科学研究費・基盤研究(Ｃ)１８Ｋ００９８０の成果の一部である。

第二部　民衆・社会と軍——民軍関係の文脈

第4章　日本海軍の大正デモクラシー認識

小磯隆広

はじめに

本章は、海軍が日露戦後のいわゆる大正デモクラシーの潮流をどのように認識し、それにどのように対応したのかを明らかにするものである。[1]

近年、海軍史研究の進展が著しい。特に二〇〇〇年代以降、海軍の政治史研究はもとより、[2]軍隊と民衆・社会との関係を問う軍事社会史研究において多くの成果があがっている。後者では、海軍の宣伝・広報活動、海軍と地域社会との関係についての研究が盛んである。[3]もっとも、そもそも海軍が国民の思潮や社会潮流を具体的にどのように認識・把握していたかについては必ずしも十分に分析されているとは言い難い。その点について海軍の政治史研究では、志願制を採用していた海軍は徴兵制の陸軍と比べて国民と接触する機会が少なく、それゆえ思潮の変化に疎かったと評価されている。[4]

しかし、「思潮の変化に疎かった海軍」というイメージを大正期の海軍にそのまま当てはめることには検討の余地があるように思われる。一九二〇(大正九)年二月、待命中の吉松茂太郎海軍大将は『大日本』の誌上で「想ふに民と言ひ兵と云ふも水波の隔である。国民の思想変化が直ちに軍隊間に影響するは云ふまでもない」と述べている[5]。また一九二四年二月八日に第二艦隊司令長官の加藤寛治は海軍兵学校と海軍機関学校の生徒に「国民ノ精神ハ軈テ軍隊ノ精神ニ反映スルモノデアリ、軍隊カ国民思潮ノ影響ヲ受ケサルコトハ、非常ノ難事デアリマス」と述べている[6]。このように、大正期の海軍軍人は、海軍と社会思潮とが不可分な関係にあることを強く意識していたのである。

本章はこうした点を踏まえて、海軍の大正デモクラシーに対する認識と対応について、労働問題、軍人の自己改革論、海軍のアイデンティティをめぐる議論に焦点を当て考察を加えることとする[7]。

一　労働問題への対応

1　労働問題の深刻化

第一次世界大戦期、国内では労働争議が急増した。背景には、大戦下での重工業の発展による男子労働者の増大があった[8]。そして、この時期、日本軍では「労働問題ハ思想問題ト密接ナル関係ヲ有ス」と認識されており、特に職工の数が多い海軍工廠には注意の目が向けられていた[9]。

当該期には海軍工廠の職工による暴動や労働争議が多発した。一九一八(大正七)年の米騒動では、舞鶴工廠の職工が米価引き下げを要求する群衆の一団に加わり工廠共済会酒保や米穀店を襲撃、また佐世保工廠の職工約一三〇人が商店に押しかけ米の廉売を談判した[10]。翌年一〇月二三日、呉工廠砲熕部の従業員二五〇〇人が待遇改善を要望して一五分間のストライキを実施、三一日には呉工廠長の警告を無視して工廠の従業員らが呉労働組合会の創立総会を開催した[11]。同年一一月、横須賀工廠造兵部の記録工が職工の「内的修養ノ機関」として「啓進会」を結成するも、造兵部長は早々に結成者を解雇、会を監視下に置いた。また横須賀では、ワシントン軍縮会議の開催とほぼ同時期に「労働者扇動家」を自称する集団の、解雇職工への手当金を求めるビラの配布や演説があり、横須賀工廠造兵部にも多数の「扇動家」が入り込んだ(12)。

労働問題の深刻化が海軍首脳部に与えた衝撃は大きかった。加藤友三郎海相は、海軍工廠や造船所で頻発する労働争議が国防の根幹を揺るがしかねないとたびたび憂慮の念を示している(13)。また加藤によれば、「労働者カ深ク事ノ真髄ヲ究メス軽々シク急激ナル意見ヲ発表シ或ハ軽挙妄動スルカ如キコトアラハ啻ニ〔労働〕問題ノ解決ヲ益々困難ナラシムルノミナラス其ノ一般思想界其ノ他ニ及ホス悪影響」も測り知れなかった(14)。かくして海軍は「職工動静ニ関シテハ常ニ最深ナル注意」を払いつつ「労働問題ヲ善導スル」必要に迫られるのである(15)。

2　見習職工教育への期待

まず海軍は職工に対する福利厚生制度を充実させることで労働問題に対処しようとした(16)。特にワシントン軍縮により大量の職工を整理せざるをえなくなると、十分な特別手当金や帰郷旅費の支給、解雇職工に対する就職斡旋などを行った(17)。

海軍が職工の待遇改善と同等かそれ以上に重視したのが職工の自前養成、すなわち見習職工教育であった。横須賀工廠によれば、「工事促進ノ実現及労働問題ノ解決等総テ其ノ根本ニ於テハ労務者各個ノ人的改造」が「必須要件」だが、それは「国家的事業ニ属シ」海軍単独で成しうるものではない。海軍単独で対処可能かつ「効果アルヘキ問題ハ現在労務者其ノ物ヨリモ寧ロ其ノ雛卵タリ且ツ将来ノ中堅タルヘキ見習職工ニ対スル教育ノ徹底的改良」であり、それは「急要事タラサルヲ得」ないのであった(18)。

ここで海軍工廠における見習職工養成制度の変遷について簡単にまとめておく。その始まりは一八九六（明治二九）

年見習職工規則の制定に遡る。[19] その後、一九一〇（明治四三）年学科教育の導入（見習職工を終業後に公・私立の実業補習学校に通学させる）、一九二一（大正一〇）年見習職工に対する入業後一カ年の特別教育の実施（従来、入業後ただちに各工場に配属し各々で実施していた教育指導を一カ所で取りまとめて実施）を経て、後述する見習職工教習所の設置をもって確立される。[20]

では、大正期の海軍は見習職工養成の意義をどのように認識していたのであろうか。官民の工場を視察した海軍省艦政局第六（軍需工業動員担当）課長事務取扱の藤原英三郎と艦政局員の東島猪之吉は「同盟罷工等職工ノ不穏ナル動静ヲ予知スル法」をいくつか挙げたうえで、次のように「職工養成ノ必要」を唱える。「海軍ニ於テ職工養成ハ廠ノ直営トスルヲ本旨」とすべきであり、その利点は「彼等（見習職工—引用者注）ノ心的作用ヲ改善シ将来ノ労働問題ヲ善導スルニ最モ有効ナル」ところにある。「現在海軍工廠ニ見習職工教習所ヲ設ケタル所アルモ其ノ規模ハ極メテ小ニシテ現制度ニテハ尚片手間ノ教育施設タルヲ免レ」ないので、職工養成制度の確立（学校組織の大規模化、専任教員の配置、工廠関係者による精神教育の実施、寄宿舎の完備など）を図るべきである。[21]

見習職工の養成は各工廠において内規に基づき実施されるなど統一がとれていなかった。また、佐世保工廠や横須賀工廠は学科教育を工廠外の実業補習学校などに委託していた。[22] そのため藤原と東島は、職工の「心的作用ヲ改善」し「将来ノ労働問題ヲ善導」するには見習職工養成制度の確立、具体的には見習職工教習所の整備が不可欠と考えたのである。

呉工廠砲熕部長の伍堂卓雄も労働問題への対処という点から見習職工養成制度の確立の必要性を説いている。一九二一年五月、造兵部長会議（海軍艦政本部関係者、各工廠の造兵部長や砲熕部長らが出席）の開催に際して、海軍艦政本部は各工廠に「職工ノ精神教育ハ現在実施サレ居ル程度ニテ可ナリヤ、悪思想ノ感化ヲ防キ国家奉仕ノ観念ヲ催進スベキ一層有効ナル方策如何」と諮問している。[23]

この諮問に対して、伍堂は「根本的対策」として次のように「見習工寄宿舎設置」を提言する。「徳育ニ就テハ彼等〔見習職工〕ノ家庭及ヒ周囲ノ状況ニ徴シ之ヲ自然ニ放任シ置カンカ自覚アル標準職工ノ養成」は望めない。加えて「近時工廠所在地ノ巷間ニ大害毒ヲ流シツヽアル不良少年ノ多数カ工廠見習工」であることは「寒心ニ堪ヘ」ない。これらの問題に対処するためには、工廠所在地に「自治療(ママ)式一大寄宿舎」を設けて、そこに優良な見習職工を入舎させ「徳育修養ヲ積マシメ主トシテ責任自覚ト義勇奉公ノ観念ヲ鼓吹」する。かくして「模範的職工タルノ人格ヲ養成スルノミナラズ市井ノ一般少年ニ社会的好感化ヲ与フルコトヲ得レバ其ノ効果蓋シ甚大ナルモノ」がある。[24]

伍堂は見習職工寄宿舎制度に「責任自覚ト義勇奉公ノ観念」を備えた「模範的職工」の養成、あわせて軍港地の青少年の感化という役割を期待していたのである。

一九二四年に呉工廠長となった伍堂は再び寄宿舎制度の採用を海軍省に具申する。伍堂は、海軍が労働組合制を認めた以上「向後必然到来スヘキ海軍職工ノ労働問題ニ善処スルノ根本政策ハ将来中堅職工タルヘキ見習工ノ教育ニ留意シ官業職工ノ本分ヲ完全ニ幼者ノ頭裏ニ植付クルニアリト信スル」と述べている。そして次のように寄宿舎制度の意義を強調する。「最モ注意スヘキハ見習工ノ徳育ニシテ之ヲ完全ニ行フニハ彼等ノ全部ヲ寄宿舎ニ収容シテ適当ナル監督者ヲ置キ日常坐臥ノ間ニ自然ニ彼等ヲ感化スルニアリ」。今日、軍港地の風紀を乱している不良少年の多くは海軍見習職工である。工廠内でいかに彼らの訓育に努力しても退廠後に「概シテ比較的自由ナル家庭ニ開放」されてしまう。ゆえに「寄宿舎制度ハ見習工徳育ノ要諦」である。[25]

このように伍堂は、労働問題に対処するには見習職工に「官業職工ノ本分ヲ完全ニ幼者ノ頭裏ニ植付クル」という「徳育」が重要であり、そのためには寄宿舎制度の採用が不可欠であると強く認識していた。

また、佐世保工廠も「一般職工ノ中堅トナルヘキ穏堅ニシテ所謂自覚セル理解セル優良職工ノ養成ハ益々緊要」であるが、そのためには「見習工教習所ノ官制ヲ定メ定員ヲ設定」し、各専門の良質な教員を招聘して教育に従事させるとともに、「徳育ノ涵養就中公徳心ノ養成ニ努メシムルヲ要ス」と海軍艦政本部に具申している。[26]

後述するように、当時デモクラシーの社会風潮の影響を受けて、海軍内では下士卒に自覚と理解に基づく服従を求める向きがあったが、そうした動きは、佐世保工廠や伍堂の意見からも明らかなように工廠にも及んでいた。いずれにせよ「穏堅ニシテ所謂自覚セル理解セル優良職工」を育成するには、見習職工教習所の整備とそこでの徳育が不可欠と考えられたのである。

3　見習職工養成制度の確立

一九二四年一一月五日の横須賀工廠見習職工教育規程と横須賀工廠見習職工教習所規程の制定にともない、工廠内に見習職工教習所が設置された。教習所の設置によって、これまで工廠外の実業補習学校に委託していた学科教育を工廠内で行うとともに、見習職工を寄宿舎に収容して徳育する方式となった（修業年限は初等科・本科各三年）。[27]工廠関係者が待ち望んだ制度がここに完成を見たといってもよい。

なお、徳育重視の姿勢は見習職工の教育内容にも反映される。呉工廠長の吉川安平は一九二四年三月一四日、村上格一海相に呉工廠見習職工教育規程の改正案を送付した。改正案は学科教育の科目に材料学や応用力学などのほかに「修身及法制経済、国語及歴史」を加えているが、その理由を「国民的自覚ヲ喚起スル必要上」と説明している。また学科教育の目的について、現行案では単に「品性ノ陶冶ヲ旨トス」とあったのが、改正案では「品性ヲ陶冶シ著実善良ナル職工ヲ養成スルヲ本旨トス」とされている。[28]このように改正案は見習職工に徳育を行い、「国民的自覚」をもった「著実善良ナル職工」に育成しようとするものであった。海軍省は本改正案を「認許」した。

職工養成をめぐる議論のなかで最後に指摘しておきたいのは、自由主義・民主主義・社会主義・民本主義などのいわゆる「新思想」に対する工廠側の認識である。すなわち「新思想」を「悪思想」として全否定しているわけではない点である。横須賀工廠は見習職工教育における「修身課目」の内容について、「人倫道徳ノ要旨、公民ノ心得、礼儀作法等ノホカ権利義務、自由平等乃至独立自尊等ノ意義及民本主義、共産主義、社会主義其ノ他新思想ニ対スル平易ナル解釈並ニ法制、経済、政体、国体等ニ関スル大意ヲ授クル」と同時に「国家的公共感念ノ啓発ニ適スル如ク指導スヘシ」と説明している。(29)

「新思想」を一概に否定したり排除したりするのではなく、それらを相対化して見習職工に教えたうえで「国家的公共感念ノ啓発」に努めるという柔軟な姿勢を示している。日常的に労働問題に対処していた海軍工作庁（工廠や造兵廠など）関係者のなかにこうした柔軟な考えがあったことは、次節で詳述する軍隊内教育と「新思想」との関係についての議論と重なるところもあり注目に値する。

以上のように、海軍は労働問題を国防のみならず、思想問題にも直結するものと認識し、その「善導」の必要性を痛感した。そして、見習職工の養成でもって労働問題に対処しようとした。特に見習職工を寄宿舎に収容し徳育を行い、責任感・自覚・公徳心を育てることを重視した。そこには、見習職工が工廠外の自由な空気にさらされることへの警戒感が垣間見える。もっとも、見習職工教育では「新思想」を全面的に否定するのではなく、それらを相対化しようとする柔軟な姿勢も見られたのであった。

二　軍人の自己改革論

1　社会への対応

一九一八（大正七）年七月一五日、第一艦隊司令長官の山下源太郎は海軍少尉候補生たちに向かって「現今我国ノ思想界ハ寔ニ混沌タルモノニシテ内ニ確固タル所信思想ナキモノハ往々ニシテ所謂新思想ニ眩惑セラレ危険ナル思想ヲ抱クニ至ルモノナリ〔中略〕諸子ハ内ニ固クコノ軍人精神ヲ持シ決シテ軽薄ナル思想ニ惑ハサルルコト勿レ」と訓示した[30]。このように、海軍は「新思想」を注意すべき「悪思想」として危険視し、その影響が内部に及ぶのを極力避けることに努めたと言われることがある[31]。

もっとも、以下に述べるように、海軍は終始「新思想」に対立的な態度で臨んでいたわけではなかった。「我国古来伝来ノ国民思想」「我国体」観念の保持を前提としつつ[32]、「大正デモクラシー」の潮流に柔軟な対応を見せていたのである。

そもそも海軍軍人たちは自らを取り巻く社会状況をどのように認識していたのであろうか。「一般ニ軍人ヲ非常識、無学ト冷笑スルハ今日ノ通俗」であり、「軍事ノ軽視、軍人ノ冷遇等国家ノ大事ヲ閑却スルカ如キ思想上ノ暗潮」の只中にあるとされた[33]。「新思想」は国民と軍との乖離、軍の社会からの孤立をもたらすと考えられた。

しかし、「思想ハ一ツノ勢デアリ、決シテ機械的ニ之ヲ制圧スル事ハ出来ヌ」のであり[34]、海軍は滔々と流れる「新思想」に好むと好まざるとにかかわらず向き合わざるをえなかった。では、海軍は具体的にどのように対応しようとしたのであろうか。

当然ながら、「軍人は全然物知らすなり」という国民の軍人観は「世間か軍人に対する鑑識（誤まれる）の一斑」である、と軍の孤立化の原因を国民や社会の誤った認識に求める声があがった[35]。

もっとも、そうした意見とは対照的に、海軍軍人に冷静な対応を呼びかけたり、軍の孤立化の原因を軍人側に求めたりする意見も多く見られた。たとえば「盲目ナル社会ガ冷遇シタトテ、之ヲ怒ルハ余リニ大人気ナイデハアルマイカ」「我軍人側に果して欠点の無きや否やを冷静慎重に考察し、若し何等かの欠点があるとすれば、先づ其欠点を除却したる後、始めて大声疾呼社会を攻撃するのが正当の順序であると信ずる」というのである[36]。

では、海軍軍人の「欠点」とは具体的に何を指しているのか。それは社会常識の欠如、唯我独尊的な態度にほかならなかった。軍人には「変態人種」「没常識」「傲慢的人物」「融通の利かぬ人間」という厳しい目が向けられた[37]。そうした点に自覚的なある軍人は、海軍将校の「所謂対人的又ハ対社会的ノ学識技能に至ツテハ、或ル特別ノ人々ヲ除外シテ一般的ニ評スレバ、其ノ地位職責ニ対比シテ頗ル低級」であり、「我々ノ備フル常識ハイハバ海軍流ノ常識デ、十年一日ノ如ク殆ド進歩セザル偏狭ナル」「対人的又ハ対社会的学識ハ頗ル幼稚浅薄デアル」と嘆じている[38]。

しかし「軍人か狭隘なる軍事智識の圏内に閉塞され、他を顧みすといふか如きは、甚しき時代遅れの思想なりと謂はさる」をえなかった[39]。そのため「軍隊も軍人も成るべく世間と接近して、其間に溝渠を設けない方が国民皆兵主義にも適ひ、軍人対社会の感情を円滑にし、結局軍備の上に大利益」である[40]。「軍務の上から考へても、今後の世態は軍人をして世間と没交渉に、唯我独尊たらしむる事を許さない」と考えられた[41]。

それゆえ「縦ひ現役人士と雖も、狭隘なる軍事専門智識を以て甘んすへきに非す。宜しく軍事と関連ある有らゆる範囲の智識を吸収し、之に依つて其専門に属する軍事智識の活用を大ならしめ、其人格常識を渾熟せしむること」「軍人ノ素養ヲ社会化スル」ことが求められたのである[42]。海軍教育本部も「将校教育ニ於テ常識教育」が「将来ニ於ケル諸種ノ状況ニ鑑ミ益々其ノ緊要ナル」ことを認めざるをえなかった[43]。

もはや国民の理解や支持なくして軍備の維持・拡充は難しく、海軍と国民との間に溝を作ることは望ましくなかった[44]。何事も「一般国民と一致協力」することが不可避となっていたのである[45]。

また軍民の協力についていえば、講演などを通じて海軍の活動を国民に宣伝し「海軍思想」の普及を図る、あるいは良質な志願兵を獲得するという点においても[46]、社会的知識の獲得や思想問題への理解力は重視された。ある軍人によれば、「従来軍人志願者多ク且ツ軍事講演ヲ歓迎セシ同中学〔当時の山口県山口町の山口中学校〕生徒ノ如キモ現今ニ於テハ余リ耳ヲ傾クル者モナク軍人志願ヲ奨励スレバ一笑ニ附スルカ如キモノ多」く、従来のように「通リ一辺ノ講演ニテハ到底聴講者ニ満足ヲ与ヘ海軍ヲ充分了解セシメ海軍思想ノ鼓吹ヲナスコト困難」であるという。それゆえ聴衆に「感動」を与えるには「学識識見アル人物ニシテ現在ノ社会事情及思想問題ニ了解ヲ有スル人」を演者に選任すべきと述べている[47]。「いつでも兵学校の教科書にある様な事をさらけ出して講演したつて、何の効があるか」との疑問が呈され、「海軍将校たるものは、常に軍事以外有らゆる方面の智識を吸収するの必要」が痛感されたのである[48]。

同じような観点から、軍事問題や軍事思想を国民に説得的に伝えるために、軍人自身がそれらの問題を多角的に分析すべきとの意見もあがった。すなわち、仮に軍人が「尽忠報国ノ一念ヨリ国民ニ対シテ戦争ノ避クベカラサルコト及軍備ノ充実ヲ絶叫」したとしても「高等学校以上ノモノハ初メヨリ之ヲ軽侮シテ近寄ラ」ない。そのため軍人は戦争や軍事思想を「学術的、思想的、哲学的ニ批判研究シテ之ヲ以テ他ノ学者ト同ジク人生科学ノ一部」となし「社会ノアラユル階級ヲシテ首肯セシムル」必要があるという[49]。

以上のように、大正デモクラシーの勢いが強まるなか、軍備を維持するには国民の理解や支持を得ることが不可欠であり、それゆえ海軍としては国民との乖離、社会からの孤立化を回避しなければならなかった。そこで、海軍軍人は社会との「没交渉」的な態度を改め、社会常識の涵養、思想問題への理解力の必要性を認識するに至るのである。

2　海軍内への対応

海軍軍人が最も憂慮したのは「新思想」が軍隊内に及ぼす影響であった。すなわち民主主義や自由平等主義の思想が「絶対的服従ヲ要スル命令ヲ任意ニ解釈シ又ハ不合理ト思考スル命令ニハ衷心ヨリノ服従ヲ快トセザル気風ヲ醸成セシメ来ル事、又理智、批判力、打算力、反抗力ヲ増加シテ来タ事ハ争フベカラザル事」なのであった[50]。また「実ニ兵員ノ中ニモ思ヒモ寄ラヌ所ニ不穏思想ニカブレタル者ガ潜在シテ、隠密ノ間ニ良兵ヲ誘惑スル恐」もあった[51]。このように「新思想」は軍紀や風紀を弛緩させると考えられた。

では、弛緩した軍紀や風紀をいかに建て直そうとしたのか。「皇室国体ニ対スル基礎的信念ノ確立ニ努」めることを強調したうえで「兵員ノ教育者」であり「教官」である将校に「反省」と「修養」を求めたのである(52)。

まず将校が直面したのは、下士卒として入隊してくる若者の知的水準の高さであった。鈴木貫太郎海軍兵学校長によれば、「現今我国ノ教育普及シ下士卒中ニハ中学程度又ハ其以上ノ教育ヲ受ケタル者アリテ常ニ批評眼ヲ以テ将校ノ行為ヲ注意シ居ルモノアルヘシ」という(53)。加えて彼らは「乱離混沌」とした「思想界ニ成長」したのであった(54)。

そのため、将校は「蓋シ現代青年ヲ遺憾ナク取扱フニハ、先ヅ錯綜セル思想ニ通暁シ、其ノ長所ヲ自ラ体得シテ模範ヲ示」すとともに、「其天賦又ハ修養ニ依ル智能其物ニ依リテ部下ノ畏敬ヲ得ルト共ニ其優秀ナル注意力、観察力、理解力ニ依リ自己ノ職務ハ素ヨリ一般社会ニ就テモ研究シ計画シ部下ヲシテ真ニ敬服」させることが重要とされた(55)。将校の「修養」として具体的に挙げられたのは、常識の涵養、「思想問題」の研究、法令規則の厳守、人格の修養、実力の養成などである(56)。ある軍人は「士官自身ヲ反省セズシテ兵員ノ統率ニ苦心スルハ、恰モ根ヲ培ハズシテ枝葉ノ繁茂ヲ冀フガ如キ不合理ノ時代トナツタ」と述べている(57)。いうなれば将校の自己改革が叫ばれたのである。

「新思想」の理解が唱えられた背景には、おおよそ次のような認識があった。(一)「西欧文明輸入ノ自然的結果」、「異邦文明ノ副産物タル極端ナル個人主義或ハ社会主義ノ如キ種子」が侵入しているが、「遂ニハ自カラ化セラレテ我御国体ト合致セル新思想ヲ形成スル」に至る(58)。(二)「所謂「デモクラシイ」自由平等」の思想は「其本質ニ於テハ皆立派ナル思想」だが、その「真髄ヲ解セス徒ラニ皮相ノ観察又ハ根底ナキ煽動ニ依リ或ハ誤レル平等思想ニ捉ハレテ」おり、それが軍紀・風紀弛緩の一因となっている(59)。

こうした認識を背景にして、将校には「各種ノ思想ノ主意ニ通暁シ各種ノ主張ノ内容ヲ闡明シ且自己ノ思想ノ内容ヲ豊富ナラシメ其信念ヲ益々堅固ニシ思想ニ対スル各種ノ運動等ニ対シ正当穏健ナル批判力ヲ養成シ以テ部下教育ヲ有効ナラシムル」ことが求められたのである(60)。

また、将校は下士卒教育を見直す必要にも迫られた。すなわち「現今ニ於テハ部下指導法ハ飽ク迄合理的同情的」

にして「道ヲ以テ彼等ヲ導カサレバ到底彼等ヲシテ心服セシムルニ足ラザル」と考えられた。[61]端的にいえば「一ツノ真心」「誠心誠意ト慈愛ト深切」をもって下士卒と向き合うことが肝要とされたのである。[62]そうした考えの基底には「〔下士卒に〕暴行ヲナスニ於テハ遂ニハ反抗ノ状況ヲ見ルニ至リ軍隊ノ瓦解ヲ来スコトアルヤモ知レス」「時勢変遷ノ激流ガ趨帰スル所ヲ察セズ徒ラニ旧習ヲ墨守シテ応病与薬ノ工夫ヲナサゞレハ恐ルベキ結果ヲ来シ国ヲ誤ルニ至ラン」との危機感があったのである。[63]

他方、将校は、下士卒が「自覚ニ基ク服従」をとることを求めた。将校は「彼等〔下士卒〕ノ人格ヲ尊重シ、深キ愛情ヲ以テ之ヲ遇シ、且ツ其ノ自覚覚醒ヲ促ス」ことが重要とされたのである。[64]そして自覚的服従を実現するために、下士卒の職権尊重、下士官の「自治的精神」の養成、下士卒の待遇改善、下士卒への温情的態度などが唱えられた。[65]「自覚ニ基ク服従」を促した背景には、従来の「倚ラシムヘシ知ラシムベカラズ主義〔ママ〕」が「時代錯誤」になりつつあるとの認識があった。すなわち「昔ハ兵員ノ理解力想像力ノ幼稚ナルガ為メ、抽象的教育ノ効果ヲ微弱ナリトシ、実物教育、機会教育ノ意味ニ於テ事件ノ発生スル毎ニ懲戒訓戒スル主義ヲ取ッタ」が、「今日ノ兵員ハ法的思想ガ発達シタカラ、斯クノ如ク不知ノ事項ニ対シテ、暗カラ棒ノ譴責ヲ加フレバ、人格無視ノ不平ヲ訴へ、反抗心ヲ惹起スルノ恐ガアル」と考えられた。要するに「上官ノ命ニハ素ヨリ絶対的ニ服従セサルヘカラスト雖モ理解ナキ服従ハ危険ナリ」と認識されたのである。[66]

下士卒の「自覚ニ基ク服従」について付言すれば、それは第一次世界大戦の教訓でもあった。すなわち「連合国民ガ大犠牲ヲ甘受シテ最後マデ突進シタノハ、一ニ此ノ自覚アリタル」ためであり、他方で「同盟国民ガ最後ニ於テ俄ニ土崩瓦解シタノハ、全ク此ノ自覚ヲ欠キ唯強制ニ依リテ戦ヒタルタメ、圧力ノ減衰ト共ニ崩壊シタノデアル」と考えられたのである。[67]

また、ドイツ革命の発端となったキール軍港の水兵反乱についても分析がなされ、その一因は「将校ノ専恣」と将校による「下士官兵人格ノ無視」にあると考えられた。すなわち「如何ニ将校ト兵員トノ間ニgapアリ随ツテ統御カ弛緩シ居タリシカ」が明らかになった。そこから「部下ハ上官ヲ信シ之ニ真ノ意味ニ於ケル絶対服従ヲナシ、上官タル吾人ハ部下ヲ信シテ使フ事最モ必要」であることを学んだのであった(68)。

以上のように、大正デモクラシーの影響による軍紀・風紀の弛緩という状況に対して、海軍将校は国体観念の保持を強調したうえで、自己改革を唱えたが、そこではとりわけ「新思想」の理解と常識の涵養が重視された。同時に、将校には下士卒への態度を改めることも求められた。すなわち下士卒に温情をもって接し、それにより彼らの自覚的な服従を実現しようとしたのである。

三　海軍のアイデンティティをめぐる議論

大正期、海軍のアイデンティティが問い直された。それ以前、海軍軍人には「海軍の海軍」であるという意識が強かった。ある軍人は「有意識又ハ無意識ニ海軍ハ海軍ノ海軍ニシテ国民トハ没交渉ノ如ク考フルヲ常トシタリ」と述べている(69)。そこでは「国民」という存在は抜け落ちている。そうした意識には「海軍以外のものは、海軍の事に容喙するの権なしと言はぬはかりの態度」が関係していたことは疑いえない(70)。

しかし、一九一〇年代半ば以降、「我帝国現下ノ海軍ノ状勢ヲ見ルニ動モスレバ海軍ノ海軍ニシテ国民ノ海軍ニアラザルガ如キ不徹底ヲ見ル」「国民ノ海軍ナレハ其〔海軍と国民と〕ノ間ヲ親密」にすべきとの議論が巻き起こる(71)。すなわち「陛下ニ忠ナル」ことを前提としたうえで(72)、海軍の正統性の根拠を国民に求める「国民の海軍」論が現れたのである。

「国民の海軍」論が登場した背景の一つとして、軍備を維持するうえで国民の理解や支持が不可欠であるとの認識が挙げられる。本来「最も大切なる国防の問題就中海軍力完備の問題は、国民挙つて之を研究し、輿論を興起して之を積極的に解決しなければなら」なかった。[73]ところが海軍には、国民の海軍に対する知識や支持が不十分に映った。他方、国民は海軍軍人の超然的態度を問題視していた。そのため「国民の海軍」論を高唱することにより、国民に「海国国民タルノ自覚」を促すとともに、[74]海軍軍人には自省を求めたのである。この点、日本の海軍軍人はあるべき海軍の姿をイギリスに見出している。イギリスでは国民と海軍とが信頼し合っており、まさに「英国海軍ハ海軍ノ海軍ニアラズシテ英国民ノ大海軍」なのであった。[75]

なお、鈴木海軍兵学校長は、国民一般が海軍士官の職責の重大性をよく理解せず、また「海軍士官自身ニ於テモ尚ホ其職務ノ高尚ニシテ且重大ナルカヲ充分ニ理解シ居ラサルモノ多」いことを憂慮して、「海軍ハ国民ノ安寧、国家ノ存亡ニ対シ最モ重要ナル責務ヲ有ス」ることを兵学校の生徒にたびたび説いている。[76]

二つ目の背景として、戦争遂行に占める国民要因の比重の高まりがある。すなわち「軍人計リデ戦争ハ出来マセヌ、今回ノ大戦争〔第一次世界大戦〕ガ如何ニ国民全体ノ戦争デアツタカ」との認識である。「真ニ国民全部ノ戦」であり「国家ノ目的ハ独リ軍事ノミナラズ教育ニセヨ工業ニセヨ又商業ニセヨ凡テ全国民ノ一致協同ニ依リ始メテ達成セラルベキモノ」なのであった。[77]このように、大戦を通じて今後の戦争における国民の役割の重要性を認識した海軍軍人が少なからずいたのである。[78]そうした総力戦認識が「国民の海軍」論の出現を促したと考えられる。

おわりに

本章では、海軍の大正デモクラシーに対する認識と対応について考察してきた。

まず、海軍は労働問題を思想問題と密接に関係あるものと認識したうえで、将来の海軍職工の基幹となる見習職工が「悪思想」に染まることを警戒して、彼らへの徳育を推し進めた。とはいえ、実際の見習職工教育では「新思想」を全否定するのではなく、それらを相対化する動きも見られた。

また、海軍将校は大正デモクラシーの影響による軍の不人気、軍紀・風紀の弛緩という状況に対して、自己改革・自己研鑽でもって対応しようとした。そこでは社会性の獲得、具体的には「新思想」の理解や常識の涵養が特に重視された。将校は従来の高圧的な対下士卒態度を改める必要にも迫られた。下士卒に温情をもって接し、それにより彼らの自覚的服従を実現しようとしたのである。

海軍将校が自己改革を模索するなか、自らの拠り所を国民に求めようとする議論も現れた。「国民の海軍」論は、軍備を維持するうえでも、また総力戦を遂行するうえでも、軍民一致が必要不可欠であるとの認識の裏返しでもあった。

以上のように、海軍は大正デモクラシーの潮流に対しておおむね柔軟な姿勢を示すとともに、国民や社会に対する関心を増大させていったといえる。そうした傾向は佐官・尉官を中心にかなりの程度広がっており、また将官でも鈴木貫太郎などは比較的柔軟な考えをもっていたと考えられる。

柔軟かつ現実主義的な意見が発信される一方で、大正末頃には国民を糾弾する議論が海軍内で台頭する。詳しい考察は稿を改める必要があるが、政党政治への不信と軍縮への反発を基底として「経済的軍縮と国防を混同し、軍人を無用の長物の如く穿き違ゆる者あるに至つては、実に思はざるの甚しきもので、国民の最も反省すべき事柄である」「畢竟国民が悪いのだ」といった論調が目立つようになる(79)。

それはやがて海軍が堕落した国民を指導しなければならないとの考えにつながっていく。すなわち「軍人ハ世論ニ惑ハズ克ク之ニ対抗シテ其ノ蠧〔蠹カ〕毒ヲ駆リ蟻穴ヲ塞ギ以テ国民思想ヲ指導シ伝統的精神ヲシテ益堅固ナラシムベキ」である、「国民尚武の気魄漸く薄からんとし、思想界の潮流錯綜して帰嚮する所測るべからず、人心動もすれば浮華軽佻に流れ、奢侈佚楽の弊に陥らんとす」るなか、「吾等は愈〻軍人精神を砥礪し、現役にあると否とを問はず相共に内外呼応して奮起し、世を導て忠君愛国剛健質実の風を興し以て日本国民本来の面目に復帰せしめざる可らず」との認識である。(80) かくして海軍は「国民思想善導」を唱えるに至るのである。(81)

陸軍は第一次世界大戦前後、軍事的価値を一層社会に広め、国民や社会が変化しなければならないという従来の考え方からの脱却を模索するが、(82) 海軍は大正末期に軍事的価値の社会への浸透や国民指導を志向していくと考えられるのである。

(1)　本章では大正デモクラシーという言葉を、政治・社会・文化における民主主義的傾向、政治・社会・軍事における国民要因の比重の増大といった意味で用いる（松尾尊兊『大正デモクラシー』岩波書店、二〇〇一年、v頁、黒沢文貴「二つの戦争と日本陸海軍」（『日本歴史』第七六九号、二〇一二年）一二頁）。

(2)　たとえば、手嶋泰伸『昭和戦時期の海軍と政治』（吉川弘文館、二〇一三年）、太田久元『戦間期の日本海軍と統帥権』（吉川弘文館、二〇一七年）など。

(3)　枚挙にいとまがないが、代表的なものに土田宏成「日露戦後の海軍拡張運動について」（『東京大学日本史学研究室紀要』第六号、二〇〇二年）、福田理「一九三〇年代前半の海軍宣伝とその効果」（『防衛学研究』第三三号、二〇〇五年）、『軍港都市史研究』全七巻（清文堂出版、二〇一〇―一八年）、林美和「海軍軍事普及部の広報活動に関する一考察」（『呉市海事歴史科学館研究紀要』第六号、二〇一二年）、坂口太助「戦間期における日本海軍の宣伝活動」（『史叢』第九四号、二〇一六年）、小倉徳彦「日露戦後の海軍による招待行事」（『日本歴史』第八二七号、二〇一七年）、同「日露戦後の海軍将校による著作活動」（『日本史研究』第六九六号、二〇二〇年）、同「ロンドン海軍軍縮会議と国内宣伝戦」（兒玉州平、手嶋泰伸編『日本海軍と近代社会』吉川弘文館、二〇二三年）、木村聡「ワシントン軍縮後の海軍大演習」（『軍事史学』第五五巻第一号、二〇一九年）、章霖「大正期における海軍の艦隊行動と地域社会」（『史学雑誌』第一二九編第九号、二〇二〇年）、同「一九二二年「日本一周巡航」と日本海軍の宣伝活動」（『年報近現代史研究』第一三号、二〇二一年）、上杉和央『軍港都市の一五〇年――横須賀・呉・佐世保・舞鶴』（吉川弘文館、二〇二一年）、高村聰史『〈軍港都市〉横須賀――軍隊と共生する街』（吉川弘文館、二〇二一年）、中嶋晋平『戦前期海軍のPR活動と世論』（思文閣出版、二〇二一年）、同「簡閲点呼における軍艦および軍楽隊派遣にみる大正期の日本海軍による広報活動」(『Intelligence』第二三号、二〇二三年)、木村美幸『日本海軍の志願兵と地域社会』(吉川弘文館、二〇二二年)、同「一九三〇年「神戸沖」観艦式と地域」(兒玉、手嶋前掲書)などがある。なお、海軍の政治史研究においても手嶋泰伸「予算要求の論理から見たワシントン会議における海軍内の対立」(『ヒストリア』第二九七号、二〇二三年)が加藤寛治の宣伝工作に言及している。

(4) たとえば、手嶋泰伸『日本海軍と政治』(講談社、二〇一五年)五九―六〇頁。

(5) 中川繁丑『海軍大将吉松茂太郎伝』(非売品、一九三六年)一八九頁。

(6) JACAR(アジア歴史資料センター):C08051086000「海軍中将加藤寛治述　海軍兵学校生徒及海軍機関学校生徒ニ対スル講話(稿)」(「大正十三年　公文備考　巻一九　学事」所収、防衛研究所戦史研究センター所蔵)。なお、以下で引用するアジア歴史資料センターの史料原本はすべて防衛研究所戦史研究センター所蔵である。

(7) 陸軍の大正デモクラシーへの対応については、黒沢文貴『大戦間期の日本陸軍』(みすず書房、二〇〇〇年)第三章を参照のこと。本章は同書から多くの示唆を得た。

(8) 山本和重「軍事援護」(同ほか編『地域のなかの軍隊9　軍隊と地域社会を問う　地域社会編』吉川弘文館、二〇一五年)一〇八頁。

(9) JACAR: C03022528100 一九二〇年八月付石光真臣憲兵司令官「憲兵司令官トシテ在職中ノ所感」(「陸軍省　密大日記　大正九年五冊ノ内五」所収)。

(10) 齋藤義朗「大正七年　呉の米騒動と海軍」(河西英通編『軍港都市史研究Ⅲ　呉編』清文堂出版、二〇一四年)二〇四頁。呉でも多くの工廠職工が米騒動に参加した。

(11) 海軍歴史保存会編『日本海軍史　第三巻　通史第四編』(第一法規出版、一九九五年)一六頁。

(12) 高村前掲書、一四一、一四七頁。

(13) 平松良太「第一次世界大戦と加藤友三郎の海軍改革(一)」(『法学論叢』第一六七巻第六号、二〇一〇年)一〇五頁。同「第一次世界大戦と加藤友三郎の海軍改革(二)」(『法学論叢』第一六八巻第四号、二〇一一年)一〇五頁。

(14) JACAR: C08021277000「大正八年工廠長会議大臣訓示覚書」(「大正八年　公文備考　巻三　官職三」所収)。

(15) JACAR: C08021716300 一九一九年九月一日付呉鎮守府参謀長発海軍省軍務局長宛電報(「大正九年　公文備考　官職附属」所収)。「大正八年工廠長会議大臣訓示覚書」。

(16) 伊藤久志「横須賀海軍工廠における工場長の地位」(大豆生田稔編『軍港都市史研究Ⅶ　国内・海外軍港編』清文堂出版、二〇一七年)三〇―四〇頁。

（17）千田武志「第一次世界大戦後の兵器産業における労働の変様」（軍事史学会編『第一次世界大戦とその影響』錦正社、二〇一五年）。
（18）JACAR: C08050138600 横須賀工廠「大正十年度造兵部長会議諮問事項答案　其ノ二（審議セサル予定ノモノ）」（「大正十年　公文備考　巻七　官職七」所収）。
（19）同規則では、①職工養成の目的で必要な人員に限り見習職工を置く、②二〇歳未満の無職者を選抜採用、③見習職工の職種は工場ごとに規定、④見習職工は各組合に分属し分属組合長の指揮監督の下に事業に就くことなどが定められた（海軍歴史保存会編『日本海軍史　第六巻　部門小史（下）』第一法規出版、一九九五年、四五四頁）。
（20）同右、四四六、四五四―四五五頁。隅谷三喜男編『日本職業訓練発展史　下　日本的養成制度の形成』（日本労働協会、一九七一年）二九―三三、一五七―一六〇頁。
（21）JACAR: C08021717200 一九二〇年五月三日付海軍省艦政局第六課「労働問題雑録（其ノ十五）藤原少将、東島大佐工場視察中得タル所見並参考トナルヘキ事項」（「大正九年　公文備考　官職附属」所収」）。
（22）呉市史編纂委員会編『呉市史　第六巻』（呉市役所、一九八八年）二七二頁。造船協会『日本近世造船史　大正時代』（同会、一九三五年）六三〇―六三一頁。
（23）JACAR: C08050138800 伍堂卓雄「大正十年度造兵部長会議諮問事項　其ノ二」（「大正十年　公文備考　巻七　官職七」所収）。一九二〇年一〇月に艦政局と海軍技術本部を統合して海軍艦政本部を再設置した。
（24）同右。
（25）JACAR: C08051047200 一九二四年七月付伍堂「職工教育機関統一ニ関スル私見」（「大正十三年　公文備考　巻二　官職」所収）。
（26）JACAR: C08051324300 海軍艦政本部「大正十四年工廠長、会計部長会議諮問事項答案摘要」（「大正十四年　公文備考　巻四　官職」所収）。
（27）梶谷定範「横須賀海軍工廠の見習職工養成制度の形成過程」（『産業教育学研究』第四四巻第一号、二〇一四年）二四、二九頁。横須賀海軍工廠編『横須賀海軍工廠史　第六巻』（多治見一郎、一九八〇年）四四九―四五五頁。海軍歴史保存会前掲『日本海軍史　第六巻　部門小史（下）』四五五―四五六頁。志願者資格は、高等小学校卒業以上もしくは同等以上の学力を有する年齢満一四年以上満二〇年までの者、および年齢満一二年以上で尋常小学校の教科を修了し身体強健にして学術優秀の者とされた。
（28）JACAR: C08051047200 一九二四年三月一四日付吉川発村上宛「見習職工教育規程改正ノ件」（「大正十三年　公文備考

巻二　官職」所収）。なお、一九二四年一一月五日制定の横須賀工廠見習職工教育規程にも「品性ヲ陶治〔ママ〕シ以テ著実穏健技倆優秀ナル職工ヲ養成スル」とある（『横須賀海軍工廠史　第六巻』四四九頁）。

(29)「大正十年度造兵部長会議諮問事項答案　其ノ二（審議セサル予定ノモノ）」。

(30)「千田金二　将校勤務録」（防衛大学校総合情報図書館所蔵）。千田は当時、少尉候補生。

(31) 熊谷光久『日本軍の人的制度と問題点の研究』（国書刊行会、一九九四年）一二八頁。平間洋一『第一次世界大戦と日本海軍――外交と軍事との連接』（慶應義塾大学出版会、一九九八年）二八二頁。

(32) 鈴木貫太郎海軍兵学校長の一九一九年二月二三日の訓示（「鈴木海軍兵学校長訓示集」防衛大学校総合情報図書館所蔵）。以下で引用する鈴木の訓示はすべて同訓示集所収のものである。

(33) JACAR: C08021309700 一九一九年五月三〇日付荒木左右中尉「海軍紀念日講話ニ関スル所見」（「大正八年　公文備考　巻一七　学事四止」所収）。JACAR: C08050537300 佐世保海軍人事部「大正十一年度佐世保鎮守府管下募兵概要」（「大正十一年　公文備考　巻八三　兵員二」所収）。

(34) 古川保中尉「大正十年水交社員軍事研究述作」（『水交社記事附録　大正十年水交社員軍事研究述作』一九二二年）五三頁。水交社は海軍士官の親睦・研究団体である。

(35) 憤慨生「世間より見たる軍人」（『有終』第五四号、一九一八年）六六―六七頁。『有終』を発刊していた有終会は在郷海軍士官の親睦・研究団体である。

(36) 本多数馬中佐「大正十年水交社員軍事研究課題述作」（『水交社記事附録　大正十年水交社員軍事研究述作』）六頁。近藤常松予備役少将「軍人の社会的地位」（『有終』第九四号、一九二一年）五頁。

(37)「軍人の社会的地位」三頁。

(38) 本多「大正十年水交社員軍事研究課題述作」一三頁。

(39) 千波万波楼主人「千波万波」（『有終』第六五号、一九一九年）六五頁。

(40) 千波万波楼主人「千波万波」（『有終』第八八号、一九二一年）七〇頁。

(41)「軍人の社会的地位」七頁。

(42)「千波万波」（『有終』第六五号）六五頁。「大正十一年度佐世保鎮守府管下募兵概要」。一九一七年に第二艇隊付となった大森仙太郎中尉は中山友次郎司令から「人間はそんなにコツコツ勉強する必要はない。但し新聞だけはよく読め」とよく言われたという。大森はそれを「一般常識の滋養に努めよ」の訓戒と解した（水交会編『帝国海軍提督達の遺稿　小柳資料上巻』同会、二〇一〇年、五六三頁）。

(43) JACAR: C08050166300 一九二〇年一一月九日付海軍教育本部起案の仰裁文書（「大正十年　公文備考　巻二一　学事一」所収）。なお、海軍兵学校では鈴木校長のもと「生徒ノ常識涵養」のために、新聞雑誌の自由閲覧、「精神教育、常識涵養ニ関スル諸種ノ印刷物」の配布、新聞記者や児童文学者など部外者による講演が実施された（有終会編『続・海軍兵学校沿革』原書房、一九七八年、一—二頁）。

(44) 世間見太郎「海軍士官は今少しく常識を拡大するの必要なきか」（『有終』第四八号、一九一七年）七一頁。梧葉散人「海軍協会の創立」（『有終』第五〇号、一九一七年）六四頁。

(45) 多田重予予備役造兵大佐「電力国有論」（『有終』第一〇二号、一九二二年）一頁。

(46) 海軍による「海軍思想」の普及や志願兵募集の活動については、中嶋前掲書、木村前掲書を参照のこと。

(47) JACAR: C08050708900 小早川隆次中佐「海軍記念日講演要領」（「大正十二年　公文備考　巻二〇　学事」所収）。

(48) おせつかい生「海軍講演の革新を要す」（『有終』第六八号、一九一九年）五二頁。

(49) 「海軍紀念日講話ニ関スル所見」。なお、荒木が所属する舞鶴鎮守府の参謀長田口久盛は「荒木中尉ノ講話ニ関スル所見ハ参考ニ資スベキモノアリ」と述べている（JACAR: C08021309500 一九一九年六月一八日付舞鶴鎮守府参謀長発海軍省軍務局長宛「海軍記念日講話ニ関スル件」（「大正八年　公文備考　巻一七　学事四止」所収））。

(50) 古川「大正十年水交社員軍事研究述作」五二頁。

(51) 本多「大正十年水交社員軍事研究課題述作」三四頁。

(52) 佐々木健爾大尉「独逸ノ敗因ヲ研究シ部下指導上ニ於ケル吾人ノ覚悟ヲ述フ」（『水交社記事』第二四三号、一九二六年）二七、五八頁。本多「大正十年水交社員軍事研究課題述作」四頁。一九二四年一二月二日付朝倉豊次大尉「我海軍ノ現状ニ鑑ミ軍紀振粛上特ニ考慮ヲ要スト認ムベキ点ヲ述ブ」（「朝倉豊次　将校勤務録　第四巻」防衛研究所戦史研究センター所蔵）。なお、朝倉が乗艦する駆逐艦羽風の艦長高山忠三は朝倉の所見に「着眼適切実際的」「部下指導上好個ノ参考資料ナリト信ズ」との意見を付している。

(53) 鈴木の一九一九年一二月二日の訓示。

(54) 本多「大正十年水交社員軍事研究課題述作」二—三頁。

(55) 同右、四頁。古川「大正十年水交社員軍事研究述作」五五頁。

(56) 本多「大正十年水交社員軍事研究課題述作」。古川「大正十年水交社員軍事研究述作」。「独逸ノ敗因ヲ研究シ部下指導上ニ於ケル吾人ノ覚悟ヲ述フ」。

(57) 本多「大正十年水交社員軍事研究課題述作」四頁。

(58)　一九一六年五月岩村清一大尉「下士卒教育ニ関スル偶感」(「岩村清一　将校勤務録」防衛研究所戦史研究センター所蔵)。
(59)　古川「大正十年水交社員軍事研究述作」五二頁。「我海軍ノ現状ニ鑑ミ軍紀振粛上特ニ考慮ヲ要スト認ムベキ点ヲ述ブ」。五十嵐恵大尉「精神講話ニ就テ」(『水交社記事』第二三一号、一九二三年)五九頁。
(60)　「独逸ノ敗因ヲ研究シ部下指導上ニ於ケル吾人ノ覚悟ヲ述フ」八一頁。
(61)　鈴木の一九一九年一二月二日の訓示。「下士卒教育ニ関スル偶感」。
(62)　鈴木の一九一九年四月二四日の訓示。古川「大正十年水交社員軍事研究述作」七七頁。
(63)　鈴木の一九一九年一二月二日の訓示。「下士卒教育ニ関スル偶感」。なお、鈴木が兵学校の生徒に鉄拳制裁を禁じた背景にはこうした危機感があったといえる。
(64)　「我海軍ノ現状ニ鑑ミ軍紀振粛上特ニ考慮ヲ要スト認ムベキ点ヲ述ブ」。本多「大正十年水交社員軍事研究課題述作」三四頁。
(65)　本多「大正十年水交社員軍事研究課題述作」二〇―二六頁。「我海軍ノ現状ニ鑑ミ軍紀振粛上特ニ考慮ヲ要スト認ムベキ点ヲ述ブ」。古川「大正十年水交社員軍事研究述作」五五―五七頁。小住徳三郎大尉「下士官兵ニ施セシ指導法ニ就キ最モ効果アリシト思考スル一例」(『水交社記事』第二一九号、一九二一年)六五頁。
(66)　本多「大正十年水交社員軍事研究課題述作」三三頁。「我海軍ノ現状ニ鑑ミ軍紀振粛上特ニ考慮ヲ要スト認ムベキ点ヲ述ブ」。「下士卒教育ニ関スル偶感」。
(67)　本多「大正十年水交社員軍事研究課題述作」三八頁。
(68)　「独逸ノ敗因ヲ研究シ部下指導上ニ於ケル吾人ノ覚悟ヲ述フ」四八―五六頁。
(69)　JACAR: C08020646600 本宿直次郎少佐「大正四年度海軍志願兵徴募実況報告」(「大正四年　公文備考　巻六九　兵員一」所収)。
(70)　「海軍士官は今少しく常識を拡大するの必要なきか」七一頁。
(71)　JACAR: C08021309400 一九一九年五月二九日付青木秋太郎少佐「紀念日講話ニ関スル報告並所見」(「大正八年　公文備考　巻一七　学事四止」所収)。JACAR: C08021309700 野口厚少佐「大正八年海軍記念日講話一般状況」(「大正八年　公文備考　巻一七　学事四止」所収)。
(72)　鈴木の一九一八年一二月一九日の訓示。
(73)　「海軍協会の創立」六四頁。
(74)　JACAR: C08021183800 一九一八年五月一〇日付小森吉助少佐「大正七年度海軍志願兵徴募実況報告（第二班）」(「大正七

年　公文備考　巻七一　兵員二」所収）。

(75)「紀念日講話ニ関スル報告竝所見」。「海軍協会の創立」六四頁。「大正七年度海軍志願兵徴募実況報告（第二班）」。

(76) 鈴木の一九一八年一二月一九日、一九年八月二六日、二〇年八月二六日の訓示。

(77) JACAR: C08050442200 菅沼周次郎大佐「軍備縮減ニ就テ（志願兵徴募ノ際ニ於ケル講演原稿）」（「大正十一年　公文備考　巻三二　学事三止」所収）。

(78) この点については、森田登中佐「滞英雑感」（『大日本国防義会々報』第四六号、一九一九年）、高光佳絵『アメリカと戦間期の東アジア　アジア・太平洋国際秩序形成と「グローバリゼーション」』（青弓社、二〇〇八年）四三頁も参照のこと。

(79) 笑雪「恩給増加運動に対する軍人精神的批判」（『有終』第一一六号、一九二三年）六七頁。池田生「在郷士官の政治運動如何」（『有終』第一一四号、一九二三年）八二頁。

(80) 平井泰次大尉「我海軍ノ伝統的精神ヲ論ジ併テ之ガ具体的振興策ニ及ブ」（『水交社記事』第二四〇号、一九二五年）一二〇頁。財部彪海軍大臣「〔有終会創立一〇周年に際しての〕祝辞」（『有終』第一三二号、一九二四年）三―四頁。

(81) JACAR: C08050709000 保村禎一少佐「紀念日講演要領報告」（「大正十二年　公文備考　巻二〇　学事」所収）。JACAR: C08050708800 鬼俊民少佐「海軍紀念日講話実施概況」（「大正十二年　公文備考　巻二〇　学事」所収）。華陵将軍「財部海軍大臣の新任を祝し併せて一言を呈す」（『有終』第一一七号、一九二三年）五七頁。ＭＡ生「如何にして国民思想を指導すべきか」（『有終』第一四三号、一九二五年）。

(82) 黒沢文貴「生命体としての軍隊」（『軍事史学』第五五巻第三号、二〇一九年）。

第5章　日本陸軍の宣伝と恤兵
――満洲事変における陸軍恤兵部の活動

石原　豪

はじめに

近年の軍事史研究において、軍隊と社会との関係を論じる研究は一つの潮流をなしている[1]。そのなかで重要な視点は、戦後歴史学で描かれてきたような軍隊から社会・国民への抑圧や動員といった一方的な関係から離れた点である。本章ではそうした事例として戦前日本の恤兵を取りあげたい。

恤兵というのは特に戦時期において主に戦地にいる将兵を慰安することであり、その手段として物品が利用されることが多かった。重要なのはこうした恤兵に利用される慰問品やそれをまかなう金銭はその多くを国民からの寄付に頼っていた点である。寄付である以上、国民の関心や支持によってその寄付額は変動する。つまり、そうした変動から軍隊や戦争に対する国民の意識の一端を検証することも可能である。

日本軍には恤兵を専門的に担当する組織が存在しており、それが陸海軍それぞれに置かれた恤兵部である。恤兵部はこれまでほとんど研究の対象になったことはなく[2]、これを主題としたのは押田信子による一連の研究があるのみである[3]。しかし、これも日清・日露戦争や、日中戦争以降に関しては記述が豊富なものの、満洲事変に関しての言及は限定的である。それゆえ同事変における恤兵の内容および恤兵部の活動も明らかにする必要がある。

寄付は多くの人びとに呼びかける必要がある以上、情報の発信は不可欠である。つまり、情報を発信する軍隊、それを受け取る国民、そして両者を媒介するマス・メディアの動きが重要になる[4]。この点に関連して、江口圭一が事変中の新聞報道と国民の排外主義の形成に関連して多くの「恤兵美談」を取りあげて論じている[5]。ただし、こうした動きの背景で行われた、陸軍による新聞に対する働きかけについてはほとんど触れられていない。また、主に検証されているのは一九三二(昭和七)年までである。以上より、本章では満洲事変期において、陸軍とマス・メディアとの関わりにも注意を払いながら恤兵に関わる日本国内の動向を、陸軍恤兵部が閉鎖される一九三四年七月までを対象に検証していく。なお、満洲事変への海軍の関わりは限定的であったので、特に陸軍恤兵部に焦点を当てている。

国民から陸軍への寄付としては恤兵金品のほかに国防献品と陸軍学芸技術奨励寄付金があるが、紙幅の関係もあるのでこれらについては取りあげない[6]。また、新聞からの引用は煩雑になるので出典は(「見出し」『紙名』年・月・日朝・夕刊の別)と本文中に略記する。

一　満洲事変の勃発と陸軍の宣伝活動

一九三一(昭和六)年九月一八日、関東軍参謀石原莞爾らの計画により南満洲鉄道の爆破を口実として軍事衝突となった柳条湖事件は、一九日早朝にラジオの臨時ニュースによって一般の人びとに伝わった[7]。しかし、新聞が報道媒体としての力を失ったわけではなかった。写真の利用など情報量ではラジオに勝り、速報性も号外の発行により補われた。実際、事件の発生を出勤前に新聞で知った参謀本部の将校の存在が示されている[8]。恤兵にとっても新聞はラジオ以上に重要な役割を果たしており、陸軍も積極的に新聞を利用していた。

陸軍省は事変勃発を受けて一九日午後一一時に声明を発し、満鉄の爆破はこれまでの「排日」行為の延長線上にあることを強調し、「やむを得ず関東軍はその本来の任務達成のため、発動するに至つた」と関東軍の行動を正当化した（「わが軍の行動は任務達成のため」『東京朝日新聞』〔以下、『東朝』と略〕三一・九・二〇朝）。

続いて二四日には陸軍省から各軍・師団の参謀長宛で、関東軍の行動が「正当且自衛上已ムヲ得サル所ニシテ国際法規ニ照ラスモ何等抵触スルコトナキ所以ヲ一般ニ普及徹底」して、「国論ノ喚起統一」に努力するよう通牒が発せられた(9)。二四日は政府からも「此上事態ヲ拡大セシメサルコトニ極力努ムルノ方針」で「満洲ニ於テ何等ノ領土的慾望」をもっていないことを強調しながらも、「自国並ニ自国民ノ正当ニ享有スル権利利益ヲ擁護スルハ政府当然ノ職責」といった内容の声明が発表されている(10)。なお、この声明は「軍部ニ於テ起案セルモノヲ基礎トセルモノ」ということで(11)、二八日にはこの声明の趣旨を徹底するよう陸軍省から各軍・師団参謀長宛で通牒が出されている(12)。

帝国在郷軍人会でも国防思想普及を実施するなどして、陸軍の行動を支持するための世論形成に向けて活動していた(13)。九月二七日に鈴木荘六帝国在郷軍人会会長は「今や軍人会員の活動が国論の中心を成すの感あるは会長として深く満足する所であります」と述べ(14)、在郷軍人会の活動が世論形成を担っていることを自認していた。以後、在郷軍人会は青年訓練所や青年団体などとも連携しながら各地で大規模な集会や講演会を開催し、陸軍に対する寄付活動にも無視できない影響を与えた(15)。

このように陸軍中央や在郷軍人会は事変当初から積極的な世論喚起に取り組んでいた一方、事変を引き起こした関東軍は一〇月になってから宣伝計画を作成している。そのなかには宣伝手段として「新聞通信員並ニ雑誌記者ノ利用」という項目があり、「内国新聞通信員並ニ雑誌記者ハ会同或ハ個人的接触ニヨリ材料ヲ供給シ或ハ所要ノ理解ヲ得シム」と記事となる材料の供給が重要視された(16)。なお、陸軍の宣伝活動を担っていた陸軍省新聞班については後述する。

以上のように陸軍を中心として各種の宣伝活動が実施されているなか、一般の人びとからの寄付も始まっている。早くも九月二〇日には戦死傷者への弔慰金を大阪朝日新聞社に寄託した人物が報じられている。この記事には「たゞ今御社の号外で戦死者のあるを知りこれはどうしても国民として黙してをれない、私如き甚だ微力ですが出来るだけの力を尽したい」という発言も載せられ（「戦死傷者に弔慰金を贈る」『大阪朝日新聞』〔以下、『大朝』と略〕三一・九・二〇朝）、新聞報道がいかにして寄付につながるかを示している。

将兵に対する寄付活動がみられるなか、九月二九日から陸軍大臣官房において陸軍恤兵の事務を取り扱うことおよび恤兵品の輸送費用が陸海軍発行の証明書の提出で無料になることが告示された(17)。陸軍内において恤兵品受付の態勢は着々と進みつつあったのである。

二　寄付の増大にともなう陸軍恤兵部の設置

1　恤兵金品の増大

一〇月に入ると恤兵金をはじめとする各種の寄付が急激な伸びをみせる。寄付を呼び起こしたと考えられる動きについてみておきたい。

まず新聞各社の事変への協力は見落とせない。『大朝』は一〇月一六日の朝刊で「満洲に駐屯の我軍将士を慰問」という見出しで「本社より一万円　慰問袋二万個を調製して贈る」ことを紙面上で発表し、さらに一般からの慰問金も募集した（『大朝』三一・一〇・一六朝）。『東朝』も同日にこれとほぼ同様の社告を出している（「満洲の我軍将士を慰問」『東朝』三一・一〇・一六朝）。江口も、一〇月下旬前後から国内の排外熱が高まり、それが慰問金品の寄贈につながったと指摘している。[18] しかし、事変前の『大朝』『東朝』の朝日系新聞は軍縮を主張し、陸軍に対する批判も厳しかった。[19] そこから考えれば朝日新聞の「転換」ともいえる事態であった。この背景として、右翼運動家である内田良平が参謀本部の後押しで大阪朝日新聞に圧力をかけたという指摘がある。[20] また、参謀本部作戦課長であった今村均は戦後の聞き取りで、事変発生後に東京朝日新聞の緒方竹虎編集局長に事変を支持するよう訴えたところ、緒方が了承してそれ以来朝日新聞の論調が変わったとも述べている。[21]

軍に協力することが新聞社の利益につながっていたという点も重要である。一九三〇（昭和五）年に発生した昭和恐慌は新聞へも影響を与え、『大朝』『東朝』『大阪毎日新聞』（以下、『大毎』と略）『東京日日新聞』（以下、『東日』と略）の四大紙は軒並み発行部数を減少させているが、事変が発生するとその状況は一変して発行部数が急激に伸びている。[22] これは事変に対しての関心を高めた人びとが新聞を購入するためであり、新聞社も事変に関する記事を中心に紙面を構成していった。「戦地」に関する報道である以上、陸軍が発表する情報も多く、現地での取材も軍の協力が不可欠であった。この結果、軍に対して批判的な論調は抑制され、新聞社も軍に対して協力的になったと考えられる。

四大紙のうち『大毎』『東日』の毎日系新聞は事変当初から陸軍に協力的で、[23] 特に『東日』が輪をかけて強硬であったとされる。[24] それは社内で「毎日新聞後援・関東軍主催、満州戦争」という声もあったほどである。[25]

また、『読売新聞』（以下、『読売』と略）は正力松太郎社長のもとで満洲事変を契機として夕刊を発行するなど報道面に力を入れて発行部数を伸ばして

表1　恤兵金月別統計

年・月	金額（円）
1931. 9	5,634
10	10,912
11	236,188
12	1,277,127
1932. 1	647,192
2	273,281
3	575,382
4	144,218
5	173,302
6	208,912
7	67,545
8	61,075
9	55,820
10	20,192
11	10,264
12	21,784
1933. 1	29,603
2	84,828
3	164,682
4	61,910
5	27,632
6	33,733
7	8,629
合計	4,199,845

出典：『偕行社記事』708（1933年9月），554-555頁をもとに作成．銭以下は切り捨て．各部隊直接受領額は省略．

いき、日中戦争の頃には『東朝』『東日』とともに東日本で「三社鼎立状態」とまで評されるようになっている。[26]『読売』でも恤兵に関する多くの記事が掲載されているのは他紙と同様である。

マス・メディアは事変を最大限に利用して発行部数を伸ばし、営業成績をあげるため軍以上の強硬論を煽り戦争協力への姿勢を惜しまなかった。[27]陸軍に協力的な新聞を通じて恤兵金品の寄付活動が多数報道されており、[28]それがさらなる寄付を呼び起こしていたとみてよいだろう。

2　陸軍恤兵部の設置

寄付活動が活発になれば当然ながらそれを受け付ける陸軍側も多忙になる。その状況が新聞では盛んに報じられていた。たとえば一一月二五日付『東朝』夕刊では「陸軍省へ慰問金品殺到し大臣官房副官部室の前はまるで黒山の様入口から階段までは文字通り人の流れで数名の係官もすつかり眼をまはしてゐる」と報じられている（「陸軍省は慰問品の黒山」）。翌月一日の記事では「加速度的に上昇する慰問熱の沸騰によりじゆつ兵金（傍点原文）、慰問品は今陸軍省に殺到し日毎に激増する人波と、トラツクと自動車の行列……これこそ挙国的関心の頼母しいバロメーターだ」とその混雑ぶりが描かれる。また面積が広い陸軍省の食堂が事務所として使用されていることを、子どもを含めた多数の人びとが陸軍省の受付を訪れている写真付きで伝えている（「陸軍省の混雑は正に東京駅以上」『東朝』三一・一二・一朝）。『読売』の記事でも「早朝から恤兵金品を携へた人々が殺到するので、陸軍省の恤兵係将校は総出勤でその受付に転手古舞を演じた」と報じられている（「日曜と云ふに係官転てこ舞」『読売』三一・一一・三〇朝）。その翌日にも「朝まだきから夕刻の退庁時を過ぎても陸軍省へ陸軍省へと殺到する男女の小学生徒、中大学生、女学校生徒、労働者、サラリーマン、老人等々その貴賤貧富の階級を問はず先を争つて慰問品を携へ来る」と（「慰問金品の洪水　恤兵係大童」『読売』三一・一二・一朝）、ここでも多くの人びとが寄付のために陸軍省を訪れていることを報じている。

以上のように「意想外の恤兵金品の洪水に見舞はれた陸軍省ではその取扱ひに繁忙を極め」(「恤兵部の陣容成る」『読売』三二・一・一六夕)、一九三二年一月一四日に専門的に恤兵金品を取り扱う陸軍恤兵部が設置され、陸軍大臣官房から業務を引き継いだ。[29] 恤兵部設置は日露戦争中に制定された陸軍恤兵部条例にもとづいており、その内容は以下の通りである。

第一条　陸軍恤兵部ハ戦時又ハ事変ニ際シ陸軍大臣必要ニ応シ之ヲ設置ス
第二条　陸軍恤兵部ハ恤兵ニ関スル事務ヲ掌ル
第三条　陸軍恤兵部ニ恤兵監一人部員二人若ハ三人ヲ置ク
恤兵監ハ陸軍佐官部員ハ陸軍佐尉官同相当官ヨリ之ヲ補ス
恤兵部ニ下士判任文官若干人ヲ置ク
部員ハ必要ニ応シ之ヲ増加スルコトヲ得
第四条　恤兵監ハ陸軍大臣ニ隷シ部中一切ノ事務ヲ総理ス
恤兵監ハ恤兵品ノ輸送ニ関シテハ兵站総監ノ区処ヲ受クヘシ
第五条　恤兵監ハ作戦軍ノ情態ヲ明カニシ各高等司令部野戦衛生長官部兵站官衙其他恤兵ヲ主旨トスル結社団体等ト常ニ相連絡シ相互間事情ノ疎通ヲ図ルヘシ
第六条　部員ハ恤兵監ノ命ヲ承ケ事務ヲ掌ル
第七条　下士判任文官ハ上官ノ指揮ヲ承ケ庶務ニ従事ス
付則
明治二十七年送乙第一五六一号陸軍恤兵部編制ハ之ヲ廃止ス[30]

ここからわかるように恤兵部は戦時あるいは事変の際にのみ設置される。だが、第一次世界大戦やシベリア出兵では設置されず、日露戦争以来の設置であった。宣戦布告がないとはいえ、恤兵金品の寄付にもあらわれているように満洲〝事変〟はこの時点で〝戦争〟にきわめて近い状態になっていたといえよう。実際に恤兵部設置にあたっての陸軍当局談も「時局の前途は遼遠にして之れに処する軍隊の奮戦苦闘は戦争の場合とも匹敵すべき次第であるから、恤兵の事務をして弥が上にも完全を期したい」と述べている（「陸軍に『恤兵部』 時局の刺戟で新設」『読売』三一・一・一五夕）。なお、恤兵監は陸軍省人事局恩賞課長との兼任で中井良太郎が任命された。部員としては景山誠一二等主計ほか大尉二名、主計二名が任命されている（「恤兵部の陣容成る」）[31]。のちに部員として少佐一名が増員されたようであり、ほかにも部付として下士官以下一五名がいた[32]。

陸軍恤兵部条例制定にともなって廃止された陸軍恤兵部編制は日清戦争直前に制定されている。戦時あるいは事変の際にのみ設置されたり、陸軍大臣に隷属して寄贈された軍需品や献金などに関する事務を掌ったりなど基本的には恤兵部条例と同様である[33]。しかし、恤兵部の任務や隷属の関係を明確にし、また業務の繁閑に応じて人員の増減を可能にするため、恤兵部条例が制定されたのである[34]。

恤兵部設置直後の二六日には恤兵金品出納規程が作成されている。これにより恤兵金品使用の対象が「従軍軍人軍属及其ノ遺家族」だけではなく、「軍馬及軍用動物」にも拡大されている[35]。軍馬のための慰問金募集が報道されており（「軍馬慰問に七百円集る」『東朝』三一・一一・二九朝）、この出納規程はこうした動きに対応したものであろう。

満洲事変の一周年にあたる一九三二年九月一八日、これまでの恤兵金品の受領額が各新聞で発表されている。『東朝』では一〇日までの集計として、恤兵金四五八万二七〇〇円、慰問袋一八八万四九〇〇個、そのほかに酒や日用品などの寄付数が掲載されている（「数字に現はれた愛国の赤誠」『東朝』三二・九・一八朝）[36]。同様の記事は『読売』でも確認できる（「国民の赤誠総計　実に一千百万円！」『読売』三二・九・一八朝）[37]。

以上のような数字は[38]、日露戦争全期間にわたる恤兵金約一三三万円、物品約五万七〇〇〇件と比較すれば莫大な額であるのは間違いないであろう[39]。このような多額の寄付を受け、中井恤兵監は「今次事変に於ける出征軍隊に対する我が国民の後援振りは既に新聞雑誌等所載の通り熱烈を極め誠に文字通りに未曽有にして銃後の心強さに今更ながら感激措く能はざる所である」と述べている[40]。

三　恤兵の概要

1　戦地における慰安

ここでは具体的に陸軍は恤兵としてどのような活動を行っていたのか、あるいは国民に対して何を要求していたのかを確認しておきたい。まずは従軍将兵たちに対しての慰安をみていく。この点に関しては、中井恤兵監が満洲事変一周年にあたって『偕行社記事』に寄せた「恤兵の概況」が参考になる[41]。

寄付された多額の恤兵金の使途に関しては「正規の給与に拠り難き点を補足するを主」とすることに注意が払われた。飲食品がこれにあたり、将兵の嗜好品を選んで配給された。また、飲食品以外の品目として、酒類、たばこ、菓子類、くだものやその缶詰、越中ふんどし、娯楽器具類、軍事郵便用絵はがき・封緘類、記念ふろしき、従軍者用手帳、図書雑誌が挙げられており、飲食品ばかりではなく「精神的慰安」を与えるものにも気が配られていた。

これらのものについては次のように新聞などでもたびたび必要が唱えられている。

全軍将士の渇望してゐるのは越中フンドシと食物だ、戦線にある兵隊さんは汚れたのをそのまゝかけてゐるがこ

表 2　恤兵寄贈品累計数量（1931 年 9 月 - 1934 年 7 月）

品目	数量	摘要
慰問袋	5,871,388 個	
酒類	179,676 升	日本酒のほか，ビール・ウィスキーなどを含む
書籍類	2,451,234 部	書籍・雑誌・新聞などを含む
切手	4,120 枚	切手はすべて 1 銭 5 厘に換算して 1 枚とする
たばこ	1,717,919 個	主としてゴールデンバット・朝日などが最も多い
飲食品	4,188,861 点	菓子類を主として含む
被服類	500,025 点	ふんどしが最も多く，猿股・シャツ・寝巻などが次ぐ
日用品	1,416,193 点	主として手ぬぐい・歯ブラシ・歯みがき粉・チリ紙・封筒・レターペーパー・鉛筆・石けんなど
衛生材料	103,997 点	各種薬品・包帯・ガーゼ・脱脂綿などの衛生材料および治療器具などを含む
御守り類	4,765,817 体	御守り・御札・御供物・千人針などを含む
娯楽具	64,209 点	主として蓄音機・レコード・囲碁・将棋・映写機などを含む
慰問作品	4,577,578 点	慰問文・慰問状・慰問画・写真・その他の作品類を含む
軍用動物用品	44,556 点	愛馬糖など軍馬・鳩の食料品を含む
その他	1,511,517 点	

出典：『偕行社記事』720（1934 年 9 月），243 頁をもとに作成.

表 3　恤兵金使用概況一覧表

種類	金額（円）	摘要
従軍軍人軍属の慰恤	1,640,258	通信用絵ハガキ類・新聞雑誌類・ふんどし・手帳・娯楽品・運動具・たばこ・飲食品・慰問袋・演芸人派遣費・凱旋祝賀費・検疫時の茶菓接待費・記念写真帳などの配給費
還送患者の慰恤	102,252	病室内外の慰安施設・軽易な運動具・通信費・新聞雑誌・日用品・草花・菓子代・余興費および職業講習費
戦没者遺族救恤	484,174	弔慰金の贈呈・必要な者に対する生活扶助・靖国神社臨時大祭に上京中の手当補助
出征軍人家族の救恤	163,068	必要な者に対し生活扶助・凶作・風水害・震火災罹災家族の救恤・還送患者見舞い旅費の支給
軍用動物の慰恤	12,966	
雑費	70,157	服役免除者再入院に要する諸費用の支出・傷痍軍人の啓成社への入退社旅費の支弁・購入恤兵品の荷造り運賃・寄贈者に対する大臣の礼状発送費など
愛国恤兵会	1,826,561	愛国恤兵会設立資金および傷痍軍人職業再教育費充当金で恤兵会に交付したもの
合計	4,299,438	

出典：『偕行社記事』720（1934 年 9 月），244 頁をもとに作成．銭以下は切り捨て.

れが勇敢な将士を悩ます最大な苦痛だとの事であるまたざんがう(塹壕)内での唯一の慰めは食ふ事だ何でもい丶唯食ひたいといふのが全軍将士の一致した希望である（「戦線の勇士が望む慰問品」『東朝』三二・一一・二〇朝）

別の記事では兵隊が欲しがっているものとして、糖分摂取のために内地の菓子、喫い慣れた日本のたばことともに新聞が挙げられている。その状況は「古新聞を捜しだすとおれにも見せろと引張だこ、各部隊の将校達も記者の顔を見ると「新聞はまだ着きませんかあつたら見せて下さい」などとたづねる」と書かれている（「わが兵隊さん大持て『新聞、糖分、バットが欲しい』」『東朝』三二・一一・二五朝）。この記事は新聞社の特派員が発したものであり、新聞を売り込もうという意図も感じるが、陸軍自身が調達した恤兵品のなかにも新聞は含まれており、実際に需要があったことは確かだろう。

絵はがきに関しては、画家の武藤夜舟が一九三三(昭和八)年四月に満洲に派遣された興味深い事例がある。その目的は熱河省や関東軍の実情を写生して恤兵絵はがきを制作し、さらに帰国後に展覧会を開いて日本国内に対する宣伝を行うとともに売上金を恤兵にあてるというものであった[42]。武藤が特異なのは彼が武藤當次郎という本名の予備役陸軍少佐であり、現役時は後述する陸軍省新聞班に所属して宣伝に利用する絵画の制作を担当していたからである[43]。彼は前年にも満洲に派遣され、そこで描かれた絵を絵はがきにして恤兵部はそれを将兵に向けて発送している（「夜舟大尉の作品を絵葉書に」『東朝』三二・三・一〇朝）。この事例は恤兵と宣伝が密接に関わっていたことをよく示している。

国民からの物品の寄付ということであれば忘れてはならないのが慰問袋である。慰問袋には戦地にいる将兵を慰労するさまざまな品が詰められており、駐屯生活を楽しませるものでもあった。慰問袋には恤兵部から送られるものと民間から送られるものの二種類があったが、特に将兵に喜ばれたのは後者である。恤兵エピソードとして恤兵部員に宛てられた手紙が『偕行社記事』に掲載されたことがあるが、そこには次のような記述がある。

戦場で一番楽しみなのは家郷よりの訪れと慰問袋だ。誠心をこめた銃後の人々よりの贈物。小学生の純心な手紙。無風流な宿舎の壁にはられた女学生の絵画。温い同情をこめた婦人の手紙こうしたものが俺達の心をどんなに慰め、又励ます事だらう。失礼だが君達恤兵部の御努力で調弁される官製慰問品にはこの温さがない。(44)

別の記事でも同様に喜ばれる慰問袋の中身として、温かい精神がこもった手紙、写真、絵はがき、小中学校などの生徒の作文、各種の雑誌、たばこ、双六やカルタなどの室内娯楽品が挙げられている。(45)こうしたまごころのこもった慰問袋を送ってほしいという要求は日中戦争でもみられる。(46)

2　出征兵士家族の救恤

次に従軍将兵の家族に対する救恤について確認したい。家庭内の働き手が兵士として軍隊に行ったり、あるいはそのまま戦死したりといった場合、残された家族に対する経済的支援を中心とする救恤は将兵が〝後顧の憂い〟を断って戦いに集中するためにも必要なことであった。まさしく「戦地内地両方面の慰恤を適当に実施し得て始めて恤兵の目的を達し得るものにして、其の一を欠くも忽ち支障を来し、延いては出征者の士気の振否にも影響を及ぼす」のである。(47)しかし、一九一七年に制定されていた軍事救護法は特別な必要がある場合は増額が可能であったものの、そうでなければ給付金額が一人一日一五銭、一家総額六〇銭以内と少額であったため十分とはいえなかった。(48)恤兵金はこれを補っていたともいえよう。

戦死者遺族に対しては将兵の区別なく一律に恤兵金から一〇〇円を贈与して遺族を弔慰している。また従軍将兵の家族救恤に関しては、法規による救恤の円滑かつ迅速な実施ならびに各種団体の活動を促し、恤兵金による救恤は

「已むを得ざるもの」にとどめる方針であった。そのため、「軍事救護願出より裁定までの期間」「軍事救護を要する程度に困窮せるも法令上之を適用し難きもの」[49]に対して、平均一戸二〇円ずつの慰問金を贈与し、各家族の現況に応じて額を増減するという措置がとられた。

また大きな災害が発生した場合にも恤兵金を使用した従軍将兵の家族に対する救恤が行われている。一九三三年三月三日に岩手県沖で発生した昭和三陸地震として知られる地震では津波が発生し、東北地方の太平洋岸を中心に大きな被害をもたらした。満洲に派遣されていた兵士のなかには被災地出身の者もおり、その数は約四二〇名と報告された。これに対して陸軍が罹災の出征家族および遺族を救恤するために恤兵金より一万円を送金したことが報じられている（「罹災出征兵家族へ陸軍から一万円」『東朝』三三・三・四夕）。また翌年三月二一日に発生した函館大火でも陸軍から各種支援が行われていることとともに、「函館市内の在満将士の家族遺族並に傷痍軍人の救恤」のため恤兵部が五〇〇〇円を支出したことが報じられている（「戦時糧秣を支給　駆逐艦も急行」『読売』三四・三・二三夕）。

3　愛国恤兵会の設立

戦闘となれば当然ながら負傷者が発生する。劣悪な環境下では病人も発生しやすくなる。これら傷病兵に対する慰安にも恤兵金は使われていた。啓成社という「傷い〔痍〕のために身体の不自由になつた人々に対してそれ相応の職業を教えて自活の途を与ふるための職業再教育機関」である財団法人が東京にあり、ここで満洲事変および上海事変で負傷した軍人に対する職業の再教育を担当することになったことが報じられている（「戦傷の軍人に温かい職業教育」『東朝』三三・一・二四朝）。啓成社を利用する補助として恤兵金から東京までの旅費が支給されている。

この傷病兵あるいは出征兵士家族への救恤と関連して、愛国恤兵会についても触れておきたい。恤兵金はこれまでにも述べてきた通り、寄付という性格上、安定した収入が見込めるというものではなかった。そうしたことから財団法人を設立して恒久的に救済させるという構想は早くから検討されていた（「国民の醵金を基に恤兵の恒久的施設」『東朝』三二・五・一〇朝）。そして一九三二年七月には戦没将兵遺族および傷痍軍人に対する職業補導なども目的とする財団法人の設立が閣議決定されている[50]。

翌年の八月、松浦淳六郎陸軍省人事局長を設立者とし、陸軍の恤兵金のなかから一八〇万円を用いて（ほかに海軍から約二〇万円）財団法人愛国恤兵会は設立された。その設立趣意書には「凡ソ軍人ニ対スル最高ノ慰恤ハ出征将兵ニ対スル一時的直接ノ慰恤ニ非スシテ永久且完全ニ後顧ノ憂ヲ除クニ在リ即チ傷痍軍人及戦病死者遺族及在営者家族ヲ慰恤スルニ在リ」という記述があり、重点が置かれていたのはやはり将兵の「後顧ノ憂」を除くことにあった[51]。

愛国恤兵会が活動を開始したことは早速新聞でも報じられているが、「傷い〔痍〕軍人及び戦病死者遺家族の実情調査と生業扶助にその重点を置く考えである然し本会の経費は二百万円でその利子で右の事業をなさうといふのであるから決して十分とはいひ得ない」と陸軍当局談で費用が不足していることも述べられている（「愛国恤兵会愈々活動を開始」『東朝』三三・八・三一朝）。すると早くも翌日の新聞には愛国恤兵会への最初の寄付を申し出た人物の記事が掲載されている（「愛国恤兵財団へ奇特な寄付」『東朝』三三・九・一朝）。愛国恤兵会の設立は「国民後援の副産物として今次事変に於ける有意義の一施設なり」とあるように[52]、満洲事変中の国民からの熱狂的な寄付活動を象徴的に示している。

四　寄付の減少とその対策

1　陸軍省新聞班との関わり

恤兵部の活動に関連して、陸軍省新聞班についても言及しておきたい。恤兵金品の寄付に新聞が影響していた点は前述の通りであるが、陸軍のなかでメディア対策や宣伝を担当していたのが新聞班であった[53]。紙幅の関係から詳しく述べられないが、新聞班の主要な業務としては日頃から陸軍担当の新聞記者たちと接触を保ち、記事の材料を提供するというものがあった。これまで紹介した新聞記事のなかに新聞班の協力を受けて書かれたものがあったのは間違いないだろう。その意味で新聞班というのは恤兵部と深い関わりのある組織であった。実際に新聞班の業務には「恤兵及兵器献納ニ関スル事項」があり、(54)宣伝による寄付の増大を狙っていたと考えられる。それは事変初期の次のようなエピソードからもうかがえる。

電報通信の記者から「慰問袋はありますか」と聞かれたときはたしか十月四日でしたが倉庫の隅に少し積まれた位だつた。「これでは」といふので〔陸軍省〕新聞班の人びとと記者倶楽部の人びととで輿論の喚起に努めた。(55)

このように慰問袋のための「輿論の喚起」が新聞班と新聞記者との協力で行われていたのである。

九月中には新聞班から松井太久郎が関東軍司令部付として派遣され、(56)一〇月五日には第四課長になっている。(57)松井は「満洲事件発生以来奉天に集合した中外の新聞通信記者三百余名を扶翼し日本軍の正当なる行動をして中外に知しつせしめ多大の功労を顕はした」と報じられており（「人事消息」『東朝』三二・六・二三朝）、関東軍のなかで宣伝業務の中心的な人物であったといえよう。

事変一周年にあたって恤兵金品などの総額が発表された新聞記事を先に引用したが、これはあらかじめ陸軍大臣の謝辞とともに新聞で発表すると決定されていた。(58)実際に「同胞より軍に対して寄せられたる有形無形の後援は、まことに熱烈を極め軍部一同、唯々感激に堪へぬ所である」と謝辞の文言が入った荒木貞夫陸相談が新聞に掲載されている（「公正なる帝国の行動　世界の感謝は必然」『東朝』三二・九・一八朝）。(59)陸軍の計画通りに記事が作成されているのは陸軍と新聞との協力関係があったからこそである。

それでは陸軍が寄付を必要としていた理由には何があったのであろうか。寄付というのは事変あるいは陸軍に対する国民からの支持を示す一つの指標であることは間違いなく、これを利用して陸軍が政府との駆け引きで有利な立場に立とうとしたという側面もあるだろう。しかし、より直接的には国民からの恤兵金品寄付をはじめとする後援の多寡が将兵の士気にも直結する問題だったからである。それが明確にあらわれたのが一九一八(大正七)年に始まるシベリア出兵である。シベリア出兵では、「派遣軍カ〔中略〕多大ノ労苦ヲ嘗メアルニモ拘ハラス国民ノ態度ハ甚タ冷淡ニシテ往々派遣将卒ノ志気ニ悪影響ヲ及ホサムトスルモノアリ」とみなされていた。(60)

事変当初は前述の通り熱狂的ともいえる寄付活動がみられたものの、それも一九三二(昭和七)年七月頃から明らかに冷却していく。三月には「満洲国」が建国され、上海事変も五月に停戦協定が結ばれて上海派遣軍が帰国するなど、大規模な戦闘が終息していた。寄付というのはまさしく「挙国的関心」の「バロメーター」だったのである(「陸軍省の混雑は正に東京駅以上」)。そうした状況で陸軍省から関東軍へ発せられた通牒には「刻下ノ重大時期ニ直面シ満蒙問題ニ関スル国民ノ関心漸ク冷却シ」とあり、関心の「冷却」が問題視されている。陸軍はこの対策として「満洲国及皇軍行動ノ実相ヲ国民ニ伝ヘ第一線将兵ノ労苦ヲ国民ニ知悉セシメルハ国民ノ関心ト後援トヲ繋キ将兵ノ士気ヲ振起スル為ニ極メテ緊要ナリ」という認識のもと、報道統制を確立しつつ、より積極的な報道を実施させようとした。(61) 恤兵金品をはじめとする寄付の増減は将兵の士気にもかかわる陸軍にとって重大な問題であったのである。

このような状態が続くなか関東軍は事変一周年にあたる一九三二年九月に「九・一八満洲事変一週〔ママ〕年紀念宣伝計画」を作成し、ラジオなどを大々的に利用した宣伝を実施した。さらに翌年には新聞班と恤兵部との協力で娯楽や芸術を用いて宣伝を行う「芸術家及演芸人派遣計画」を実施している。この計画は落語家や漫才師などの演芸人を積極的に活用し、「戦地」での慰問による将兵の慰労と帰還後の国内での宣伝活動という恤兵と宣伝を結びつけた点が特色である。(62) ただし、このような活動にもかかわらず寄付の増加はみられなかった。

2　恤兵部の閉鎖

これまで満洲事変中の陸軍恤兵部を中心に論じてきたが、最後にその閉鎖についてみておきたい。恤兵金品の寄付がピークに比べて激減していたことは前述の通りである。「芸術家及演芸人派遣計画」のような宣伝が行われていたのにもかかわらず、事変初期のような熱狂ぶりが再現されることはなかった。一日あたりの寄付額はピークの頃は平均して五万五〇〇〇円であったのに対し、事変二周年にあたる一九三三年九月頃には「一日平均約金百円慰問袋約十個」にまで減少している[63]。しかも「軍事後援諸団体の大部が永続的後援の必要を感知し、不断の指導努力を払はれあることに基因するもの」とあるように組織的な徴収がうかがえ[64]、国民からの自発的な寄付とは言い難かった。

慰問袋に関しても寄付は激減していた。それもあってか、一九三三年の一一月には翌年の正月に向けた兵隊への「お年玉」として、陸軍恤兵部が東京府下の女学校八三校に「一袋五十銭宛を女学生に渡して五万の慰問袋」を製作するよう依頼している(「都下女学生から在満・兵隊さんへ」『東朝』三三・一一・二八朝)[65]。これを自発的な行為とみなすのは不可能だろう。この慰問袋から「温かさ」を感じることは可能なのであろうか。このように陸軍の各種宣伝は常に効果があったとはいえなかった。これまでみてきたような将兵に対する寄付活動に軍の宣伝やマス・メディアの報道による影響がなかったとまではいわない。しかし、それらの影響を過大評価する危険性をこうした状況は示している。

一九三三年五月に塘沽停戦協定が結ばれて事変も鎮静化し、恤兵業務も閑散となったため恤兵部は一九三四年七月末で閉鎖され、八月以降の恤兵業務は大臣官房で行われることになった[66]。大臣官房では主として従軍軍人・軍属および還送患者、軍用動物の慰恤を実施し、遺家族救恤事務は愛国恤兵会や軍事扶助団体に委任している[67]。

おわりに

満洲事変勃発から恤兵部の閉鎖までに陸軍省で受領した恤兵金は四三四万四五九〇円七九銭であり、部隊で直接受理した約一三〇万円と合計して五四三万余円という多額にのぼっている[68]。しかも、昭和恐慌による経済的な大打撃を蒙っていたなか、新聞記事にもたびたび書かれていたように、子どもや学生、老人といった一般的に金銭的な余裕がない多数の人びとも寄付を行っていた。ただし、こうした人びとの姿は軍やメディアのバイアスを否定できない史料に依拠して描かれている点は注意しなくてはならない。彼ら彼女らの寄付に込めた思いや意図は厳密にはこれらの史料からうかがうことはできない。しかし、こうした寄付活動が陸軍あるいは陸軍の行動に対する支持として受け取られ、陸軍の行動の後押しになったことも否定できない。一九三三(昭和八)年一月に開かれた閣議の場で、荒木陸軍大臣が「輿論」や「国論」を持ち出して陸軍の行動を正当化したとされている[69]。これはマス・メディアなどの陸軍に好意的な論調が陸軍の行動に対する根拠の少なくとも一部にはなっていたことを示している。恤兵などの寄付をめぐる報道もこうした「輿論」や「国論」の一つとしてみなすこともできるだろう。そして、マス・メディアによる報道の背後には陸軍省新聞班によるさまざまな活動があったことも忘れてはならない。

ただし、注意しなくてはならないのは、寄付の激減にもあらわれているように陸軍の宣伝やマス・メディアの報道は常に効果があったわけではないという点である。別の言い方をすれば、陸軍の宣伝はマス・メディアは動かせても人びとは動かせない場合もあった。しかし、将兵の士気に関して満洲事変がシベリア出兵の二の舞を踏まなかったのも確かである。また事変下でマス・メディアの協力(少なくとも明確な反対ではない)を得た陸軍が、一九三四年の「陸軍パンフレット問題」のように、政治的な発言を繰り返していくのも軽視できない。

なお、陸軍恤兵部の活動は終わりを迎えたが、それは一時的なものであった。一九三七年に日中戦争が始まると、大本営の設置（一一月）に先立って九月一一日に恤兵部が再設置されている[70]。これ以来、恤兵部は閉鎖されることなく一九四五年の敗戦を迎えることになる。注目すべきことに、一九三七年七月の日中戦争勃発から同年一〇月末までに寄付された恤兵金は総額約六二八万円にのぼっており、わずか四カ月で満洲事変時の金額を超えている[71]。この背景について考察する余裕は本章にはないが、マス・メディアとの協力態勢がすでに構築されていたり、演芸人のような著名人が活用されたりなど[72]、満洲事変での経験が活かされたことは間違いないであろう。満洲事変の影響がいかに重大であったのかはこうした点からもいえるのである。

（1）最近発表された研究として、蘭信三ほか編『シリーズ戦争と社会2　社会のなかの軍隊／軍隊という社会』（岩波書店、二〇二二年）がある。
（2）石原豪「満洲事変と日本陸軍の演芸人利用――宣伝活動としての慰問団派遣」（『駿台史学』第一五八号、二〇一六年九月）では宣伝との関わりで陸軍恤兵部について限定的にではあるが論じている。
（3）押田信子『兵士のアイドル――幻の慰問雑誌に見るもうひとつの戦争』（旬報社、二〇一六年）。同『抹殺された日本軍恤兵部の正体――この組織は何をし、なぜ忘れ去られたのか?』（扶桑社新書、二〇一九年）。
（4）こうした視点に通じる研究として、戦間期の陸軍の宣伝に着目して陸軍・民間・大衆の関係を論じた藤田俊『戦間期日本陸軍の宣伝政策――民間・大衆にどう対峙したか』（芙蓉書房出版、二〇二一年）がある。
（5）江口圭一『日本帝国主義史論――満州事変前後』（青木書店、一九七五年）、特に第五章および第六章。
（6）国防献品は「制式兵器、器材、被服、装具等ノ現品」を調達するために国民から寄付金を募るものであり、陸軍省軍務局徴募課長が委員長を務める国防献品取扱委員が業務を担当した。一方、陸軍学芸技術奨励寄付金の使途は「制式ニ非ル新式兵器、器材、被服等購入及之ニ伴フ所要ノ経費」であった。また国防献品として寄付の申し出があったとしてもその額が一個の兵器を購入するのに過剰だった場合はその剰余分を、不足の場合はその寄付自体を学芸技術奨励寄付金として申し出させることになっていた（陸軍省副官河村董「陸軍学芸技術奨励寄附金品ト国防献品トノ関係ニ関スル件通牒」一九三二年一月一四日、『自昭和七年一月至同八年一二月　來翰綴（陸普）』第一部、JACAR（アジア歴史資料センター）Ref.

C01007525800, 防衛省防衛研究所所蔵)。
(7) 日本放送協会編『放送五十年史』(日本放送出版協会、一九七七年) 七三頁。
(8) 稲葉正夫ほか編『太平洋戦争への道——開戦外交史』別巻〈資料編〉(朝日新聞社、一九六三年) 一一三頁。
(9) 陸軍次官杉山元「満洲事変ニ関スル輿論ノ喚起統一ニ関スル件通牒」一九三一年九月二四日 (藤原彰・功刀俊洋編『資料日本現代史8　満洲事変と国民動員』大月書店、一九八三年、二一四頁)。
(10) 「満洲事変ニ関スル帝国政府ノ声明」一九三一年九月二四日 (『資料日本現代史8』、二一三—二一四頁)。
(11) 『太平洋戦争への道』別巻、一二八頁。
(12) 陸軍次官杉山元「輿論指導方針ニ関スル件通牒」一九三一年九月二八日 (『資料日本現代史8』、二一五頁)。
(13) 由井正臣『軍部と民衆統合——日清戦争から満州事変期まで』(岩波書店、二〇〇九年) 一七八—一八〇頁。
(14) 帝国在郷軍人会本部「時局に関する本会の活動概況」一九三一年一〇月二五日 (『資料日本現代史8』、四六四頁)。
(15) 江口前掲書、一六〇—一六一頁。
(16) 関東軍司令部「満洲事変ニ関スル宣伝計画」一九三一年一〇月一九日 (『資料日本現代史8』、二一二頁)。
(17) 『官報』一九三一年九月二九日付。なお、恤兵品の輸送費用無料については実施に先立って報道されている (「鉄道が我軍隊の慰問品無賃輸送」『東朝』三一・九・二七夕)。
(18) 江口前掲書、一六二頁。
(19) 前坂俊之『太平洋戦争と新聞』(講談社学術文庫、二〇〇七年) 五二—五七頁。
(20) 後藤孝夫『辛亥革命から満州事変へ——大阪朝日新聞と近代中国』(みすず書房、一九八七年) 三八七—三九一頁。
(21) 「今村均政治談話録音」(憲政資料室所蔵)。
(22) 佐々木隆『日本の近代14　メディアと権力』(中央公論新社、一九九九年) 三五〇—三五三頁。
(23) 前坂前掲書、七五—七九頁。たとえば、「時局は極て重大だ　国民的覚悟を要す」(『東日』三一・九・二七朝)。
(24) 「高田元三郎——困難な時代の筆致を指揮」(日本新聞協会編『別冊新聞研究8　聴きとりでつづる新聞史』日本新聞協会、一九七九年三月、二八頁)。
(25) 前芝確三・奈良本辰也『体験的昭和史』(雄渾社、一九六八年、六一頁)。
(26) 山本文雄『日本新聞発達史』(伊藤書店、一九四四年) 三六二—三六五頁。
(27) 池井優「一九三〇年代のマスメディア——満州事変への対応を中心として」(三輪公忠編『再考太平洋戦争前夜——日本の一九三〇年代論として』創世記、一九八一年)。

(28) 江口前掲書、一八一―一八五頁。
(29) 『官報』一九三二年一月一四日付。
(30) 陸軍大臣寺内正毅「陸軍恤兵部条例左ノ通定メラル」一九〇四年三月二二日（『明治三七年　陸達綴』、JACAR: C08070676300, 防衛省防衛研究所所蔵）。
(31) 同記事では恤兵監を「中村良太郎」としているが「中井良太郎」の誤りである。
(32) 中井良太郎「恤兵の概況」（『偕行社記事』第六九六号、一九三二年九月）三七七頁。『偕行社記事』とは、陸軍将校・同相当官の親睦・共済・学術研究の団体である偕行社が発行していた雑誌である（黒沢文貴『大戦間期の日本陸軍』みすず書房、二〇〇〇年、一四頁）。
(33) 陸軍大臣伯爵大山巌「乙第五号陸軍恤兵部編制」一八九四年七月一一日（『明治二七年　戦時諸編制』、JACAR: C06060011000, 防衛省防衛研究所所蔵）。
(34) 大臣官房「恤兵部条例制定ノ件」（『明治三七年　満大日記　三月坤甲』、JACAR: C03025509800, 防衛省防衛研究所所蔵）。
(35) 陸軍大臣荒木貞夫「陸軍恤兵金品出納規程ノ件達」一九三二年一月二六日（『昭和六年満洲事変ニ関スル綴』、JACAR: C01002653800, 防衛省防衛研究所所蔵）。日露戦争中に制定された出納規程では「従軍軍人」の慰恤が対象であった（陸軍大臣寺内正毅「陸軍恤兵金出納規程」『明治三七年自三月一七日至四月二三日　副臨号書類綴』第三号、JACAR: C06040606500, 防衛省防衛研究所所蔵）。
(36) 『大朝』でも同様の数字が掲載されている（「見よ・熱烈な銃後の愛国熱！」『大朝』三二・九・一八朝）。毎日系新聞に関して言えば、朝日・読売のように寄付の内訳は掲載されず、恤兵金・国防献金・学芸技術奨励金を合計して「一千万円をはるかに突破」と記し、ほかに「慰問袋一千八百八十五万個、慰問品一千五百九十六万個」があったと報じている（「国民の熱誠に陸相が感謝状」『東日』三二・九・一八朝、「燃える赤心一千万円を突破！」『大毎』三二・九・一八朝）。慰問袋の数は表2とも大きくかけ離れているので誤りであろう。
(37) ただし、こちらは一五日時点での集計となっているため、わずかながら朝日系新聞と数量が異なっている。
(38) 本章ではほとんど触れることができなかったが、第一次上海事変の発生も寄付活動を後押しした。特に二月末にいわゆる「肉弾三勇士」の「美談」が報じられると遺族に対する莫大な恤兵金が寄付され、翌月には寄付額の二つ目のピークが形成されている。
(39) 陸軍恤兵部「恤兵寄附金の受領額に就て」（『偕行社記事』第七〇八号、一九三三年九月）五五五頁。
(40) 「恤兵の概況」三七七頁。

(41)「恤兵の概況」。以下、恤兵の概要については明記しない限り、同史料を参照した。
(42) 新聞班「画家派遣ノ件」一九三三年四月一一日（『昭和八、四、一三―八、四、二六　満受大日記（普）』其七 2/2、JACAR: C04011566100, 防衛省防衛研究所所蔵）。
(43) 陸軍省「陸軍省各局課員業務分担表　昭和七年九月」（JACAR: C13070776600, 防衛省防衛研究所所蔵）。武藤夜舟に関しては、高橋勝浩『絵画に見る満洲事変と日中戦争――軍人画家武藤夜舟戦争画集』（国書刊行会、二〇一四年）も参照。
(44) 景山誠一「恤兵エピソード」（『偕行社記事』第六九六号、一九三二年九月）三八〇頁。
(45) 財部泉「満洲出征将士の給養品及慰問品に就て」（『偕行社記事』第七〇三号、一九三三年四月）五七頁。
(46) 井上寿一『日中戦争――前線と銃後』（講談社学術文庫、二〇一八年）四四―四八頁。押田前掲『抹殺された日本軍恤兵部の正体』九一―九三頁。
(47) 三毛逸「恤兵金使途の概況」（『偕行社記事』第七二〇号、一九三四年九月）二四二頁。
(48) 一ノ瀬俊也『近代日本の徴兵制と社会』（吉川弘文館、二〇〇四年）一五一頁。
(49)「法令上之を適用し難きもの」というのは内縁関係を指している（「出征軍慰問の金品総決算」『東朝』三二・四・三夕）。
(50)「恤兵金ノ処分ニ関スル件ヲ定ム」一九三二年七月一九日（『公文類聚・第五五編・昭和六年・第三二巻・軍事・陸軍・海軍・雑載、学事・大学・雑載』、JACAR: A01200628500, 国立公文書館所蔵）。
(51) 人事局恩賞課「財団法人愛国恤兵会ニ関スル表彰ノ件」一九三三年九月五日（『永存書類甲輯　第三類』昭和一四年、JACAR: C01001702200, 防衛省防衛研究所所蔵）。
(52)「恤兵金使途の概況」二四二頁。
(53) 新聞班に関しては、石原豪『大正・昭和期　日本陸軍のメディア戦略――国民の支持獲得と武器としての宣伝』（有志舎、二〇二四年）を参照されたい。
(54)「陸軍省各局課員業務分担表　昭和七年九月」。
(55)「恤兵エピソード」三八〇頁。
(56) 秦郁彦編『日本陸海軍総合事典　第二版』（東京大学出版会、二〇〇五年）一四七頁。
(57) 井本熊男監修『帝国陸軍編制総覧』（芙蓉書房出版、一九八七年）三五四頁。新聞では松井を「宣伝課長」と記している（「人事消息」『東朝』三二・七・二朝）。
(58) 関東軍「満洲事変一周年記念日ニ恤兵金品報告感謝ノ件」一九三二年九月三日（『昭和七、九、一―七、九、一四　満受大日記（普）』其一九1/2、JACAR: C04011384600, 防衛省防衛研究所所蔵）。

(59) 同日付の毎日・読売各新聞にも荒木陸相談が掲載されたことが確認できる。

(60) 臨時軍事調査委員「臨時軍事調査委員解散顛末書」一九二二年三月三一日（「業務顛末書提出ノ件」『欧受大日記』大正一三年三冊之内其三、JACAR: C03025405000, 防衛省防衛研究所所蔵）、第四章第七節第二。

(61) 新聞班「満洲ヨリノ各種報道ニ関スル件」一九三二年七月二二日（『昭和七、八、一一―七、八、四　満受大日記（普）』其一七、JACAR: C04011354800, 防衛省防衛研究所所蔵）。

(62) 石原前掲論文。

(63) 「恤兵寄附金の受領額に就て」五五三―五五四頁。

(64) 同右、五五四頁。

(65) なお、この件に関してのちに陸軍大臣から感謝状が出されている（陸軍恤兵部「慰問袋ノ調整ヲ援助シタル東京府下各高等女学校並国防婦人会関東関西両本部ノ各分会ニ対シ大臣ヨリ感謝状差出サレ度件」一九三三年一二月一四日、『昭和九、三、六―九、三、三一　満受大日記（普）』其三1/2、JACAR: C04011798900, 防衛省防衛研究所所蔵）。ただし、同史料では女学校の数を八二校としている。

(66) 軍事課「恤兵部廃止ニ伴フ増加配属人員整理転属ニ関スル件」一九三四年七月一三日（『陸満密綴』第一四号（自昭和九年八月八日至昭和九年八月一一日）、JACAR: C01003011400, 防衛省防衛研究所所蔵）。

(67) 「恤兵金使途の概況」二四二頁。

(68) 同右、二四一頁。

(69) 原田熊雄『西園寺公と政局』第二巻（岩波書店、一九五〇年）四二九頁。

(70) 『官報』一九三七年九月一一日付。

(71) 陸軍恤兵部「支那事変に於ける恤兵概観」（『偕行社記事』第七五九号、一九三七年一二月）八一―八二頁。

(72) 一例として吉本興業と朝日新聞が協力して派遣された「わらわし隊」がある（早坂隆『戦時演芸慰問団「わらわし隊」の記録――芸人たちが見た日中戦争』中央公論新社、二〇〇八年）。

第6章 『小説日米戦未来記』押収事件とその影響

藤田 俊

はじめに

一九三三(昭和八)年一二月一四日、ホノルル税関で貨客船秩父丸から積み下ろされた『小説日米戦未来記』(以下『日米戦未来記』)が没収された。『日の出』昭和九年新年号(新潮社)の付録としてアメリカに上陸した同書は、予備役海軍少佐の福永恭助が日本海軍によるハワイ占領を描いた架空戦記であった。これを「日米国交上有害」と判断し「全部没収」措置を講じた税関は、軍事参議官加藤寛治と連合艦隊司令長官末次信正が寄せた序文に目を付け、追加調査のために軍と情報を共有した(1)。

黄禍論の台頭などを背景に二〇世紀初頭のアメリカで隆盛した日米戦争論や日米架空戦記は、大正期を迎えると日本でも執筆が開始され、両国の著作が太平洋を行き交うようになった。政治・外交・軍事評論の範疇にある日米戦争論と異なり、フィクションである日米架空戦記はあくまでも大衆娯楽の一つにすぎなかったが、それらを最も早く研究対象に位置づけた稲生典太郎氏は、「国民意識の中の戦争に関する感覚を形成する上には、かなり重要な役割を果たしている」と評価し「対外硬的民間輿論の系列」に位置づけた[2]。稲生氏の成果以後も戦前期の日米架空戦記については、関静雄氏と宮本盛太郎氏が池崎忠孝・水野広徳の著作から満洲事変下の作家による対米戦予測を比較検討し[3]、猪瀬直樹氏は日米の作家の生い立ちや人物像を丹念に追うことで、執筆目的や出版事情、両国の相互認識と太平洋戦略への影響などを考察した[4]。これらに加え、児童文学や少年雑誌での日米架空戦記のあり方をめぐっては、上田信道氏がSF描写等に着目して分析している[5]。

このように、日米架空戦記に関しては、これまで著者像と内容・描写を主な分析対象に位置づけた文学・書誌学的研究が展開されてきた。その一方、日米架空戦記の出版・取り締まりと国内外政治の関係については、同文学ジャンルが大衆・世論に与えた影響の大きさに反して十分に解明されてこなかった。日米戦のみならず日露・日英戦がテーマの架空戦記に関し、明治後期から昭和四〇年代に至る出版状況を分析した稲生氏も、満洲事変を契機とする最大の日米架空戦記ブームが「一九三六年の危機」に支えられていたことを指摘したのみで、「非常時」下の言論統制や対米外交との関係には考察が及んでいない[6]。

そこで本章は、先行研究の成果を踏まえながら、先述の『日米戦未来記』が惹起した諸問題に焦点を当て、同書押収に関する在米英字紙の報道、問題発生にともなう在留邦人の立場、非現役軍人の執筆活動をめぐる問題、関係官庁のフィクション作品に対する姿勢を明らかにする。そのうえで、日米架空戦記が「非常時」下の言論統制にもたらした変化の歴史的意義を考察する。

一　没収問題に関する英字紙の報道

ＡＰ、ＵＰ等の通信社が『日米戦未来記』の概要や押収経緯を報じると、シアトル、ポートランド、タコマといった西海岸諸都市の英字紙には多様な論評が掲載されていく。

たとえば、『シアトル・スター』（一四日付）はUP通信を転載し一面記事で押収問題を取り上げたが、現地軍人を「驚嘆」させたきわめて正確な米国艦隊の記述、「母国ニ忠順ナル」多数の日系人やワイキキ公園に建立された日本海軍軍人の「戦捷」記念銅像などの描写を、「注意スベキ点」に挙げている。他方で、同紙は一四日東京発「日本当局談」を併載し、「煽動的小説ノ筆者」が「青年学生ニ迎合」して執筆した『日米戦未来記』は、政府の公式見解と無関係である旨を注記してもいた[7]。同じく『シアトル・タイムス』も当該電報を載せたが、福永がアメリカ人作家の作品から影響を受けたとし、日米両国の架空戦記作家を「常識ヲ有スルモノノ何人ヲモ代表スルモノニアラザル」（一七日付）と批評している[8]。共和党系の同紙は、「移民法修正問題、日支事件等ニ関シ屢々理解アル議論[9]」を展開する親日紙とみなされており、日米摩擦回避のため抑制的な姿勢を示したといえる。

しかしながら、ポートランドの『ニュース・テレグラム』（一五日付）は、『日米戦未来記』をハワイの在留邦人に向けた宣伝と捉え、「布哇群島在住ノ外国人カ武器ヲ執リテ吾人ニ向フ」事態を想定した行政改革と防備強化を唱えた[10]。日本政府の姿勢を報じていた『シアトル・スター』（一五日付）さえも類似のハワイ防衛論を展開したうえで、アリューシャン列島への要塞・海軍根拠地建設による安全保障体制拡充を主張している。『タコマ・レジャー』（一六日付）に至っては、ハワイの陸上防備や艦隊装備に関する精緻な記述が、「米人ト称スル布哇人」の市民権を利用したスパイ活動に依る可能性を指摘し、在留邦人の動向を注視する必要性に言及した[11]。

これらフィクションが喚起した対日脅威論に絡んでシアトル領事の内山清は、ホノルル発電を引用した新聞報道のあり方を問題視した。内山曰く、通信社の解説記事は読者へ『日米戦未来記』がハワイの陸上軍事施設について詳述している印象を与え、日系人の「軍事探偵的行動」に起因する機密漏洩の疑念を招くという。彼はまた、作中に登場する軍事活動の「模範」化を危惧する社説が、在留邦人に向けた「謂無キ警戒ヲ加フルコト」を憂慮している[12]。事実、日本発フィクションが惹起した英字紙の対日不信感は、特定の政治・外交的意図に基づく世論醸成へ波及しはじめていた。すなわち、「沿岸有数ノ排日新聞」[13]と見られていたハースト系紙『シアトル・ポスト・インテリジェンサー』（一八日付）では、風刺画入りの全面記事でフィリピン侵略の危機が訴えられている。記事はダバオ地方での日本人移民の製麻事業拡大に関する報道（一〇月二五日付『フィリピン・ヘラルド』）を引用し、移民増加が日本のハワイ・フィリピン領有を誘い西海岸にも「其魔手ヲ延バスニ到ルベシ」と述べ、これを未然に防ぐための「覚醒」を国民に促すものであった[14]。

先行研究で明らかにされているように、架空の日米戦争をテーマに据えた出版物は明治後期より断続的に執筆・翻訳されてきた。最古の作品は日清戦争前後にアメリカで執筆、日本において翻訳刊行されたが[15]、前述したように、日米両国での刊行が活発化するのは日露戦争以後である。一九〇九（明治四二）年にホーマー・リーの『無知の勇気（*THE VALOR OF IGNORANCE*）』がアメリカで出版されると、日本ではまず陸軍が部内配布用に翻訳し、次いで博文館が『日米戦争』（池亨吉訳）のタイトルで市販した。『無知の勇気』が世に出た背景には、日露戦後まもなく西海岸のイエロージャーナリズムを中心に隆盛した日米戦争論があり、その源流はハースト系紙の煽情的報道に求められる。それらに感化されたホーマー・リーは『無知の勇気』を介し海軍力増強を訴えた。一方、現役海軍中佐の水野広徳は一九一四（大正三）年に『次の一戦』を執筆している。日本海軍の敗北と講和後の地位喪失を描き海軍拡張が焦眉の急を要することを説く水野もまた、対日脅威論に影響されたリーのように、アメリカの海軍力や黄禍論に深刻な危機感を抱いていた[16]。

『次の一戦』のベストセラー化をきっかけに日米架空戦記文学が勃興し、一九二〇年代には幅広い世代で消費されていく。探偵小説により名を馳せた月刊誌『新青年』（博文館）では、樋口麗陽の「小説日米戦争未来記」が連載され読者参加型企画を経て書籍化に漕ぎ着け、好評につき絵葉書も作成されるというメディアミックス的な展開を見せた[17]。

そうした架空戦記の大衆娯楽化は、『冒険世界』（博文館）や『少年倶楽部』（大日本雄弁会講談社）などの少年雑誌に顕著であり、阿武天風や宮崎一雨が児童・少年に向けた作品を次々に発表していった。軍事評論の側面もある『無知の勇気』『次の一戦』と比較して、阿部や宮崎の物語はＳＦ的要素に富んでおり、当時の最新兵器である潜航艇・飛行機や架空兵器の「空中母艦」が頻繁に登場する。加えて、恋愛・スパイ・兵器の擬人化といった多彩な要素も加味され、どこか牧歌的ともいえる作風を前面に押し出していた[18]。

それと並行して、ワシントン体制下の主力艦制限比率や日系移民排斥に対する抗議の声が高まると、大正末期以降には総力戦体制論や反米思想を鼓吹するイデオロギー性を帯びた作品が多数出現した。その反面、日米架空戦記ブームの火付け役であった水野は、第一次世界大戦後のドイツ視察を契機に軍備撤廃を主張するようになり、執筆動機も日米間の対立緩和と戦争抑止へ変化していった。イギリスでは、ヘクター・Ｃ・バイウォーターが一九二一（大正一〇）年に『太平洋海権論（*SEA POWER IN THE PACIFIC*）』を著し、軍事的専門性の高さで日米両国の軍人から評価される。バイウォーターも日米戦争回避論の立場から同書を執筆したのであった。一九二五（大正一四）年には『太平洋海権論』を小説風に改稿した『太平洋大戦争（*THE GREAT PACIFIC WAR*）』が出版され、日本でも版を重ねている。ただ、恣意的な翻訳も相まって日本敗北の描写が読者を刺激し、作者の意図とは異なり、反米思想を包蔵した架空戦記の量産を招いた[19]。満洲事変後には、このような動きに一層拍車がかかるが、日米戦争を鼓吹する出版界の大勢に反して、水野は開戦回避に向け筆を執った。持久戦と空襲による日本敗北を描く当該期の作品は、事変下の政府や軍、あるいは国際連盟への批判を内包したものであった[20]。

以上のように、多岐にわたる論点・作風を包摂した文学ジャンルである日米架空戦記にあって『日米戦未来記』は、税関の押収によりかえって知名度が向上するなか、断片的な情報伝達が記述内容と出版意図にまつわるさまざまな憶測を呼び、英字紙の対日論調硬化をもたらしたといえる。

前出の『シアトル・スター』は「過激的且煽動的」な論説・記事が売りのスクリップス・キャンフィールド系に属し「屢々低劣ナル排日的毒筆ヲ弄シタル」と観察されていたが、塘沽停戦協定以後は「鋭鋒ヲ潜メタル観アリ」との評価に変化していた。ハワイ・フィリピンの日本領土化を憂いた『シアトル・ポスト・インテリジェンサー』も同様であった。本部から「国防充実、軍備拡張、国際連盟反対、国家主義等ヲ力説スル」社説の供給を受けていたハースト系紙は、上海事変で筆鋒鋭く日本批評を展開していたが、やはり、満洲事変の終息を機に対日論調を緩和させている[21]。そのような折に浮上した『日米戦未来記』をめぐる問題は、在留邦人や日本への新たな批判的論調を誘引したのであった。福永が描いた日米戦争勃発が、無条約時代突入にともなう建艦競争の幕開けが予想された一九三六（昭和一一）年であることも、ハースト系紙やUP通信が掲げる海軍拡張論の補強に寄与した。

『シアトル・スター』と『シアトル・ポスト・インテリジェンサー』の発行部数（一九三三年八月）[22]は、夕刊紙である前者が約九万二〇〇〇部、朝刊紙の後者が約九万四〇〇部と、当該期シアトルの総人口約三六万六〇〇〇人[23]の半数に迫っていた。内山領事の報告によれば、ハワイの事例と異なりシアトルでは一二月一二日に『日の出』が着荷し、書店で販売されてはいたものの、その部数は二五〇部にとどまった。北米有数の日系人口を抱えるシアトルにおいて『日米戦未来記』は、販売部数を大幅に上回る数の市民に「反逆的文書」として認知されたのだった[24]。

さらに、アメリカ本土最多の在留邦人[25]が暮らすサンフランシスコの場合、『サンフランシスコ・クロニクル』（二四日付）が抄訳と挿絵を全面記事で紹介し、『サクラメント・ビー』（二二日付）も「日本海軍ノ重要ナル地位ヲ占ムル」加藤・末次の序文に目を留め、「頗ル不穏当ナリト云ハサルヲ得ス」と苦言を呈していたように、各英字紙は作品自体にも高い関心を示していた。総領事の富井周は、とりわけ従前の日本発架空戦記には見られなかった日系人蜂起の描写が、全米最大規模の日本街を有する同地で「痛ク米人ノ感情ヲ刺激シタ」と報告している[26]。

ただし、一連の問題に対する反応には地域差があり、南部各都市の諸新聞ではUP、APのホノルル発電が通常通りに扱われ、西海岸で散見されたセンセーショナルな報道や同問題に関連した論評は確認されていない[27]。通信社提供の情報をいかに解釈し活用するかは、当然ながら各紙の論調や日系人口の多寡といった地域特性に左右されていた。

ところが、一九三四(昭和九)年を迎えると事態はにわかに緊迫化する。アメリカ議会の海軍予算審議と、後述するメディアでの末次連合艦隊司令長官の発言が、フィクションに端を発した対日脅威論の肥大化に拍車をかけ、主に西海岸で報道されてきた『日米戦未来記』は、連邦政府の中枢機関を擁する東海岸諸都市でも注目を集めたのである。一例を挙げれば、ハースト系紙『ワシントン・ヘラルド』(一月一五日―一八日付)は一面で同書の翻訳を連載したが、これには近影を添えた加藤・末次の序文も含まれた[28]。こういった報道姿勢を『大阪毎日新聞』は「同誌の記事が米国に不利だとてホノルルで差押へた米国官憲が該記事の英訳掲載を黙許するは大なる矛盾でむしろ米国民の反日感情を甚だしく刺激しかつ米国国防の弱点を世界にさらけ出すものといはねばならぬ」と批判している[29]。

先述の通り海軍拡張論を牽引してきたハースト系紙は、海軍委員長のカール・ヴィンソン下院議員が提出した建艦計画を支持し、これを後援すべく世論醸成に勤しんでいた。そういった政治状況下で巻き起こった押収問題は、これまで見てきたようにハースト系紙の論拠となっていたが、『現代』(大日本雄弁会講談社)新年号掲載の末次談話を駐日アメリカ人記者のジェームス・R・ヤングが発電すると、その軍拡論調は勢いを増した[30]。「連合艦隊司令長官末次中将縦横談」と銘打たれた談話は、自給自足可能な資源大国アメリカが世界一の海軍を保有することに異を唱え、軍縮比率撤廃による各国軍備の平等化を求めたものだった[31]。この発言をハースト系紙は好機と捉えて対日脅威論に依拠した海軍拡張の主張を加速させるのである。アメリカ言論界における日米戦争論の政治・外交利用は現実味を帯びていった。

二　在郷将校の執筆活動と商業出版

「祖国へ忠誠を誓った日系人のスパイ活動と武装蜂起」は、日米架空戦記の黎明期よりアメリカの作品に頻出していた重要シーンであったが、日本人作家は日系人の動向に触れないか、少なくとも慎重な記述を心がけてきたといえる。それに対して『日米戦未来記』は戦争の帰趨を左右する役割を日系人に担わせた(32)。この点は、加藤・末次の序文掲載と同様に差し押さえの根拠となる。ヘンリー・モーゲンソー財務長官代理が反逆、戦争暴動を使嗾する事物の輸入を禁じた税関法に抵触すると判断した場合、『日米戦未来記』は「全部焼却処分に付される」と見られていた(33)。

結局、同書はアメリカでの販売を許可されたが、前節で述べた通りハースト系紙が没収問題を大々的に報じたことで注目を集め、コロンビア放送も「日本の好戦的態度を論難し非常な注意を喚起」している。『東京朝日新聞』は、カリフォルニア生まれの日系二世による海軍偵察用飛行船メイコンの破壊シーンを例示し、「折角好転しつゝあつた対日感情を極度に刺激し、事あれかしと待構へてゐた排日家やヂンゴイスト等に絶好の材料を提供したこと、なり更に日系市民の上に禍を及ぼさん」と憂慮した(34)。

記事が示す通り、このような状況に最も危機感を覚えていたのが日系人団体である。一九三四(昭和九)年一月一五日、ロサンゼルス日本人会の藤岡紫朗は外務大臣広田弘毅に次のように訴えた。

著者は予備とは申せ海軍少佐の肩書を存するだけに一段と米人の神経に触るる事と存候、就中小生の深憾とするは著者が何の意にや日系市民を、日米戦争の舞台に活躍せしめ日本の為に軍探的行動を敢てするの場面を描写したる点に候、米国に生れ押しも押されもせぬ米国市民たる我が第二世の忠誠を危まれるが如き行動を筆にするハ

前途極めて多望なる彼等をムザ〳〵と俎上に横へる所以にして実に心なきの業なり

実態はいざ知らず「海軍少佐」という公的な立場で執筆していた福永の日系人描写は、たとえ荒唐無稽なフィクションであったとしても、サンフランシスコに次ぐ在留邦人数を擁するロサンゼルスの日系人社会へ与える影響は多大である。移民排斥の波に曝されてきた日系人はそのように危惧していた。「対米輿論」の穏健化を希求する藤岡は、「責任の地位にある人々は朝野を問はず国際的言論は慎重の上にも慎重ならんこと切望」と前置きし、高位高官が軽々に「眇たる際物的刊行物」へ寄稿することを諌めている。また、ヤングの取材活動を念頭に置いた建言と考えられるが、外国特派員による情報発信の監視強化を要請した[35]。なお、サンフランシスコの邦字紙『新世界日日新聞』が報道するところでは、差し押さえを主導したホノルル税関の担当者ドイルは、「元日本の某汽船会社技師」を父親にもち幼年期に渡米した日系移民であった[36]。彼もまた「第二世の忠誠を危まれる」ことに細心の注意を払っていたと推察される。

だが、藤岡ら日系人団体の意向と裏腹に、新潮社は騒動を逆手に取り販売攻勢に打って出る。『日の出』新年号の新聞広告は当初、吉川英治「修羅時鳥」、江戸川乱歩「黒蜥蜴」、真山青果「西郷隆盛」といった連載が始まる「文壇巨豪の熱作」を目玉とし、福永の存在には一切触れていなかった[37]。それが差し押さえ報道後には、「米国政府を驚嘆狼狽せしめたる問題の快著」『日米戦未来記』が、「売切又売切」で第五刷に至ったことを謳っている。購買意欲を掻き立てる「年末印刷界大多忙の際万難を排しての増刷」「今後は絶対に再販せず！　売切れぬ内速くお求めあれ」等のフレーズに押収を報じた紙面画像が添えられ、影を潜めた長編小説とは対照的に広告面の大半を占有した[38]。アメリカの税関が初めて押収した日本の雑誌となったことは、同誌の販売促進へつながったのである[39]。

ところで、水野広徳や桜井忠温のような有名作家だけでなく、明治初期から現役・予後備役を問わず多くの軍人が、部内外の新聞・雑誌・出版物で文筆活動に従事してきた。ただ、現役軍人による新聞・雑誌での執筆や著作物の出版が、所属長官の認可を要するなど内規で制限されていたのに対し[40]、予後備役軍人を対象とする規程はなく、陸海軍省が執筆・刊行時の彼らを管理下に置くことはできなかった。福永についても問題化前に海軍省が特別な措置を講じることはなかった。活字メディアの発達と量的拡大がもたらした大衆社会の発展にともない、大正期には在郷将校に対する言論統制が軍内外の課題となる。

たとえば、予備役軍人の言論は第一次世界大戦下でイギリスの反感を買っている。大戦末期の一九一八(大正七)年八月二四日、駐英大使珍田捨巳はドイツの宣伝への対策に関するイギリス政府の内話を本省へ打電した。その内容は「独乙「プロパガンダ」ノ伝播」を援護する在郷将校の規制要請であり、佐藤鋼次郎と堀内文次郎を名指している。予備役陸軍中将で軍事・教育評論家の両者が、国内紙へ寄稿した「在仏連合軍特ニ英国軍ノ士気ニ対シ不当ノ酷評ヲ下セル」西部戦線の戦局分析は、「連合側ニ対スル反感ニ刺激セラレタルモノニシテ敵国ニ有利ナル印象ヲ与フル」宣伝文書とみなされていた。内話は、ドイツ軍の春季攻勢に鑑み「連合軍ノ地位ヲ極端ニ悲観的ニ記述」した匿名軍人の新聞投書にも触れ、佐藤・堀内の論考と合わせ「一種ノ独乙「プロパガンダ」ト異ラズ」と断じている。そのうえで、日本国内の言論状況を「終始連合側ノ努力ヲ軽視シ敵軍ノ威力ヲ称揚スルノ明白ナル傾向ヲ有スル」と批判し、連合国に属する日本へ「相当ノ取締」を要求した[41]。実際、陸軍内では、戦後の国際秩序や軍のあり方に及ぼす影響を想起し、国家体制や歴史的経緯で親和性が高いドイツの敗戦を懸念する声も上がっていた[42]。イギリス政府の指摘は、こうした風潮が在郷将校の論考を下支えしていたことに着目している。

珍田の具申を受けて外務大臣後藤新平は、九月四日、イギリス政府の非公式要請を陸軍大臣大島健一に伝達、「堀内佐藤両中将ノ言説」と同種事例への対応策を照会した[43]。一二日送達の回答では、陸軍省も掲載時より当該記事を問題視していたことが明かされた。すなわち、両中将に加え軍事評論家を名乗る在郷将校数名を聴取したところ、「連合与国ノ速カナル勝利ヲ希ヒ且我民心ノ緊張ヲ望ム熱心ノ余リ過激ノ言論ヲ用ヒタルニ過キスシテ毫モ他意ナキ」と確認されたという。そして、佐藤らが「議論過激ニ失シ為ニ却テ与国人ノ誤解ヲ招キ悪影響ノ生センコト」について深慮し再発防止を誓ったため「此種ノ言論ハ其後全ク根絶セル」と説明した。併せて、直接の監督下にない「稍々不謹慎ノ言論ヲ発表スル」非現役軍人の存在を「遺憾」としている。(44)

陸軍省でのやりとりがどの程度正確なものかは不明だが、いずれにせよ在郷将校の執筆活動には事後的な対策を講じるほかなく、その効果は限定的であった。事実、佐藤は第一次世界大戦後の社会変動を踏まえた軍民関係論を精力的に発表し、軍事評論家としての地位を確固たるものにしていくが、一九二〇(大正九)年に刊行した『日米若し戦ば』(目黒分店)で再び物議を醸している。総力戦時代の対米戦争を想定し国家総動員体制整備の必要性を説く同書は、日米両国間の不信醸成を招き不用意に戦争の機運を高めるものとして在外公館で問題視されたのである。(45)『日米若し戦はば』が福永書のような問題を惹起することはなかったものの、陸軍省における口頭注意程度で在郷将校の筆勢を弱めることはできなかったとわかる。

軍事を生業とする在郷将校の言論・著作ですらこういった有様であるため、軍事の素人が主として営利目的で執筆した際物戦記の統制は一層困難を極めた。もっとも、軍事専門家の立場で筆を執ってきた福永であっても、『新青年』編集長森下雨村の誘いをきっかけに戦争物へ取りかかりはじめている。「地中海作戦の艦隊参謀をしていたし、青島戦の経験もある。まア、戦争ものをデッチ上げるに苦労はなかった」との回想が示すように、上手く待命後の食い扶持を得た形であった。(46)

先にも触れたように、満洲事変以降の対外関係の緊迫化を経た一九三〇年代前半には、「非常時」の時流に乗じて商業コンテンツ化した日米架空戦記が量産された。これに関連して『九州日報』主幹の長谷川了は、『文藝春秋』一九三四年三月号の特集「戦争思想の貧困」に寄せた論考で、『日米戦未来記』が引き起こした諸問題を「商業ジヤーナリズムの最悪の現れ」と痛烈に非難している。架空戦記の厳正な検討・批判を主張する長谷川は、日系人問題のような日米外交の機微に触れたり、精緻な描写で意図せず軍機を漏洩したりする架空戦記が孕む問題と危険性を挙げ、以下のように評するのである。

問題なのは、こうした形式で国防思想、軍事的知識を大衆に注入することは、実物教育の意味に於て効果的であるが、その反面には恐るべき影響を有することである。『戦争』と云ふ言葉程大衆を興奮させる文字はあるまい。それだから大衆はその中に書かれて居る精細な専門的の事実を冷静に批判することは尠く、未来戦に対する興奮と、可能的な概念とで、仮想敵国に対する敵愾心が恐ろしく変調される様なことになりはしないだらうか。こうして両国相互に、国民的感情を興奮せしめた結果は、戦争の避くべきを却つて、激発せしむる危険無しとは云へぬ。

このような認識に立って長谷川は、「外交工作に依つて戦争の危機を避け得るにはその背景をなす国民的感情の冷静なることが絶対に必要である」と断言する。[47] 長谷川は一九三二(昭和七)年八月より情報部嘱託として外務省で勤務していたが、[48] 官民双方の視点で国内外世論が外交政策にもたらす影響を理解していた彼は、架空戦記ブームを冷静に分析し、同ジャンル全体に厳格な評価を下していたのであった。

一部の出版社・作家が『日米戦未来記』にまつわる問題の話題性に商機を見出すなか、帝国議会や関係各省においては、日米双方の対外イメージを歪ませ両国関係に累を及ぼすような軽薄で過激な言論の統制を求める声が上がってくる。

三　架空戦記の取り締まりに向けた動き

アメリカで『現代』の末次談話が俎上に載った一九三四（昭和九）年一月、一九日にサンフランシスコ税関で『わが海軍　昭和八年版』（海軍研究社）が、翌週二六日にはホノルル税関で『少年少女譚海』二月号（博文館）が押収された。軍艦や航空戦に関して現役海軍将校が寄稿した論文集である前者は、財務省へ翻訳を送付し「日米関係に悪影響があるか否かについて当局の裁断を申請中」とされ、少年誌の後者は掲載記事（「太平洋大海戦」）が問題となった(49)。前述のように明治末期から数多の架空戦記や日米戦争論が両国間を往来してきたが、『日米戦未来記』が転機となり、それまでは等閑に付されてきた出版物にもアメリカの税関は過敏な反応を見せるようになる。日米に到来した言論の摩擦は過熱化の様相を呈した。

こうした状況を踏まえ第六五回帝国議会（一九三三年一二月―一九三四年三月）では、架空戦記の取り締まりが議題に上がる。一月二三日の貴族院本会議で二荒芳徳（研究会）は、「軽率ナル真個ノ武士道ニ拠ラナイ戦争物語」の氾濫が国際親善を妨げ「外交工作ニ於テ非常ナル支障ヲ来シテ居ル」と述べ、「軽佻ナル外国崇拝ノ思想」から浅薄な「日本主義的ノ論説」へ変転する出版界の思想善導を訴えた。その際、二荒は戦わずして勝つことを本懐とする「武士道」を引き合いに「外国ト戦フコトノミヲ重点ニ置イタ」言論に警鐘を鳴らした。一方、これを受けて演壇に登った陸軍大臣林銑十郎は、「新シキ国防ト云フヤウナ観念」や「将来ノ戦争ノ光景」を周知するため「相当ナ研究」に依拠して執筆された架空戦記の存在に言及し、取り締まり時は「相当ニ注意」を要する旨を答弁した(50)。大衆娯楽を介した軍事知識普及や国防観念喚起の有用性を念頭に、陸軍省による是々非々での対応を示唆したといえる。

次いで、二月一日の貴族院本会議では、水野甚次郎が政府の架空戦記規制を厳しく追及した。水野曰く「帝国国民ヲシテ徒ニ暴慢ナラシメ、米国国民ヲシテ昂奮セシムル外何等得ル所」のない『日米戦未来記』は、欧米諸国の官民双方に見受けられる「帝国ヲ好戦国或ハ東洋禍乱ノ根源地ナリト暴言讒誣スル」宣伝に等しく、「帝国国民ニシテ之ヲ是認スルガ如キ言論ハ、不謹慎ノ甚シキモノ」であった。水野は「此機会ニ於テ国家ヲ毒シ、国民ヲ害スルガ如キ出版物ニ対シ、絶対厳格ニ、寧ロ弾圧的ニ御取締アルベキ」と具体的な対策を質している。(51)公務で不在の内務大臣山本達雄に代わり答弁に臨んだ司法大臣小山松吉は、軍事・外交に関する記事規制に関して、当該記事が「公安ヲ害スル」と認められるか否かで異なる内務・司法両省の措置を、出版法に照らし合わせて説明した。水野は答弁に「満足」と発言している。(52)

架空戦記については、議会討論の前後に国内紙も意見を表明した。たとえば、『東京日日新聞』では社賓徳富蘇峰が「某国と戦争とか、某国の来襲とか、宛も眼前に戦争が爆発するかの如き文句さへも容易に使用」して「徒らに他国の神経を刺激し、痛くなき腹を、自から好んで探らるゝが如き言動を逞しくする」(53)対外言論を批判した。また、二荒が質問に立った翌日の『東京朝日新聞』も、『日米戦未来記』押収をアメリカが「日米関係を顧慮して善処した」結果と捉え、「日本の向後の発展のためにも又隣邦満洲国の健全なる育成のためにも、平和といふことが絶対の要件」である旨を強調し、「内、国民を誤り、外、海外の物議を招き易い言論や読物」に対する取り締まりを求めた。(54)

だが、これらの問題意識や危機感に応える効力を、当該期の出版法は兼ね備えていなかった。共産主義から国家主義に至る各種の宣伝と運動、とりわけ国家改造を志向するテロ事件の続発に対処するために、第六五回帝国議会では出版法改正案が可決され、従来は行政処分のみだった安寧秩序を紊乱する文書・図画が新たに刑罰対象となった。(55)一九三四年五月一日公布の「法律第四十七号」は戦前唯一の出版法改正であり、安寧秩序に関する事項と並び「皇室ノ尊厳ヲ冒涜」する文書・図画の刑事罰対象化やレコードの検閲が定められたが、その直接的な端緒は一年前に遡る。第六四回帝国議会での思想対策強化に関する決議を受け、一九三三年四月に内閣書記官長を委員長とする省庁横断の思想対策協議委員会が設置された。同委員会は出版法改正案の土台となる思想取締方策具体案を策定し九月に閣議報告していた。議会に先立ち内務省は、同案で示された「安寧秩序ヲ紊ス文書図書」の刑事罰化に関する法案作成を決定している[56]。

ただ、安寧秩序紊乱の具体的な内容までは触れられておらず、架空戦記による対外言論についても想定されていない。水野登壇の翌日、『東京朝日新聞』は「対外的に悪影響を及ぼす不穏出版物」の発行責任者に「六ケ月以上二ケ年以下の懲役又は禁錮」を科する内務省案を報じていた[57]が、出版法改正案に反映されることはなかった。

そうしたなか、一九三四年二月一六日には陸海軍、外務、内務の四省が「戦争挑発」出版物の取り締まり方針で合意に至った。「対外戦争における戦略、戦術を推知せしむる事項」と「故なく他国の感情を刺激し戦争を挑発する恐れある様な事項」に抵触する出版物は一切禁止とされている[58]。それに付随して、軍事・外交関係記事への指導強化と出版社・著者の自覚を促すため、関係四省と「新潮、改造、中央公論、講談社等都下有力出版業者代表」の月一回を目安とする定期会合の開催が決まった[59]。

この決定に基づき、内務省警保局長松本学は各地方長官へ「戦争挑発ノ虞アル出版物取締ニ関スル件」を二七日付で通達したが、「新聞紙、雑誌、其ノ他ノ出版物ニシテ、徒ニ時局ヲ刺激シ、国交ヲ阻害スル記事ヲ掲載スルモノ」の頻出を「現下ノ国際情勢上、其ノ影響憂フヘキモノアリ」と述べているように、問題化した『日米戦未来記』に代表される架空戦記のような特定ジャンルの出版物規制から、対外関係全般に影響する言論そのものに焦点が当てられた。加えて、架空戦記を介した軍機漏洩の可能性にも目が向けられている[60]。

なお、陸海外三省間の「打合案」の段階では、戦略・戦術の推知を誘引する事項に「単ナル私見ナルト、又ハ仮想ナルトヲ問ハス」という拘束性の強い文言が挿入されており、戦争挑発の事項に関しても「特定国名ヲ指示（推測シ得ル場合ヲ含ム）シテ開戦ヲ主張シ又ハ戦争ノ必至ヲ論述」と具体的に例示されていた。さらに「打合案」の原案からは、『日米戦未来記』に端を発した国内外の問題や架空戦記の統制を、関係各省がどのように認識していたかがうかがい知れる。すなわち、満洲事変終息後の対英米協調をめざす広田外相の下、外務省は対米関係改善の阻害につながる言説の流布を警戒し、次のような著作を取り締まり対象に想定した。

一、日本ト特定ノ一国若ハ数国（明示セル場合ノミナラス容易ニ想像シ得ヘキ即チ〇〇等ノ場合ヲモ含ム）トノ間ニ戦争ノ想像的描写ヲナスモノ
二、日本ト特定国トノ間ノ戦争ノ必至ヲ説イテ該国内在留邦人ノ平和的活動ヲ阻害スル虞アルモノ
三、内容前二条ノ趣旨ニ抵触セサルモノト雖表題若ハ広告ニ於テ前条ニ照シ不穏当ナルモノ

フィクションが日系人をはじめ在留邦人を苦境に追いやることを避けるため、アメリカを想起させる描写も指定され、話題化と売上拡大をもたらすタイトル、広告にも注意が払われている。また、海軍省は「当分ノ間取締ヲ要スル事項（取締程度ノ不明瞭ナルモノハ責任者立会協議決定）」に以下の項目を挙げていた。

一、特定国ヲ対象トスル現実的戦争記
二、特定国ノ弱点ヲ摘発シテ之ニ働キ掛クル宣伝ト誤解サルル虞アルモノ又ハ其ノ自尊心ヲ甚ダシク傷クルモノ等国交上有害ナル事項
三、帝国海軍ノ優越又ハ軍備ヲ過度ニ誇示シ相手国ニ軍拡ノ口実ヲ与フル如キ事項
四、其ノ他他国ヲ無益ニ刺激スル虞アル事項

一、二、四はそれぞれ外務省案と対応した形になっているが、第二次ロンドン海軍軍縮会議をひかえた海軍省は、三で示されたように、日米架空戦記や日米戦争論がアメリカの海軍拡張、わけてもその主唱者たる大海軍論者の口実となることを警戒した[61]。もっとも、『日米戦未来記』に序文を寄せた加藤は、日米関係改善に従事してきた前駐米大使出淵勝次の「過敏なる上奏之結果」軍令部へ序文に関する調査が命じられたことを知り、副官の浜中匡甫に「内務省之所管を何故軍令部に糺すやと反問」するよう指示している。海軍省案とは裏腹に渦中の人加藤は、対米関係重視の善後措置に不快感を露わにしていた[62]。

一方、陸軍省は新たな規程の策定に消極的であった。一月三一日作成の陸軍省案は、「既存法規ノ運用ト当事者ニ対スル各関係官庁ノ適切ナル指導」で目的は達成されると主張する[63]。この少し前に『大阪毎日新聞』は、陸軍省実施の「戦争を挑発するがごとき出版物あるひは記事、小説」に関する調査を報じていた。陸軍省は、本人があずかり知らない軍首脳の推薦文・題字・序文、数分会見した程度の軍関係者の名義で執筆された「戦争不可避論」、軍関係者の発言を「挑発的言辞」に捏造したもの、出席していない軍人に「戦争勃発時期」を予言させている座談会記事といった「悪辣極まるもの」が巷に溢れている事実を指摘する。そして、国内外への影響や対日宣伝転用の危険性に鑑み「非常時に際してこれを悪用して自己の利益をはかる非国民的態度」と断じ、関係各省との連携による取り締まり強化を言明した[64]。

実際、『日の出』昭和九年二月号は、好評を博した前号にならい平田晋策の『迫れる日露大戦記』を別冊付録としたが、この日ソ架空戦記に添付された陸軍省新聞班員青木成一の解説記事「日露戦争はどうして起こるか」は、新潮社による偽作だと指摘されていた[65]。青木は五・一五事件の公判報道に絡み、「大官暗殺を国士のやうに扱つて、存分誤つたヒロイズムを煽り立てる」新聞を「甚だしく利欲的であり、甚だしく卑怯[66]」と非難、公判にまつわるデマの多さに鑑みて「賞恤することなくありのまゝに報道」することを求めていた[67]。自身の名を騙る出版物の刊行は、憂慮していた「非常時」における新聞・雑誌の醜聞メディア化と言論の過激化を青木に痛感させた。

それでも陸軍省は、軍事・国防に資する言論の萎縮を招くような、法整備をともなう大衆娯楽の取り締まり厳格化に慎重であり、そういった姿勢は前出の林答弁にも表れていた。陸軍主役の対ソ戦を描く日ソ架空戦記が外交問題化していなかったこと、それ以前に日米架空戦記のような幅広い読者層を抱える人気コンテンツとなっていなかったこと、さらには、国際的な軍縮経験がないことや海戦描写中心で軍機・軍略漏洩の危険性が高くないことにより、架空戦記が招来する諸問題に対する陸軍の警戒心は、外務省・海軍と比較して低いものであった。これと関連して、「一般読者大衆の軍部関心」へ応えるべく一九三三年七月に編集局内へ軍事関連の論評・報道を扱う「軍事部」を新設し[68]、「国防知識」欄に陸海軍関連記事を掲載してきた『国民新聞』は、主として対米関係への配慮に基づく過剰な軍事・戦争物の規制に否定的態度を示していた。同紙は、根拠薄弱で煽情的な営利本位の作品と、国際情勢の周知や国防思想の涵養に貢献しうるものを区別し、後者の積極的な普及を希求するとともに、「国民の国防意識を消磨する様な出版物」の取り締まり強化を説いた[69]。

また、内務省警保局図書課調査係の主任事務官として「非常時」下で検閲業務に従事していた生悦住求馬[70]も、図書課の職掌が「単なる国内治安の維持の問題から、進んで軍事外交上の問題に迄及んでゐる」ことを認め、軍事・国防上の利害を考慮した慎重な取り締まりを主張する。すなわち、機密保持の観点から新聞紙法第二七条に基づく時限的な取り締まりが可能となる戦時と異なり、軍事・外交に関する出版物は言論の自由の原則に従い、主戦論も平和論も許容すべきと指摘するのである。そのうえで、流動する国際情勢を正確に把握して輿論指導を行うため、取り締まりに先んじ個別具体的に出版界へ働きかける「積極的言論統制」を訴えた[71]。

ほどなくして警保局は、一九三四年度の左翼・右翼出版物の発行状況を「禁止処分に於て一一八種の減、注意処分に於て一二三種の減と云ふ驚くべき減少」と報告した。前年度「頓に活気を呈した」架空戦記もそこに含まれるが、出版法改正に加え、「右翼的出版関係者の検閲尺度に対する常識的の馴致」、換言すれば新規程の周知と出版界への指導が機能した。[72] この結果、少年少女が「アキタニヤ国」と日本の同祖友好国「八島国」の戦争で活躍する平田晋策『昭和遊撃隊』（講談社、一九三五年）のように、日米を模した異世界が舞台のSF的要素を高めた作品が主流化していくのであった。[73]

おわりに

アメリカにおいて『日米戦未来記』は、税関での押収により初めて政治・外交上の利用価値を帯びた。同書の知名度は、日本人作家による日系二世の対米軍事行動描写という希少性よりも、むしろ押収関連の報道によって引き上げられた。もっとも、そうした報道はＡＰ、ＵＰなど通信社の断片的な情報発信と西海岸を根城とするハースト系紙に牽引されたもので、地域特性に左右されやすいアメリカ各地の報道には、それらとの間に隔たりが散見される。そのようななかでハースト系紙は、満洲事変を契機とする日本の勢力拡大に鑑み、『日米戦未来記』を援用しながらハワイ、フィリピンが第二、第三の満洲国となる危険性にまで言及した。さらに、加藤・末次の序文、それに続くメディアでの末次発言も、同書と日本海軍のつながりを恣意的に解釈するうえで好都合であった。フィクションと現実を意図的に混同して対日脅威論を肥大化させた報道は、無条約時代の建艦競争を見据える海軍拡張論者に呼応し、予算獲得へ向けた世論醸成を促進した。

一方、「初のアメリカ税関による差し押さえ」は、図らずも日本の出版界で『日米戦未来記』の商業的価値を飛躍的に高めることとなった。騒動の最中、文藝春秋社は月刊誌『話』への同書転載を企図するも、申請の途上、外務省と海軍省の協議で却下されている。[74] 時事問題に乗じた同社の販売部数拡大戦略が垣間見えるが、架空戦記のみならず、あるいは活字メディアにとどまることなく、満洲事変を転機として軍事をテーマに据えた大衆娯楽が濫造されるなか、『日米戦未来記』によってもたらされる利潤は業界内で共有されようとしていたのである。

これら「非常時」に商機を見出す言論・出版は官民双方の批判を生み、関係各省も対応を迫られた。とりわけ、日米関係改善による満洲国の安定的発展を志向する外務省は、在外公館の報告や日系人団体の要請を踏まえ、中国・太平洋での緊張緩和へ向けた動きに反する対外発信を、日米摩擦を招く要因と捉えて警戒した。また、海軍省は架空戦記が第二次ロンドン海軍軍縮会議を前にアメリカの海軍拡張派に宣伝利用されることを危惧していた。『日米戦未来記』をめぐる問題には軍縮会議の前哨戦という面もあったといえる。

それに対して陸軍省は、軍事知識普及や国防思想涵養を重視し軍事に関わる大衆娯楽の統制に慎重な態度で臨んだ。満洲国をめぐる対米政策では外務省に歩調を合わせていたが、「戦争挑発出版物」規制の法制化はおろか新規程による線引きすらも不要とし、既存法規に依拠した取り締まりと指導で悪質業者・有害出版物の排除をめざす。このような対応の背景には、『日米戦未来記』が惹起する外交・軍事的影響への危機感の低さとともに、海軍に先行して陸軍が民間と構築していた協働体制があったと考えられる。一九二〇年代以来の大衆娯楽を介した各種宣伝の実績を踏まえ、陸軍省は大衆娯楽化された軍事関連出版物の有効活用について、海軍省よりも積極的な姿勢を示したのであった。[75]

改正出版法公布にあたり山本内相は、国家の文化進展に寄与する「中正堅実ナル言論」への無用な抑圧を避け、「言論機関ノ保護善導」を図るように訓示した。[76] 検閲業務の変化など個別具体的な言論統制の実態を追う必要はあるが、改正にともなう内務省の方針は陸軍省と同様に、硬軟織り交ぜての言論統制であった。従来の研究は、言論統制の画期となった一九三四年の出版法改正について、国家主義や共産主義などの言論隆昌とそれに起因する運動激化の防止という対内的要因に注目してきた。だが、これに加えて当該期は、日米関係をはじめ国交を阻害する大衆娯楽の統制が外交課題化しており、新設の安寧秩序条項は対外関係を包含していた。出版法改正に先立ち関係四省間で合意形成された新規程は、法制化に至らなかった「戦争挑発出版物」対策を補完するものだった。

以上、本章で明らかにしてきたように、アメリカ由来の設定を踏襲したいわば日米合作フィクションである『日米戦未来記』は、関係改善に向けた政府間の試みに反し、民間における対外脅威論の醸成・拡散という相互作用をもたらした。脅威の論拠として日米両国のメディアで喧伝された「一九三五、六年の危機」は、時を経ずに空文化していくきわめて流動的な言説であった[77]。そういったなかで内務省をはじめ関係各省には、政治・軍事的意図を有し国内外へ影響を与える在郷将校ら民間の言論・出版活動と対峙し、醸成・肥大化された危機意識と適切に向き合うことが求められたのである。「非常時」下のフィクション統制には、軍事・国防の大衆化促進と対外脅威論のエスカレーション抑制という性格があった。

（1）外務次官重光葵「欧二機密合第三〇一号　布哇税関ノ雑誌日ノ出付録「日米戦争未来記」没収ノ件」（一九三三年一二月二八日、防衛省防衛研究所所蔵『昭和八年公文備考　D十三巻』海軍省・公文備考・S八―九一・四五三一）。

（2）稲生典太郎「明治以降における「戦争未来記」の流行とその消長――常に外圧危機感を増幅しつづける文献の小書誌」（『國學院大學紀要』第七巻、一九六九年二月）。

（3）関静雄・宮本盛太郎「一九三二年の日米戦争論の一側面」（『政治経済史学』第三一一号、一九九二年五月）。

（4）猪瀬直樹『黒船の世紀――〈外圧〉と〈世論〉の日米開戦秘史』（角川ソフィア文庫、二〇一七年〈『黒船の世紀　ミカドの国の未来戦記』小学館、一九九三年〉の第五次復刻版）。

（5）上田信道「阿武天風の軍事冒険小説――日米未来戦の系譜を中心に」（『国際児童文学館紀要』第一〇号、大阪国際児童文学館、一九九五年三月）。同「大正期における日米未来戦記の系譜」（『児童文学研究』第二九号、日本児童文学学会、一九九六年一一月）。

（6）稲生前掲論文。

（7）シアトル領事内山清「福永海軍少佐著日米戦未来記押収ニ関スル新聞記事報告ノ件」（一九三三年一二月一五日、外務省外交史料館所蔵『各国ニ於ケル新聞、雑誌取締雑件　米国ノ部』外務省記録 A-3-5-0-6-6）。

(8) シアトル領事内山清「福永少佐著日米戦未来記押収事件ニ関スル新聞論評報告ノ件」(一九三三年一二月一八日、同右)。
(9) シアトル領事内山清「機密第三四六号　管内主要英字新聞調査ノ件」(一九三三年七月二九日、外務省外交史料館所蔵『外国新聞雑誌ニ関スル調査雑件　新聞調査報告(定期調査関係)第八巻』外務省記録 A-3-5-0-3-1)。
(10) ポートランド領事中村豊一発外務大臣広田弘毅宛電報「第六十号(書信電報)」(一九三三年一二月一六日、『各国ニ於ケル新聞、雑誌取締雑件　米国ノ部』)。
(11) 「福永少佐著日米戦未来記押収事件ニ関スル新聞論評報告ノ件」。
(12) シアトル領事内山清発外務大臣広田弘毅宛電報「第八十七号」(一九三三年一二月一六日、前掲『各国ニ於ケル新聞、雑誌取締雑件　米国ノ部』)。
(13) 「機密第三四六号　管内主要英字新聞調査ノ件」。
(14) 「福永少佐著日米戦未来記押収事件ニ関スル新聞論評報告ノ件」。
(15) 稲生前掲論文、一三一—一三三頁。
(16) 猪瀬前掲書、二〇二—二〇四、二四〇—二四一頁。
(17) 同右、二二六—二二八、二三一頁。
(18) 上田前掲「阿武天風の軍事冒険小説——日米未来戦の系譜を中心に」四七—六九頁。同前掲「大正期における日米未来戦記の系譜」一七—二一頁。
(19) 猪瀬前掲書、二一七—二二五、二六〇—二六三頁。
(20) 関・宮本前掲論文、一七—二七頁。平岡暎二「水野広徳の昭和期日米未来戦記の系譜——『打開か破滅か　興亡の此一戦』を中心に」(『愛媛近代史研究』第七五号、近代史文庫、二〇二一年一一月)五—一〇頁。
(21) 「機密第三四六号　管内主要英字新聞調査ノ件」。
(22) 同右。
(23) 駐米大使出淵勝次「普通第四五一号　一九三〇年度米国人口調査「サマリー」送付ノ件」(一九三一年九月一六日、外務省外交史料館所蔵『各国々勢調査関係雑件(第一巻)』外務省記録 A-6-0-0-5)。
(24) 「福永海軍少佐著日米戦未来記押収ニ関スル新聞記事報告ノ件」。なお、シアトル在住の亀井一男は国際通信社の一二月一六日ワシントン発電を引用した記名記事(「太平洋を挟んで乱れ飛ぶデマ」)で、ホノルル税関が『日米戦未来記』五〇〇〇部を押収したものの、すでに約一二〇〇部が市内へ流入していたことを伝えている(一九三四年一月三一日付『東京朝日新聞』(以下『東朝』)朝刊一〇面)。

(25)　外務省調査部第二課『調第八号　海外各地在留本邦人人口表　昭和八年一〇月一日現在』（一九三四年一〇月、外務省外交史料館所蔵〈調査・五・外史〉）。
(26)　サンフランシスコ総領事富井周「福永少佐著日米戦争未来記ニ関スル英字紙論評報告ノ件」（一九三四年一月五日、『各国ニ於ケル新聞、雑誌取締雑件　米国ノ部』）。
(27)　ニューオリンズ代理領事佐藤由己「「ホノルル」ニ於ケル雑誌日ノ出没収事件ニ関スル件」（一九三三年一二月一九日、同右）。
(28)　駐米臨時代理大使武富敏彦「普通公第三二号　華府「ヘラルド」紙上ニ連載セラレタル「日米未来戦物語」英訳文切抜送付ノ件」（一九三四年一月一七日、同右）。
(29)　「〝日米戦争論〟を英訳し反日感情を煽る　各地ハースト系新聞に掲載『日の出』の渦紋拡大」（一九三四年一月一七日付『大阪毎日新聞』（以下『大毎』）朝刊二面）。
(30)　「米国内ニ於ケル「日ノ出」「現代」等ノ記事ニ対スル反響概要」（一九三四年一月二二日、同右）。なお、史料上の「スチュアート・ヤング」は誤記だと考えられる。『読売新聞』は「ハースト新聞企業団日本代表チェームス・アール・ヤング」（一九三三年一一月六日付『読売新聞』（以下『読売』）夕刊二面）と紹介し、一九三〇—四〇年代にその動静を度々報じている。
(31)　「日米戦未来記　華府で英訳され米政府非公式抗議」（一九三四年一月一七日付『新世界日日新聞』三面）。
(32)　水野広徳『打開か破滅か　興亡の此一戦』（東海書院、一九三二年）も日系人スパイの暗躍を描くが、情報収集活動の描写のみで成否にも触れていない（平岡前掲論文、六頁）。
(33)　「「日米戦未来記」米政府重大視　或は全部焼却処分か」（一九三三年一二月一八日付『読売』夕刊二面）。
(34)　「福永氏の日米戦未来記　全米で論難さる」（一九三三年一二月二五日付『東朝』朝刊九面）。
(35)　広田弘毅宛藤岡紫朗書簡（一九三四年一月一五日、『各国ニ於ケル新聞、雑誌取締雑件　米国ノ部』）。
(36)　「日米戦未来記差押の税関吏は日本生れ　華府への途次来桑して語る」（一九三四年一月二〇日付『新世界日日新聞』第三面）。
(37)　一九三三年一二月一四日付『大阪朝日新聞』（以下『大朝』）朝刊三面。
(38)　一九三三年一二月二二日付『東京日日新聞』（以下『東日』）朝刊五面、二三日付『大毎』朝刊八面、二四日付『大朝』朝刊五面。これに続き二六日付『大毎』朝刊三面、二七日付『大朝』朝刊三面などの広告は、増刷された一〇万部についても「これ亦飛ぶやうな売行き」「大至急お求め下さい！」「発売即日、各地に売切の書店が続出する騒ぎ」といった文言を書き連ねている。

(39)「日米戦未来記」ハワイで没収」(一九三二年一二月一五日付『読売』夕刊二面)。

(40)藤田俊『戦間期日本陸軍の宣伝政策——民間・大衆にどう対峙したか』(芙蓉書房出版、二〇二一年)一〇二頁。

(41)駐英大使珍田捨巳発外務大臣後藤新平宛電報「第六三七号」(一九一八年八月二四日、防衛省防衛研究所所蔵『大正七年九月　欧受大日記』陸軍省・欧受大日記・T七—九・三七)。

(42)藤田前掲書、一〇四—一〇五頁。

(43)外務大臣後藤新平「政機密送第一二三号　陸軍非役軍人ノ言論取締方ニ関スル件」(一九一八年九月四日、『大正七年九月欧受大日記』)。

(44)外務省「欧受第一四三七号　陸軍非役軍人ノ言論取締ニ関スル件」(一九一八年九月一〇日、同右)。

(45)猪瀬前掲書、二四九—二五〇頁。

(46)福永は横溝正史を介して『新青年』での戦争物執筆を勧められた。『中央公論』に掲載された福永の「国字国語問題」に関する論考を読んだ森下が、勧誘のために横溝を派遣したという。なお、福永は待命後に画家をめざし二年間フランスへ留学したが、絵画での大成を諦め執筆活動に勤しむようになる(「むかし想えば　福永恭助元海軍少佐」一九五四年四月一六日付『朝日新聞』朝刊五面)。

(47)長谷川了「戦争物の検討」(『文藝春秋』第一二年第三号、一九三四年三月)。同特集に「横瀬毅八」の名で寄稿したマルクス主義者の対馬忠行も、「民間軍事論壇」で濫造される戦記物を「外面的はなぐ〳〵しさに比して、驚くべく内容貧弱の感を与へる」と評していた(「民間軍事評論家の兵学」一四八頁)。

(48)長谷川先生古稀記念論文集刊行委員会編『新聞学に関する諸問題——長谷川了博士古稀記念論文集』(日本大学法学部新聞研究室、一九六七年)四〇七頁。

(49)「今度は『我が海軍』桑港税関で抑留　政府当局に裁断申請」(一九三四年一月二一日付『東朝』朝刊七面)、「雑誌「譚海」も抑留さる　ホノルル税関で」(同二八日付『東朝』夕刊二面)。

(50)『官報号外　昭和九年一月二十四日　第六十五回帝国議会貴族院議事速記録第三号』(内閣印刷局、一九三四年一月)一一、一四頁。もっとも、大蔵公望(公正会)が「貴院の第一声がこんな程度の質問に了る事は誠に遺憾であって貴院としては是非外交の権威者により代表質問をされる例としたい事を痛感」(『大蔵公望日記　第一巻　昭和七—九年』内政史研究会、一九七三年、一九四頁、一九三四年一月二三日条)と述べているように、大衆雑誌を発端とするいわば俗事に対しての認識には、各議員間で隔たりがあった。

(51)『官報号外　昭和九年二月二日　第六十五回帝国議会貴族院議事速記録第九号』(内閣印刷局、一九三四年二月、六三頁)。
(52)同右、六四―六五、六七頁。
(53)蘇峰生「日日だより　不謹慎なる言論は率直なる言論ではない」(一九三四年一月二〇日付『東日』夕刊一面)。
(54)「鉄箒　言論の取締」(一九三四年一月二四日付『東朝』朝刊三面)。
(55)久保健助「出版法昭和九年改正に関する覚書――第六五回帝国議会における議論を中心に」(『日本女子体育大学紀要』第四二号、二〇一二年三月)。
(56)久保健助「「思想対策決議」及び「思想取締方策具体案」に関する覚書」(『現代法学』第二六号、東京経済大学現代法学会、二〇一四年二月)一一七―一二六頁。
(57)「国交に有害な文書の横行徹底的に弾圧する法案近く議会に提出」(一九三四年二月二日付『東朝』朝刊二面)。
(58)「戦争挑発の恐れある出版物は一切禁止　当局の方針決まる」(一九三四年二月一七日付『東朝』朝刊一一面)。
(59)「謳歌もよりけりと「軍事物」に関所　愈々取締方針を確立して出版業者とも定期的に打合せ」(一九三四年二月一七日付『国民新聞』(以下『国民』)朝刊七面)。
(60)生悦住求馬「戦争挑発出版物の取締問題」(『警察研究』第五巻第三号、良書普及会、一九三四年三月)三二頁。
(61)「戦争挑発ノ虞アル出版物取締ニ関スル件」(外務省外交史料館所蔵『本邦ニ於ケル出版法規及出版物取締関係雑件　第一巻』外務省記録N-2-2-0-6)。
(62)伊藤隆ほか編『続・現代史資料5　海軍　加藤寛治日記』(みすず書房、一九九四年)二四五頁、一九三四年一月一八日条。加藤はまた、序文について「「プラット」のレプライ也と云へ」と浜中に指示している。「プラット」は前アメリカ海軍作戦部長のウィリアム・V・プラットを指していると考えられる。退任後のプラットは、海軍兵力や戦術に関する研究・執筆活動を積極的に展開していた。
(63)陸軍省「戦争挑発記事取締ニ関スル意見」(一九三四年一月三一日、「戦争挑発ノ虞アル出版物取締ニ関スル件」内所収)。
(64)「戦争挑発の出版物取締　陸軍当局で決定」(一九三四年一月二四日付『大毎』朝刊二面)。
(65)「戦争挑発出版物の取締問題」二〇頁。
(66)青木成一「非常時新聞に此の欠陥」(『新聞及新聞記者』第一四年第七号、一九三三年八月)。
(67)「新聞は有りの儘を報じて欲しい　新聞班青木中佐談」(一九三三年八月二八日付『新聞研究所報』四面)。
(68)「軍事部を創設し国民が軍事関心に訴求」(一九三三年七月一一日付『新聞研究所報』三面)。
(69)「社説　戦争物語の取締に就て」(一九三四年二月二四日付『国民』朝刊三面)。

(70) 水沢不二夫「検閲官生悦住求馬小伝」(『湘南文学』第四七号、東海大学日本文学会、二〇一三年三月)五三―五六頁。
(71) 「戦争挑発出版物の取締問題」二四―二八頁。
(72) 内務省警保局『秘　昭和八年中に於ける出版警察概観』(内務省警保局編『出版警察概観　昭和五―十年　二』龍渓書房、一九八一年復刻)一三九頁。同『秘　昭和九年中に於ける出版警察概観』(同右)一二二―一二三頁。
(73) 上田前掲「大正期における日米未来戦記の系譜」二一一―二一二頁。
(74) 外務大臣広田弘毅発駐米代理大使武富敏彦宛電報「第十一号　諸刊行物ノ記事取締ニ関スル件」(一九三四年一月二七日、外務省外交史料館所蔵『本邦ニ於ケル出版法規及出版物取締関係雑件　第二巻』外務省記録 A-3-5-0-10)。
(75) 一九二〇年代に創成された陸軍の大衆娯楽型宣伝については藤田前掲書、第三、五章。
(76) 「山本内務大臣訓示要旨」(一九三四年五月一六日、国立公文書館所蔵『地方長官警察部長会議書類(昭和九年)』平9警察 00306100)。
(77) 『近代日本政治資料23　「一九三五、六年の危機」と日本のマスメディア』(慶應義塾大学法学部政治学科玉井清研究会、二〇一八年)。

(付記)　本章は、二〇二二年度公立大学法人北九州市立大学特別研究推進費「昭和戦前期における日本陸海軍の政治的台頭に関する社会・メディア史からの再検討」による成果の一部である。

第三部　戦争と軍——戦争指導の文脈

第7章　日本海軍と総力戦

相澤　淳

はじめに

一九一八(大正七)年の秋にドイツの降伏によって終結した第一次世界大戦は、それまでの戦争とは大きくその様相を異にするものであった。なかでも四年余りに及ぶ戦争の長期化と、国のあらゆる物的人的資源をつぎ込むことになる総力戦化は、戦争勃発時における参戦国の予想をはるかに超えるものになった。日本は、この戦争に日英同盟関係に基づき連合国側で参戦していたが、その作戦行動範囲は、主に極東・西太平洋地域のドイツ領の占領作戦や海上護衛作戦および一部艦隊の地中海派遣などに限られていた。ヨーロッパでの主戦場における戦闘をほとんど経験することなく、大戦への参戦は部分的なままで終わったのである。

ところで、こうした参戦の「経験不足」の状況について、日本が第一次世界大戦における変化すなわち総力戦化を理解するうえで限界があったのではないかと指摘されることがある。すなわち、総力戦の実相を理解できていなかったのではないかという指摘である。その結果、日本の陸海軍は第一次世界大戦後の「時代の変化」に遅れをとることになった。そして、そうした疑問を裏づけるように、日本は第一次世界大戦終結後約二〇年で勃発することになった第二次世界大戦時の対応において、今度は独伊との枢軸国側に立って米英などの連合国側に開戦する際に、総力戦という長期持久戦争を戦う準備を怠っていたというのである。

もし、軍人たちが「前の戦争を見て次の戦争を考える」という存在であるとすると、第二次世界大戦時の日本の軍指導者たちにとって自分たちが経験した「前の戦争」とは、総力戦化した第一次世界大戦ではなく、かろうじてではあったが「短期戦」で勝利を収めた一つ前の日露戦争だった、ということになるのであろうか。本章では、こうした問題意識に立って、日本の陸海軍が第一次世界大戦について、まずどのように理解していたのかを確認していく。そのうえで、その後の第二次世界大戦という総力戦への対応について、特にその戦争での最大の敵国であったアメリカに対してどう戦おうとしていたのかを、そのアメリカを日露戦争後から仮想敵国にし続けていた日本海軍を中心に検討する。

一　日本陸海軍と第一次世界大戦

日本の陸海軍は、第一次世界大戦勃発翌年の一九一五（大正四）年に、それぞれ省部を跨ぐ形で臨時軍事調査委員を指名し、この戦争の戦訓調査に乗り出していた。そして、陸軍においては、戦争半ば過ぎの一九一七年の後半の段階で、早くもその総力戦的様相を「国家総動員」という言葉で捉えるようになっていた[1]。そうした総力戦研究の成果は、戦争終結後の一九二〇年に「国家総動員に関する意見」という報告書にまとめられ、純軍事的分野に限定されない総力戦への対応策が陸軍部内で種々検討されていくことになった。日本が以前に戦った戦争と比べれば「日清戦争が指相撲ならば日露戦争は腕相撲、それに対して第一次大戦は四肢五体を駆使した大相撲[2]」というように、戦争規模の違いは十分認識されていたのである。こうした調査結果を踏まえて総力戦への対応を検討するなかで、当時の日本においてまず問題となるのが、莫大な国力を消費する長期の消耗戦を戦うために必要な経済力をどのように育成していくかであった。国内の資源が乏しく、工業生産力もいまだ主要列強に劣る日本にとって、これは大きな問題であった。そして、この経済力育成のためには、対外的には資源の獲得、具体的には中国大陸での資源の確保が必要となり、対内的には国内の人的物的資源の総動員を可能にする国家体制の再編成が必要になるのであった(3)。

ところでこうした経済力をめぐる問題で、日本陸軍内に大きな意見対立が生じることになった。一方は、宇垣一成に代表される考えで、将来の長期にわたる総力戦を戦うためには、平時においてはむしろ経済力の強化など総合的な国力の充実を図るべきというものであった。これに対して、日本のように国力の劣る国は平時から強力な軍事力を保持するよう努力し、戦争とならば短期的に戦争目的を達するようにすべきであるという考えがあった。この国力の劣勢を前提とする考えは、その不足を精神力で補うという精神主義を強調する傾向もあった(4)。これら国力充実論と軍備強化論の対立は、その後の激しい統制派と皇道派の対立へもつながるが、一九二〇年代後半の段階では、陸軍大臣となった宇垣の主導によって、前者の国力充実論による平時兵力の大幅削減を行う軍縮が実行に移された。しかしながら、一九三〇年代に入ると再び陸軍内はその軍備構想などをめぐって対立混迷の時代に入った。また、この一九三〇年代は、国際情勢も緊迫の度を深めていった。総力戦体制構築には、中国大陸などでの資源の安定確保が必須の条件であったが、中国ナショナリズムの高揚とソ連の新経済政策の進行による新たな台頭は、満洲そして中国における日本の権益確保を危うくしていたのである。一九三一(昭和六)年の満洲事変以降の陸軍の大陸介入は、こうした総力戦体制構築の一環ともいえた。そしてさらに、国内政治的にも陸軍が問題とする状況が展開していた。対立のために対立を繰り返す政党政治の混乱現状は、国内資源の総動員を可能にする一元的な国家体制構築にはほど遠いものと認識された。一九三〇年代に盛んになる陸軍による政治介入も、総力戦問題の解決と決して無縁ではなかったのである。

第一次世界大戦中から総力戦の特質を認識し、戦争直後からその対応に取り組みはじめた陸軍であったが、部内の対立抗争も含めて何ら一貫した総力戦対策を採れないままに陸軍は戦間期を送ることになった。しかも、総力戦体制構築が要求する対外資源の確保と国内体制の再編成は、陸軍に対外的には中国大陸への兵力展開と、対内的には国内政治への介入という、力の分散状況を強いた。そして、陸軍は、第一次世界大戦の教訓が求めた今一つの課題であった科学戦への対応、兵器の近代化という純軍事的な分野での対応にも、大きな遅れをとることになったのである。

一方、一九一五年秋からの海軍による第一次世界大戦に対する戦訓調査は、陸軍同様、今後の戦争が長期持久戦すなわち総力戦となることを一応理解していた。しかし、陸軍に比べて科学技術を重んじるその特性もあってか、調査は兵器の発達とかその戦闘様式の調査とかにより重点が置かれる傾向があった。そして、そこで得られた「一国の海軍力は想定敵国の一〇分の六以下においては決戦的戦勝を得ること難し」とか「ド級艦は依然として海軍力の基幹たるの価値を失墜せず」という戦訓は、その後の海軍に大きな影響を及ぼすことになった。[5]

ところで、その海軍においても総力戦への対応をめぐって部内を大きく分かつような論争が、一九二一年から二二年にかけてのワシントン会議における海軍軍縮条約締結問題をきっかけに起こっていた。このとき、海軍内では日本の経済力の後進性という状況にどう対応するかについて、陸軍と同じような意見対立が生じていたのである。時の海軍大臣であり、ワシントン会議の首席全権であった加藤友三郎は、国防はもはや「軍人の専有物」ではなく、広く経済力や工業力の発展なしには、日本は新たな総力戦の時代に対応できないとした。そして、平時の軍備は国力相応のものでよいとし、米英に対する主力艦（戦艦）比率を六割とする軍縮提案を受け入れるべきとした（条約派）。これに対して、この会議の海軍側の首席随員であった加藤寛治は鋭く反発した。膨大な資源と工業力を必要とする総力戦の時代だからこそ、日本のようなそうした力で劣る国は平時から強力な軍備を保持する必要があり、いったん事があった場合は緒戦に持てる全兵力を投入して早期決戦を求めるしかない、という考えに立った（艦隊派）。この加藤寛治の

主張も、総力戦という時代の変化に向き合いながら、国力劣勢な日本の対応を深刻に捉えた一つの結論であったといえよう。(6)

この両者の対立は、結局、加藤友三郎海相の強いリーダーシップもあり、対米英六割の軍縮条約締結で決着した。しかし、友三郎亡き後（一九二三年死去）、その後の海軍で主流となっていくのは、加藤寛治流の国防観に立つ対応策であった。特に主力艦比率を対米六割に抑えられ、仮想敵国アメリカとの艦隊決戦での勝利を危うくされたと考えた艦隊派は、巡洋艦や潜水艦などの補助艦艇を強化、整備することによって、この劣勢比率を挽回しようと努めた。そして、一九三〇年のロンドン会議でさらにこうした補助艦艇でも対米劣勢比率が課されると、今度は軍縮の対象外であった航空機の戦力の充実、強化にも乗り出すようになった。こうして海軍は、結果的に第一次世界大戦後の課題の一つである兵器の近代化では、陸軍に比べ大きな成果を上げるようになっていった。さらに、一九三〇年代半ばに軍縮体制からの脱退を図った日本海軍は、再び戦艦「大和」型建造を含む軍備拡張を図り、一九四一（昭和一六）年一二月の対米開戦時には、かねてワシントンで要求した対米七割以上の艦艇兵力も保持していた。同時に、海上戦での新兵器である航空戦力についてもかなりの近代化を成し遂げていた。そして、これらの近代化された「兵器」は、「次の戦争」が短期決戦で片づく場合は、かなりの力を発揮するはずのものであった。

二　戦争計画としての「腹案」

第一次世界大戦後の日本の陸海軍による総力戦対応の実態から、一九四一（昭和一六）年一二月に日本が米英に開戦（第二次世界大戦へ参戦）する時点で、陸海軍に長期持久となる総力戦への準備が大きく欠けていたことは間違いないといえよう。陸軍は、戦間期に総力戦準備への意図は堅持しつつも、断続的に起こる部内外での対立、衝突そして対外紛争によりその体制作りに失敗していた。一方、海軍は、総力戦の時代だとはいえ、緒戦の勝利に重点を置く兵力（正面装備）の整備にその努力を集中するのみであった。それでは、こうした陸海軍の総力戦準備「欠如」の状況は、日本の第二次世界大戦勃発後の対応、なかでも対米英開戦の決定にどう影響していたのであろうか。

一九四一年一一月一五日、当時の日本の最高戦争指導機構といえる大本営政府連絡会議において「対米英蘭蔣戦争終末促進に関する腹案」（以下、「腹案」）が決定された。このとき、日本はすでに日中戦争（対蔣戦）の勃発から四年余りを経ていたが、この「腹案」は、その約一カ月後（一二月八日）に突入していく米英蘭との開戦（太平洋戦争）における、唯一の日本の戦争計画あるいは戦略と捉えられるものであった(7)。

ただし、この決定は、その「腹案」という言葉が示す通り、国の「正式」の戦争計画と呼ぶには、やはり不完全なものであった。実際、この「腹案」は、この年の九月六日に対米英開戦の方向を最初に定めた「帝国国策遂行要領」の御前会議決定以降、陸・海・外の事務当局レベルで、対米英蘭戦争の開戦にあたっての基本戦略、戦争目的、対外施策等を含む全体の戦争計画として立案準備された「対米英蘭戦争指導要綱」のなかの、一部分のみを抜き出し決定したものであった。換言すれば、この全体の戦争計画の多くの部分は、戦争遂行の困難性ゆえに、国レベルの決定にまで至らなかったということなのである。

このように、日本は太平洋戦争開戦時において十分な戦争計画をもたないままに米英蘭との開戦に踏み切っていた。もちろん、短いものとはいえ、戦争終末方針を示したこの「腹案」を必要最小限の戦争計画として読むこともできるが、それでも、その作成開始は、開戦のわずか三カ月前にすぎなかったのである。では、日本の陸海軍は、こうした戦争計画「不在」のなかで、どのようにして米英との大戦争に対する準備を進めていたのであろうか。

この「戦争計画なき開戦」という状況を支えていたのが、陸海軍がそれぞれ長年の間積み重ねてきた「年度作戦計画」であった。一九四一年一一月五日、先の「腹案」決定の一〇日前、対米英蘭開戦を再度決意した御前会議の日の午後に、この大戦争の各作戦計画を定める「対米英蘭戦争に伴ふ帝国陸軍全般作戦計画」（以下、「対米英蘭陸軍作戦計画」）と「対米英蘭戦争帝国海軍作戦計画」（以下、「対米英蘭海軍作戦計画」）が天皇の裁可を受けていた。一般論として「戦争目的・目標が確立（戦争計画）してから、そのための手段（作戦計画）が決まる」というのが順番であると考えるならば、日本の対米英蘭開戦は、わずか一〇日とはいえ、戦争計画と作戦計画決定について逆転現象が起きていたということもできるのである。[8]

ところで、この「対米英蘭陸軍作戦計画」と「対米英蘭海軍作戦計画」は、ともに昭和一六年度の陸海軍それぞれの「年度作戦計画」を修正のうえ策定したものであった。[9] 基本的に毎年作成されていたこの「年度作戦計画」は、当該年度中に万一想定敵国と開戦となった場合の作戦を定めるもので、作戦指導に限らず戦略指導の基本ともなり、また、平時においては陸海軍の軍備、教育、訓練等の諸計画の基礎となっていた。

こうした「年度作戦計画」の作成は、一九〇七（明治四〇）年に最初の「帝国国防方針」と同時に決定された「用兵綱領」のなかで、毎年作戦に関する計画を陸海軍ごとに策定し、天皇の裁可を得て保持することと規定されていた。そして、このことが定められた日露戦争後の時点では、陸海軍ともにその作戦計画は対露一国作戦を最も重視する形となっていた。しかし、その後一九一八（大正七）年の「帝国国防方針」の第一次改定、さらには一九二三年の第二次改定の段階になると、陸海軍の間に将来戦の様相をめぐる対立点が明らかになっていった。もともと、陸軍と海軍には、一連の「帝国国防方針」策定の際、それぞれの第一想定敵国がロシア（ソ連）とアメリカに分裂しているという問題があったが、さらに将来戦における対戦国数についても大きな意見対立が生じてきたのである。その対立とは、陸軍が「将来戦は対一国作戦に限定することは困難で、対数国作戦になる公算が大きい」と考えたのに対し、海軍は「将来戦争するとしても対一国に限定すべきで、対二国以上の戦争は国力上なすべきではない」としていたことによる。この対立の背景には、第一次世界大戦というまさに総力戦の展開から得た教訓として、陸軍は将来戦を対一国作戦だけで済むような限定戦争として考えられなくなったということ、一方海軍は、第一次世界大戦中から戦後のワシントン海軍軍縮会議を通して、第一の想定敵国であるアメリカとの対立を深め、そのアメリカとの対一国作戦に何より集中するようになったということが、それぞれ考えられる[10]。

ただし、この対立は、意外にも、陸軍側が海軍側に歩み寄るという形で解決することになった。「帝国国防方針」第二次改定の年の秋、陸海軍間で覚書が交わされ、翌年の大正一三年度以降、陸軍の作戦計画は、海軍の対一国作戦主義にできるだけ近づける形で策定されるようになったのである。ここには、ロシア革命後、陸軍の仮想敵であるロシアの脅威が弱まり、一方で、アメリカが「帝国国防方針」第二次改定で陸海軍共通の第一位の想定敵国として格上げされるようになったという影響もあったと考えられる。こうして、これ以降陸海軍の「年度作戦計画」には対一国作戦主義が定着していく。しかし、その変更の必要性が「帝国国防方針」の第三次改定および日中戦争の勃発という一九三〇年代後半に生じてくるのである。

まず、一九三六年の「帝国国防方針」の第三次改定で、それまでのアメリカ、ソ連、中国に加えて、イギリスが想定敵国として加えられることになった。この追加は、特に海軍側の強い要望によってなされたもので、従来、アメリカとの対一国作戦主義を重視してきた海軍にとってもその想定敵国はアメリカ一国ではなくなったのであった[11]。さらに、翌三七年七月以降に勃発・拡大していく日中戦争のもとでは、新たに他国と開戦すれば「対二国作戦になることは当然」となり「対一国作戦の計画は無意味」ともなった[12]。そこで、早くも昭和一三年度の陸海軍の「年度作戦計画」では「対支作戦中ほかの想定敵国アメリカ、ソ連、もしくはイギリスの何れか一国と開戦する場合」という対二国作戦が計画されるようになり、さらには「対支作戦中アメリカ、ソ連およびイギリスと開戦する場合」という対四国作戦もそれに付け加えられるようになった。この対二国および対四国作戦計画という二本立ては、多少の変更を加えられつつも、昭和一四年度、一五年度と維持され、そして、対米英蘭開戦の年となる昭和一六年度の計画には、

「対支作戦中米英蘭と開戦する場合」という作戦計画が存在していた。そして、これこそが一部の修正を経て、先の「対米英蘭陸軍作戦計画」と「対米英蘭海軍作戦計画」につながっていたのである。

三　対米英蘭戦争と国力

1　英米「可分」か「不可分」か?

もちろん、この昭和一六年度に見られる対四国作戦計画があるからといって、当時の陸海軍がそのまま対米英蘭戦争の遂行が可能であると考えていたわけではなかった。前節で説明した通り、陸海軍作戦当局者は、日中戦争勃発後から対二ないし四国作戦計画を検討・立案するようになっていたが、実際にこうした対数国戦争特に米英との開戦について陸海軍内で本格的に検討するようになったのは、一九四〇(昭和一五)年の夏頃からであった。そして、その際に大きな問題として立ちはだかっていたのが、やはりそうした大戦争を支える日本の国力の問題であった。

一九四〇(昭和一五)年七月二七日、「世界情勢の推移に伴う時局処理要綱」が大本営政府連絡会議で決定された。これは、一九三九年九月にヨーロッパで勃発した第二次世界大戦における、特に四〇年春以降の情勢の推移(ドイツの西方攻勢)のなかで、ドイツのイギリス攻略が間近にありうるという判断の下に検討されたものであった。そして、実はこの決定においては、それまでの陸軍の戦略方針について大きな変更が加えられていた。すなわち、それまで陸軍は対北方戦(対ソ戦)重視を金科玉条としていたわけであるが、ここで長引く日中戦争の解決のためにも対南方戦(対英戦)を先に考える「南先北後」という、戦略の「南進への旋回」[13]が起こっていたのである。

こうした対南方戦の遂行について、陸軍は石油・船舶量を含めた国力上の検討を企画院に依頼した。そして、その結論が「応急物動計画試案」として八月末にまとめられた。その内容は「基礎物資の大部分の供給量は五〇%近くまで下がり、軍需すら相当の削減を受けるというもので、国民生活の維持もへったくれも、これじゃ全く不可能」というもので、それでも「民需を極端に圧縮すれば短期戦は可能とされ、しかし、石油だけは致命的である」という結論であった。この結論を受けて、石油資源獲得のための蘭印武力進攻の検討が、これ以降、本格化していくことになった。なお、このときの国力検討に対して、海軍大臣の吉田善吾は、海軍部内に対して「この研究への海軍の絶対不関与」を厳命していた。その背景には、この対英戦をめぐる認識について、陸軍と海軍の間に大きな隔たりがあったからである。(14)

先の「時局処理要綱」が決定された時点で、特に陸軍中堅幕僚が検討していた対南方戦すなわち武力南進の構想は、ヨーロッパにおけるドイツの連戦連勝という情勢に「好機便乗」する形で進めることとされていた。そして、その発動には、①ドイツのイギリス本土上陸開始と、②日中戦争の停戦という二つの条件があった。後者の条件については、陸軍としては日中停戦がなくとも、ドイツのイギリス攻略に合わせて対英戦を開始することで日中戦争も有利に解決できるという判断もあった。ただし、こうした事態の展開には「日本が極東英領を占領してもアメリカは参戦しない」ということ、すなわち「英米可分」がその大前提としてあった。このときの陸軍の対南方戦構想とは、対戦国をイギリス一国に限定できるという判断に基づいていたのである。(15)

これに対し、海軍は「極東での英領攻略は対米戦につながる」という考え、すなわち「英米不可分」という立場にあり、これは海軍の伝統的な英米観でもあった。したがって、この立場の意味するところは、先の企画院の国力検討において対英戦に限定しても戦争遂行の国力にかなりの限界があるという実態から、ましてアメリカとの戦争をも含む米英同時の対南方戦など成り立たないということであった。吉田海相が企画院の国力調査への不関与を厳命したのも、こうした海軍の認識が関係していたと思われる。しかし、だからといって海軍は「時局処理要綱」決定に必ずしも反対していたわけでもなかった。海軍は、この際、対英戦の開始が対米戦の危機をもたらすという側面を強調し、

「対米戦備の充実」という自らの組織要求を強く訴え出ていたのである。

こうした対南方方策については、一九四〇年九月に日独伊三国同盟が締結され、イギリスのみならずアメリカとの関係がそれまで以上に悪化するなかで、同年末以降、陸海軍内でさらに検討が進められることになった。そして、そこで特に大きな問題に直面することになったのが「英米不可分」の前提に立っていた海軍で、これ以降、彼らはアメリカとの戦争について本格的に検討しなければならなくなっていくのであった。

2　「帝国海軍の執るべき態度」

一九四〇年一一月一五日、海軍は出師準備第一着作業を発動するとともに、海軍省軍務局の改編を実施した。これらは、同年七月の「世界情勢の推移に伴う時局処理要綱」の決定および九月の日独伊三国同盟の締結という事態の急迫を受けた、海軍の危機対処策であった。ちなみに「出師準備」とは、「国軍を平時の態勢より戦時の態勢に移し、且戦時中之を活動せしむるに要する準備作業[16]」のことで、まさに三国同盟締結以降、徐々に対米英戦の可能性が増大するなかで、その発動となっていた。

一方、軍務局の改編についても、その核心部分は「海軍の危局乗切り」のために「国防政策を主務とする「軍務課」を軍務局内に新設」するというもので、そこには「政策を陸軍に対応して処理できる」ようにするという意図、すなわちそれまで陸軍に対して明らかに弱かった政策能力を強化しようという意図が込められていた[17]。そしてその新設の軍務局第二課長には、海軍内きっての政治通であった石川信吾が着任した。

こうした流れのなかで、具体的に海軍内で危機対応の政策検討の場となったのが、一二月一二日に設置された海軍国防政策委員会（委員長：軍務局長）であった。そして、その設置の目的は「三国条約に依り帝国は英米に対抗するの国策を確立」したという認識の下、次のようになっていた[18]。

新国策遂行の為海軍は　全責任を負ふの意気込を以て政府に協力し　国民を指導し海洋国防国家態勢及総力戦準備の完整に努めざる可らず　之が為先づ軍務局及兵備局を整備して活発なる国防政策の処理を企図せられある次第なる所　海軍活動の神経中枢機関となるべき一機関を組織し　以て常務機関に依る事務処理に便し各部の研究計画の連絡を密にし　相互支援に依りて迅速なる成果の発動を期するは　現下内外の情勢に鑑み極めて緊要のことなりと認む

この委員会は大きく四つに分けられており、「主として国力進展の実行具体策及国防政策の案画並に部内各部との連絡、陸軍、興亜院等との連絡、指導を分担」する第一委員のメンバーは、軍務局第一課長（軍備・軍政）、軍務局第二課長、軍令部第一課長（作戦）、軍令部第一部甲部員（戦争指導）となっていた。この構成を見ると、まさにこれは海軍省と軍令部に跨がった実務者レベルの中枢機関として組織されていたことがわかる。また、このほかの第二―四委員のすべてにも新設の軍務局第二課長が加わる形となっていた。

こうして動き出したこの委員会の活動のなかで、「国防政策の案画」を担当した第一委員会がまとめ、翌年六月五日に海軍大臣・及川古志郎以下の決裁（押印）を得ていた文書が「現情勢下に於て帝国海軍の執るべき態度」[19]であった。これは、四〇年末以降、陸海軍内で進められていた対南方政策に関する検討に対する海軍側の最終的認識を示したものとされる文書であるが、そこにはこの問題をめぐる海軍の「対米戦決意」ともとれる強硬論[20]が示されていたのである。

まず、この文書のなかの「帝国海軍の執るべき方策」では、「原則的事項」として「帝国の自存自衛上我慢し得る限界を明にすると共に右限界を超ゆる場合の武力行使に関しては明確なる決意を顕示し且之に伴ふ準備を完整し置くこと」とされ、注記として「遅疑して其の機を逸するときは国力漸減しいよいよ死中活を求めんと決意せし時には既に反撥力を失ひ起たんとして起ち得ざるに至るべし今より決意を明定し置くの必要此所に存す」ことがその理由とされていた。そして、その武力行使については、「猶予なく武力行使を決意するを要す」る場合として、「米（英）蘭が石油供給を禁じたる場合」が筆頭に掲げられていた。そして、この文書は、以下のような「結論」で締め括られていたのである。

七　結論

（イ）帝国海軍は皇国安危の重大時局に際し帝国の諸施策に動揺を来させめざる為直に戦争（対米を含む）決意を明定し強気を以て諸般の対策に臨むを要す

「註」従来の如く戦争は絶対に避くる方針なるも万一其の事態起ることあるべきを予想し諸準備をなすべしとの態度は　国内全般施策に堅確性を欠き右顧左眄の結果却て窮境を招来し逆に戦争に近つく危険大なり

（ロ）泰仏印に対する軍事的進出は一日も速く之を断行する如く努むるを要す

……

先にも示した通り、海軍の対南方政策もしくは対米英政策を考える際の基本的認識は、その「英米不可分」論にあった。したがって、前年七月の「英米可分」を前提とした「世界情勢の推移に伴う時局処理要綱」決定直後に始まった対南方政策についての具体的検討すなわち国力上の検討などでは、海軍首脳は非常に消極的態度を採っていた。しかし、九月末の三国同盟締結以降、米英との関係が一段と悪化していく情勢のなか、すなわち米英ともに対戦国として見て対南方政策を本格的に考えなければならなくなる情勢のなかでは、海軍も「英米不可分」論の立場だからといってこの問題の検討を避けて通れなくなった。そして、まさにその検討の場となったのが第一委員会だったのであり、その委員会の結論こそが「現情勢下に於て帝国海軍の執るべき態度」だったのである。

この文書の結論部分（イ）項を読む限り、海軍はここで対米戦の決意を明示したようにも思われる。「英米不可分」論の海軍にとっては、イギリスとの対決となる対南方政策の推進はアメリカとの対決にほかならなかったのであり、したがって対米戦の前提なしには何も具体的な検討が進まなかったことも事実であろう。また、この第一委員会の海軍中枢の実務者たちは、アメリカとの対決の危険があるからといって、対南方政策を取りやめるというような消極論者でも決してなかった。むしろ、彼らの立場は対米強硬論だったのである。

しかし、この時点で海軍が本当に対米戦の覚悟を固めていたかというと、首脳陣はもちろん、第一委員会のメンバーにおいてさえもそれほどではなかったというのが実態だったと思われる。それは、この結論の（イ）項の後に記されている「註」を読むと明らかになる。そこには、「従来の如く戦争は絶対に避くる方針」で「万一其の事態起ることあるべきを予想し諸準備」をしていると「右顧左眄の結果却て窮境を招来し逆に戦争に近つく危険大なり」との認識が述べられているからである。「戦争（対米を含む）決意を明定し」というのはその直後の「強気を以て諸般の対策に臨む」に係る修飾語、すなわちその意気込みのほどを示した言葉と見るべきものなのかもしれない。実際、この文書作成の中間段階の案には「堅確なる戦争決意の下に平和的国策遂行に邁進する」[21]ことが「海軍として執るべき方策」とも結論づけられていたのである。やはり海軍も、国力絶大なアメリカとの戦争は「可能な限り避ける」ものとして、その困難性を十分認識していたのである。それでも、この方策の原則的事項にあるように、「帝国の自存自衛上我慢し得る限界」を超えた場合は「いよいよ死中に活を求めん」とする武力行使の決意を今から「明定し置くの必要」があるとされていた。そして、その我慢の限界点としては「米（英）蘭が石油供給を禁じたる場合」が真っ先に挙げられていたのである。

3 「対南方施策要綱」と開戦決意

一九四一年六月六日、陸海軍統帥部（参謀本部・軍令部）で前年末からの南方方策についての検討が「対南方施策要綱」として最終的に決定された。その結論は、「英米可分」の考え方をもはや通用しないものとして捉え、ただし対米英戦争については「帝国の物的国力は対米英長期戦の遂行には不安」であり「輸入途絶により液体燃料を中心に経済的抗戦力に懸念を生ずる」という判断の下、「好機に投ずる南方武力行使は無し」とするものであった。そして、この「施策要綱」では、日本の南方施策は「外交的施策」（＝平和的施策）によりその「目的の貫徹を期するを本則とす」、すなわち「米英との戦争にならない範囲で南進する」ということが原則とされていた。ここでもあくまで「米英との同時戦争については、基本的に国力上戦争計画は成り立たない」という認識が前提としてあったのである。しかしながら、①英米蘭等の対日禁輸により帝国の自存が脅かされた場合、および②アメリカが単独で、もしくは英蘭支等と共同で対日包囲網態勢を加重し我が国の国防を脅かす場合には、「自存自衛のための武力を行使す」とも定められていた。(22)

こうした「施策要綱」決定を経て、その施策の一つの大きな行動として現れたのが、七月末の日本軍による南部仏印進駐であった。そして、これはこの決定の原則に沿う、日本側の判断ではあくまでも「戦争にならない範囲」の南進策だったのである。(23)しかしながら、この日本の行動に対するアメリカ側の反応は、よく知られているように、在米資産凍結から石油の全面禁輸という非常に強い形で現れてきた。アメリカの対日態度は、六月末の独ソ開戦により、より強いものになっていたこともあるが、日本の陸海軍統帥部は南部仏印進駐に対するこのアメリカ側の強硬な対抗姿勢を読み取れていなかった。そして、その結果としての石油の全面禁輸は、明らかにこの「施策要綱」でも「自存自衛」戦争発動の要件を満たすものになっていた。しかも、時が経ち、日本に石油の備蓄がなくなれば、その「自存自衛」戦争すら発動できなくなる運命に日本は追い込まれたのである。こうして、九月六日の御前会議において、本来は戦争計画が成り立たなかった対米英戦争について、その決意を固める結果となっていくのであった。

四　「腹案」とハワイ作戦

一九四一(昭和一六)年夏以降の「自存自衛」上は対米英蘭開戦もありうるという決定については、「腹案」の冒頭の「方針」にも「速に極東に於ける米英蘭の根拠を覆滅して自存自衛を確立する」という形で「自存自衛」が謳われていた。そして、この戦いの「要領」としては、「迅速なる武力戦を遂行し……重要資源地域竝主要交通線を確保して長期自給自足の態勢」を整えること、すなわち資源確保の重要性とこの戦いが長期に及ぶことが認識されていた。一方、作戦上は「凡有手段を尽して適時米海軍主力を誘致して之を撃滅する」という、日本海軍が日露戦争の日本海海戦での戦勝以降、将来起こりうる対米戦の際の「決め手」としていた主力艦(戦艦)による艦隊決戦の重要性も特に明示されていた。

ただし、この「腹案」で構想する戦争「終末」の方針は、「積極的措置に依り蔣政権の屈服を促進し、独伊と提携して先づ英の屈服を図り米の継戦意思を喪失せしむるに努む」というように、やはり最後まで見込みの立たなかった米英との戦争については、多分にヨーロッパ戦線におけるドイツの対英戦勝利に期待する他力本願があり、また最大の対戦国であるアメリカについては、その継戦意思喪失による「引き分け」に持ち込むのがやっとという状況認識であった。

それでも、陸海軍が事前に裁可を得ていたそれぞれの対米英蘭作戦計画は、まさにこの「腹案」が定める「自存自衛の確立」の前提条件といえる南方の「重要資源地域」にまず向けられていた。戦争計画と作戦計画の間に開戦当初における齟齬は少なくとも表面的には見られなかった。そして、この中核となる陸海軍協同の南方攻略作戦を実施するうえでの「南方作戦陸海軍中央協定」も作戦計画と同時にその策定が終わっていた。

ところで、このまずは上陸作戦として実施される南方攻略作戦では、敵の航空勢力を排除したのちに上陸するのが常道であり、そのためには日本側の航空勢力の絶対優勢が必要であった。しかしながら、この重要資源地帯を獲る作戦の初戦には、海軍の有力な航空兵力である主力空母六隻の投入は全くなされなかった。それらはすべて、山本五十六連合艦隊司令長官の強い希望によりハワイ作戦に投入されたからである。この作戦は、「対米英蘭海軍作戦計画」のなかの第一段作戦「作戦要領」のなかに「開戦劈頭機動部隊を以て布哇（ハワイ）所在敵艦隊を奇襲し其の勢力の減殺に努む」と記されていたが、この作戦実施には、当初、海軍内で軍令部側の強い反対があった。ハワイ作戦実施が正式に決定したのは、海軍中央での作戦計画策定が完了した日のわずか一週間ほど前（一〇月一九日）で、「この作戦が認められなければ辞任する」ことまで持ち出した山本長官に対して、軍令部総長の永野修身が「それほど山本が言うのならば」という決裁によってであった。[24]

軍令部側のハワイ作戦への反対理由は、そもそもそれまで海軍が対米戦を主軸に重ねてきた「年度作戦計画」には、開戦初頭敵艦隊の根拠地に大々的に攻撃をかけるという作戦が想定されておらず、あくまで来航する米艦隊を「漸減邀撃」して撃滅するというのが海軍の基本方針であったこと、そしてまたこのハワイ作戦が完全な奇襲によらなければ逆に大きな損害を受けるという危険に満ちた作戦で、しかもハワイ近海まで数千カイリの海上を空母六隻から成る大部隊が発見されないまま到達できるという保証は全くない「大バクチ」に映ったからであった。もちろん、「対米英蘭海軍作戦計画」のもととなった昭和一六年度の海軍年度作戦計画にもこのハワイ作戦は全く含まれていなかった。

結局この作戦は、米艦隊「勢力の減殺」という目的、すなわち主力艦隊決戦で米艦隊撃滅に至る前段階の「漸減」作戦に通じるものとされ、また、全体の戦争計画である「腹案」においても、まず重視されていた南方資源地帯の確保に対する最大の懸念であった米艦隊の脅威をあらかじめ取り除くという、南方作戦を支える「支作戦」として位置づけられることによって、その実施が認められたのである。[25]

しかし、こうして認められたハワイ作戦ではあったが、山本長官の頭には、そもそも「腹案」が示す南方重要資源地帯を占領したのち長期持久戦に入るという戦争計画について、それを「非現実」とする考えがあった。したがって、その南方作戦の「支作戦」としてのハワイ作戦というよりも、この戦争そのものを短期的に終わらせるための対米「主作戦」としてのハワイ作戦という考えが強かった。[26] すなわち、山本五十六は短期決戦主義者だったのである。また、この作戦は、海軍作戦計画が示す主力艦隊決戦前の「勢力の減殺」ではなく、むしろそうした「米海軍主力を誘致して」行う形の漸減邀撃作戦を否定して、「開戦劈頭敵主力艦隊を猛撃撃破して、米国海軍及米国民をして救ふ可からざる程度に其の志気を阻喪しむる」ことをめざした「一大決戦」としても構想されていた。[27] すなわち、連合艦隊の作戦計画は、「腹案」が示す戦争計画とも、海軍中央が定めた「対米英蘭海軍作戦計画」とも、それぞれ乖離が生じていたのである。そして、実はこの問題は、開戦以降、ハワイ作戦が想定を越える成功を収めたことによって、連合艦隊の諸作戦がまずは戦争を主導していったことから、その矛盾点をその後大きく露呈していくことになるのであった。

おわりに

こうした戦争計画と作戦計画間の乖離の問題は、陸軍側にも少なからず存在していた。陸海軍の対米英蘭作戦計画が裁可された一九四一（昭和一六）年一一月五日の午前、御前会議で決定された「帝国国策遂行要領」では、「帝国は現下の危局を打開して自存自衛を完ふし大東亜の新秩序を建設する為此の際対米英蘭戦争を決意」すると、その戦争目的について「自存自衛」と「大東亜新秩序建設」の二つが並列していた。しかし、それに先立つ九月六日決定の「帝国国策遂行要領」では、「帝国は自存自衛を全うする為対米（英、蘭）戦争を辞せさる決意」と、戦争目的は「自存自衛」だけに絞られていた。「腹案」の「自存自衛の確立」という単一の戦争目的も、九月六日の決定を受けた「対米英蘭戦争指導要綱」の検討結果から出ていた。それでは、なぜ一一月五日の決定では、「自存自衛」に並んで「大東亜新秩序建設」というより積極的な戦争目的が記されることになっていたのか。それは、陸軍側の意見が通ったもので、政府、海軍側は対米英蘭開戦決意に至る過程からも「自存自衛」以上の目的設定には本来反対であった[28]。

しかしながら、こうした陸軍側による戦争目的設定における積極的な姿勢にもかかわらず、この開戦で最も重要となる南方作戦について、陸軍はそれをあくまで「局地戦」にすぎないものと位置づけていた。参謀本部第一（作戦）部長の田中新一は、「兵力的に見て南方作戦は陸軍としては一部的なもの」にすぎず、次なる対ソ作戦こそが総合戦争（対南方、対支、対ソ）において「決定的意義を持つ」という考えだったのである[29]。実際、南方作戦に投入される陸軍兵力は、地上一〇個師団で陸軍総兵力五一個師団の約二割をもって足りるとされていた。陸軍としては相変わらず対支そして対ソ作戦が「主作戦」であった[30]。したがって、陸軍の南方作戦計画では、初期の進攻要領についての記述はあるものの、その後の作戦展開について触れられていなかった[31]。すなわち、「腹案」で示される南方攻略後の「長期自給自足」の戦いになった場面での持久作戦計画は、「対米英蘭陸軍作戦計画」には含まれていなかったのである。

陸軍が「対ソ」を主正面とし続けた背景には、「対米」すなわち太平洋正面については、「海軍に一任」するという認識も強く働いていた。それは同時に従来からの海軍の考えでもあった。しかし、その海軍においても、永野軍令部総長によれば「戦争第一、第二年確算あるも第三年以降確算なし[32]」（一一月二日大本営政府連絡会議）と明言するような状況であった。結局、南方攻略作戦で始まる対米英蘭戦争について、政府も陸海軍中央部も「長期戦になる」ことが避けられないと知りつつ、その「持久」段階での戦争計画、作戦計画をほとんど示すことができていなかったのである。そして、こうした状況が、また、開戦以降、「対米」太平洋正面の作戦を展開していった山本連合艦隊の「短期決戦」構想によって、この「戦争計画なき戦争」が引きずられていく原因となるのであった。

(1) 黒沢文貴「第一次世界大戦の衝撃と日本陸軍――軍近代化論覚書」（滝田毅編『転換期のヨーロッパと日本』南窓社、一九九七年）一七八頁。のち黒沢文貴『大戦間期の日本陸軍』（みすず書房、二〇〇〇年）に収録。
(2) 戸部良一『日本の近代9　逆説の軍隊』（中央公論社、一九九八年）二二〇頁。
(3) 黒沢文貴「戦前日本の「太平洋戦争への道」――陸軍の総力戦構想を中心にして」（中井晶夫・三輪公忠・蠟山道雄編『独ソ・日米開戦と五十年後』南窓社、一九九三年）三五―三六頁。のち黒沢前掲書に収録。
(4) 戸部前掲書、二二八頁。
(5) 平間洋一『第一次世界大戦と日本海軍――外交と軍事との連接』（慶應義塾大学出版会、一九九八年）二七一、二七七頁。
(6) 麻田貞雄『両大戦間の日米関係――海軍と政策決定過程』（東京大学出版会、一九九三年）一五三頁。
(7) 防衛庁防衛研修所戦史室編『戦史叢書　大本営陸軍部大東亜戦争開戦経緯5』（朝雲新聞社、一九七四年）三四四頁。秦郁彦「戦争終末構想の再検討――日米の視点から」軍事史学会編『第二次世界大戦3　終戦』（『軍事史学』第三一巻第一・二合併号、一九九五年）一九頁。
(8) 『戦史叢書　大本営陸軍部大東亜戦争開戦経緯5』二九七頁。
(9) 野村実『太平洋戦争と日本軍部』（山川出版社、一九八三年）二六六―二八一頁。
(10) 第一次世界大戦後の両大戦間期の陸海軍のこの問題に対する対応等については、黒沢前掲書、麻田前掲書（第四章、第五章）などを参照。
(11) 海軍の対英感情の悪化については、相澤淳「戦間期日本海軍の対英戦略」（平間洋一、イアン・ガウ、波多野澄雄編『日英交流史 1600–2000　3軍事』東京大学出版会、二〇〇一年）一五五―一六六頁。
(12) この時期の陸軍の戦争認識の変化については、戸部良一「陸軍と次期大戦」（『国際政治』第九一号、一九八九年五月）七〇―八五頁。
(13) 波多野澄雄『幕僚たちの真珠湾』（朝日選書、一九九一年）三六―三九頁。
(14) 近藤新治「物的国力判断」（同編『近代日本戦争史　第四編　大東亜戦争』同台経済懇話会、一九九五年）二〇三―二〇五頁。
(15) 具体的な陸軍の対英戦の検討については、等松春夫「日本陸軍の対英戦争準備――マレー進攻作戦計画を中心に」（『日英

交流史 1600-2000　3』）一九八―二〇八頁。
(16) 防衛庁防衛研修所戦史室編『戦史叢書　大本営海軍部・連合艦隊1　開戦まで』（朝雲新聞社、一九七五年）四七九頁。
(17) 同右、四九〇―四九一頁。
(18) 同右、四九四頁。
(19) 防衛庁防衛研修所戦史室編『戦史叢書　大本営陸軍部大東亜戦争開戦経緯4』（朝雲新聞社、一九七四年）六一―七五頁。
(20) 日本国際政治学会太平洋戦争原因研究部編『太平洋戦争への道7　日米開戦』（朝日新聞社、一九八七年）二〇四―二〇六頁。
(21) 『戦史叢書　大本営陸軍部大東亜戦争開戦経緯4』八〇頁。なお、この中間案の検討については、森山優「海軍中堅層と日米交渉――軍務第二課を中心に」（『九州史学』第九九号、一九九一年三月）二七―四八頁。
(22) 波多野前掲書、五九―六一、二二九頁。
(23) 日本国際政治学会太平洋戦争原因研究部編『太平洋戦争への道6　南方進出』（朝日新聞社、一九八七年）二六五―二六六頁。
(24) 山本五十六のハワイ作戦策定までの経緯については、相澤淳『山本五十六――アメリカの敵となった男』（中公選書、二〇二三年）を参照。
(25) 『戦史叢書　大本営陸軍部大東亜戦争開戦経緯5』三二九頁。Ikuhiko Hata, ‘Admiral Yamamoto’s Surprise Attack and the Japanese Navy’s War Strategy,’ Saki Dockrill, ed., *From Pearl Harbor to Hiroshima: The Second World War in Asia and the Pacific, 1941-45* (London: Macmillan, 1994), pp. 64-66.
(26) 『戦史叢書　大本営海軍部・連合艦隊1』五五二頁。
(27) 『戦史叢書　大本営陸軍部大東亜戦争開戦経緯5』三三四頁。防衛庁防衛研修所戦史室編『戦史叢書　ハワイ作戦』（朝雲新聞社、一九六七年）八二―八九頁。
(28) 森松俊夫「大東亜戦争の戦争目的」（近藤編前掲書）二九四―三一六頁。
(29) 『戦史叢書　大本営陸軍部大東亜戦争開戦経緯5』三一四―三一七頁。
(30) 同右、三九頁。
(31) 波多野前掲書、一九九頁。
(32) 軍事史学会編『大本営陸軍部戦争指導班　機密戦争日誌　上』（錦正社、一九九八年）一八〇頁。

第8章　一九三〇年代における海軍権力構造と軍事輔弼体制の変動
――元帥府・元帥の視点から

飯島直樹

はじめに

一九三〇(昭和五)年のロンドン海軍軍縮条約批准問題は、日本政治史上大きな岐路となった。条約批准に反対する海軍艦隊派や陸軍の一部、右翼勢力から統帥権干犯問題が提起され、大きな政治問題に発展した。これを契機として陸海軍の政治的台頭が進行し政党内閣制は崩壊の一途をたどることになる。その余波は、震源地である海軍の権力構造にも大きな影響を及ぼした。従来、海軍では海相を中心とする海軍省が海軍軍令部を統制する構図が成り立っていた[1]。いわゆる軍政優位体制と呼ばれる体制は、特に一九二〇年代の政党内閣時代において、陸海軍ともに政党内閣の一因である陸相・海相による部内統制システムとして機能していた[2]。しかし、ロンドン条約問題を通して、海軍内で影響力を増しつつあった加藤寛治・末次信正ら艦隊派は、伏見宮博恭王を海軍軍令部長に擁立した。伏見宮の影響力を背景に、艦隊派はいわゆる「大角人事」と呼ばれる海軍条約派将官の追放人事や海軍軍令部条例改正を敢行し、軍令部の権限強化を果たしたのであった。その後艦隊派が没落すると、海軍の権力構造は伏見宮を中心とした体制[3]に収斂していくことになる。

こうした艦隊派の台頭と軍政―軍令関係の変動を語るうえで外せない重要人物がいる。「海軍の神様」と称され、当時海軍唯一の元帥だった東郷平八郎である。東郷は終身現役の元帥として圧倒的な権威を兼備し、彼の意向は海軍の意思決定を左右するほどの影響力があった。しかし、ロンドン条約批准時すでに八〇歳を超えていた東郷は政治的判断力の衰えとともに、艦隊派や小笠原長生ら予後備役将官グループといった取り巻きに擁立され、艦隊派の勢力伸長と軍令部の権限拡大に貢献したのである。(4)

この時期の東郷の政治的動向については、田中宏巳氏による先駆的な研究がある。(5) 田中氏は、東郷の側近である小笠原長生の日記（以下、「小笠原日記」）を発掘し、その記述内容を分析することで、東郷と小笠原ら予後備役将官を中心とした「東郷グループ」が伏見宮の海軍軍令部長擁立や軍令部権限強化など、海軍内の人事や政策決定に強い影響力を及ぼしたことを明らかにした。さらに、東郷は陸軍にも影響力を及ぼすようになり、陸海軍間における「元老」的役割を果たしたと指摘する。(6) 東郷の存在は、一九三〇年代の海軍内の権力構造と陸海軍の政治的動向を捕捉するうえで、無視しえない論点といえる。ただし、「小笠原日記」を重視する分析手法ゆえに、小笠原の主観を透過した政治工作の影響を強調する傾向があるように思われる。なぜなら「東郷グループ」の主軸である小笠原らはあくまでも予後備役将官であるため、本来は陸海軍の意思決定構造や政局に直接関与しえない、いわば権力の周縁に位置している政治勢力だからである。それゆえに東郷を介した非公式な政治工作を行うことで、海軍の意思決定過程や政局に爪痕を残そうと努めていた。(7) 彼らが海軍内で影響を及ぼしうる、その力の源泉は、東郷平八郎が終身現役の元帥として海軍に君臨していた事実に求められるはずである。

元帥は天皇の軍事顧問機関として、必ずしも軍政・軍令機関の統制を受けない元帥府の構成員であり、東郷は一九三〇年代の海軍で皇族を除く唯一の元帥だった。当時の陸軍側元帥には上原勇作がいたが、彼らは日清・日露戦争の武勲に依拠して臣下から奏請された「臣下元帥」だった。しかし、一九三三年に上原が、翌年には東郷が相次いで死去したことで、皇族からなる「皇族元帥」を除き、陸海軍の「臣下元帥」は途絶える。最晩年の東郷が陸海軍唯一の「臣下元帥」として存在した点を踏まえれば、この時期の海軍権力構造の変動について、東郷個人の権威性に依拠する非公式な政治工作の視点だけでなく、東郷が終身現役という制度的保障を帯びる元帥府の構成員であるという点に留意しながら検討する必要があるのではないだろうか。海軍の軍政—軍令関係の変動について、海軍の省部関係だけでなく、元帥府・元帥との関係性という視点も導入する意義があると思われる。

さらに、東郷の死によって、天皇の軍事顧問である元帥府で唯一の「臣下元帥」が消滅する。このことは、一九三〇年代の軍部の政治的台頭と比例して、天皇にとって省部外の立場から助言しうる軍事的輔弼者が不在になることを意味していた。軍の統制という政治的課題を抱える天皇や宮中にとって、「臣下元帥」の不在はいかなるインパクトを及ぼしたのだろうか。このことは、後述の元帥府を基軸とする軍事輔弼体制の変容にも大きな示唆を与えると考える。本章では特に、一九三〇年代の「皇族元帥」であり、皇族長老でもある陸軍の閑院宮載仁親王と海軍の伏見宮博恭王の存在に注目したい。彼らは「皇族元帥」（伏見宮は一九三二年五月に元帥となる）だったが、一九三〇年代前半に相次いで参謀総長・海軍軍令部長に就任する。これは皇族の権威によって軍の統制を図ろうとする軍内外の試みであったが[8]、その反面、天皇を支えるべき「皇族元帥」が統帥部の代表者となることも意味していた。

以上の点を踏まえ、本章では、元帥府・元帥の存在を媒介として、元帥としての東郷の存在が海軍権力構造や元帥府の位相の変動に及ぼした影響と、昭和天皇・宮中にとっての軍事的な輔弼者の不在という二つの側面を紐づけて考察することで、一九三〇年代の海軍における軍政—軍令関係と軍事輔弼体制の変容過程を捉え直してみたい。主な史料として田中氏が活用した「小笠原日記」[9]などを用いて検討する。

なお、史料引用に際しては適宜句読点と濁点を付し補注は〔　〕で示した。また注の煩雑さを防ぐために、本章で多用する史料のうち、「小笠原日記」「財部彪日記」（国立国会図書館憲政資料室所蔵、以下「財部日記」と表記）、伊藤隆ほか編『続・現代史資料5　海軍 加藤寛治日記』（みすず書房、一九九四年、以下『加藤日記』と表記）、本庄繁『本庄日記』（原書房、一九六七年）、原田熊雄『西園寺公と政局』第一—四巻（岩波書店、一九五〇年、以下『原田日記』と表記）の出典は原則として本文中に記した。

一　最後の「臣下元帥」東郷平八郎と海軍の軍事輔弼体制

1　東郷平八郎への期待と皇族統帥部長の登場

本章の前提として、明治期以来の元帥府と軍事輔弼体制について概観しておきたい[10]。明治期以来、天皇は軍事的事項について軍政・軍令機関による輔弼だけに依拠するのではなく、省部から独立する元帥府と元帥個人に重要事項を下問したうえで裁可する慣例が存在し、明治・大正両天皇はこの軍事輔弼体制を積極的に活用することで安定的に軍事指導を行っていた。ところが一九二〇年代に入ると、陸軍は陸相中心の軍政優位体制を確立させるために、「臣下元帥」再生産凍結と元帥個人への御下問の慣例の廃止を通して、元帥府・元帥個人を軍事輔弼体制から排除した。その一方、海軍では、歴代の海相が井上良馨・東郷平八郎両元帥と協調することで部内統制を実現していたため、「臣下元帥」の存在が必要不可欠だった。そのため、海軍は元帥への公式御下問の継続や「臣下元帥」生産を試みるなど、軍事輔弼体制の慣例を維持しようとした。しかし、最終的に陸軍との合意に拘束される形で「臣下元帥」の再生産を実現できなかった。一時は海軍内で「臣下元帥」の階級制・定年制導入といった元帥制度化も検討されたものの、これも実現しなかった。そのため、二九年に海軍の先任元帥である井上良馨が死去すると、唯一の「臣下元帥」となりすでに八〇歳を超えていた東郷の圧倒的な権威化が進み、ロンドン条約批准問題を迎えたのであった。

さて、ロンドン条約批准時に強硬な反対論を唱え海軍内外に大きな混乱を招いた東郷であったが、条約問題後は財部の後任である安保清種海相に働きかけ、艦隊派の意向に沿うような海軍補充計画を議会で通過させるなど[11]、その影響力は艦隊派寄りの言動を繰り返しながら増幅していった。こうした東郷に対して、陸軍は個別案件を事前に説明するなど、東郷への配慮の姿勢を見せるようになっていた。たとえば、満洲事変直前の九月一〇日、南次郎陸相が東郷を訪問し、「軍革案並ニ朝鮮ニ二師団ヲ移スコト及ビ満洲朝鮮ヘ派遣ノ軍隊ハ爾後成ルベク変換セザルコト（即チナルベク永住セシムル方針）等」を説明し了承を求め、東郷は「必ズ実現ヲ期スベキコト及ビ来年ノ軍縮ニ対スル覚悟ヲ激励」した（「小笠原日記」一九三一年九月一〇日条）[12]。当時、南陸相は軍制改革と朝鮮駐在師団の常置化といった外地兵備改編構想について、財政事情から消極的な若槻内閣との交渉に苦慮していた[13]。こうした課題を乗り切るために南は東郷の了承を得ることで、海軍の異論を抑えつつ、若槻内閣に対抗する狙いがあったのではないかと思われる。この後も陸軍は陸海軍の関連事項について東郷から事前に了承を得るなど[14]、一定の配慮に努めていた。

周知のように、満洲事変勃発後、軍の統制が政治的課題として浮上する。この課題を克服するために、主に宮中方面では重臣会議、御前会議招集論が浮上し、その招集範囲に東郷の名が挙がることも珍しくなかった。たとえば、関屋貞三郎宮内次官は、東郷や岡田啓介、清浦奎吾、高橋是清ら「諸長老をして随時意見を上奏」させるような「特殊の職制」の私案を河井弥八侍従次長に示した[15]。また、平沼騏一郎も軍部統制の切り札的存在として、海軍の山本権兵衛や陸軍側元帥の上原勇作よりも東郷の影響力に期待をかけていた[16]。海軍内では一九三二（昭和七）年二月二八日、財部彪が斎藤実に「第一次西園寺内閣ノ時朝鮮問題等ノ為山本〔権兵衛〕軍事参議官及伊東〔祐亨〕元帥（軍令部長ノ資格カ）ヲ閣議ニ伊藤公等ト共ニ列席ヲ求メラレタルコトアリタリ。目下モ元帥等ヲ重臣会議如キニ招請スルト云フ如キコトハ時宜ヲ得タルモノナルベシ」と語りお互いに「共鳴」し合うなど（「財部日記」当日条）、財部は過去の例を引きながら「元帥」（＝東郷）の「重臣会議」への招集も選択肢の一つだと認識していた。このように、東郷は当時の政界や海軍の一部において軍の統制を実現しうる可能性を有する「重臣」的存在として認識されていた。こうした東郷への期待を背景として、海軍の艦隊派や陸軍皇道派から皇族権威利用論が浮上する。

閑院宮と伏見宮の統帥部長就任については、陸軍や艦隊派、平沼騏一郎ら各界勢力が、皇族長老の権威によって軍の統制を図ろうとする試みの一環だったことが明らかにされている[17]。実際、海軍内では艦隊派の加藤や小笠原らが満洲事変以前から伏見宮の軍令部長就任を画策していた。たとえば、一九三一年六月一八日に小笠原は東郷に「加藤大将ガ一昨々日元帥訪問ノ上開陳シタル殿下ヲ軍令部長ニ奉戴ノ件ニ関シテハ、昨年長生ガ拝謁ノ上御願申上御内諾ヲ得居ルヲ以テ準備ナラバ実現スベク元帥モ確信居ラル、コト、及陸軍ノ一部ニテモ参謀総長ニ皇族様奉戴シタキ切望アリ、長生ガ之ニ対シ意見ヲ述ベタル顚末ヲ告グ」(「小笠原日記」当日条)と述べているように、満洲事変以前に伏見宮から軍令部長就任の内諾を得ており[18]、陸軍の一部でも皇族参謀総長推戴の動きがあった。満洲事変勃発直後の九月二三日、加藤が平沼、荒木貞夫と協議した結果、閑院宮・伏見宮から西園寺に上京を促し「同公ヲ始メ山本伯、枢密院議長、以下最高幹部ノ会議ヲ催シ時局ニ善処スベシトノ決議」をした上で、翌日小笠原を介して伏見宮と東郷からも同意を得ていた(「小笠原日記」九月二四日条)。皇族長老を動かすことで事態の打開を図ろうとしたことがわかる。

その後、陸軍の一部将校による十月事件が発覚し、軍の統制がより強く要請されるなかで、東郷は閑院宮の内大臣府入りを唱えるようになった。大正期に伏見宮貞愛親王が内大臣府出仕を務めた事例を引用しながら、閑院宮が内大臣府に入ることで「其ノ御徳望ニヨリ軍部ハ必ズ静謐」になるという趣旨だった(「小笠原日記」一九三一年一〇月二九日条)。小笠原らは閑院宮の内大臣府御用掛就任を検討するものの(「小笠原日記」同年一〇月三〇日、一一月一三日条)、結果的には陸軍側の意向(「小笠原日記」同年一二月一四日条)により、一二月に閑院宮が参謀総長に、翌年二月に伏見宮が軍令部長に就任した。当初は両宮の同時就任が画策されていたようだが、谷口尚真海軍軍令部長が突如辞意を撤回したため、立ち消えとなった。谷口の辞意撤回を聞いた東郷は激怒し「財部か岡田の入知恵か、谷口に辞職勧告せよ」と叱責しようとしたほどだった（『加藤日記』一九三一年一二月二〇日条、一五五頁）。事実、財部は谷口に辞意撤回を働きかけていた（「財部日記」一九三二年一二月一五日条）。ロンドン条約批准過程で伏見宮の去就に悩まされた財部には、伏見宮の要職就任とその背後にいる加藤・小笠原ら艦隊派への強い警戒心があったのである。

こうした認識は海軍内外である程度共有されていた。たとえば、岡田啓介軍事参議官は「例の予後備の連中」が東郷に伏見宮推戴を主張させるので、「海軍大臣としても東郷元帥の一言には従はなければならない」と苦言を呈し、大角岑生海相も皇族が責任をとるべき事態を危惧して「なるべく殿下方は、責任ある地位に立たれない方がいゝのだ」と述べている（『原田日記二』一九八―一九九頁）。このように、海軍省や軍政系の間では、皇族の政治責任回避が志向され、軍令系による伏見宮の政治利用に危機感を抱いていた。

しかし、こうした懸念は現実のものとなっていく。伏見宮擁立に成功した加藤ら艦隊派は、伏見宮と東郷の政治利用によって勢力伸長を画策していた。海軍軍令部長就任から間もない二月二四日、伏見宮が昭和天皇に拝謁した際、天皇が高橋是清蔵相と荒木陸相の意見対立を念頭に「どうも今の政府には統一がないやうで非常に困る」と発言すると、伏見宮が「誰か適当な人物がお話相手に出て、御安心遊ばすやうにしたいものだ」と答える一幕があった。大角海相が「拝謁の場合、どうか殿下から政治談は遊ばさないやうに」と伏見宮に注意したように（『原田日記二』二二三―二二四頁）、皇族としては軽率な発言だった。ただし、この「政治談」は伏見宮の個人的見解というよりも加藤や小笠原らの希望によるものだった。彼らは二月二〇日段階で伏見宮に上奏の決心を慫慂していた（『加藤日記』当日条、一六六頁）。このときの様子について「小笠原日記」（二月二〇日条）は次のように記す。

午前九時千坂中将来訪。加藤大将ノ東郷元帥ニ関スル最重要ノ伝言ヲ齎ス。仍テ午后三時東郷元帥ヲ訪ヒ、陛下ヨリお召ノアリシ節ハ必ズ参内セラレタキ旨ヲ屡々陳述シ、且ツ加藤大将本日軍令部長ノ宮殿下ニ伺候シ右ニ関スル言上ヲナシ、殿下ヨリ奏上ヲ乞ヒ奉ル旨ヲ告ゲ終ニ元帥ノ承諾ヲ得。

この記述から、伏見宮のいう天皇の「お話相手」に想定されていたのは、東郷のことだったと思われる。結局東郷の参内は実現しなかったが（『加藤日記』二月二六日条、一六七頁）、彼らは伏見宮と東郷を利用して宮中への政治工作も画策していた。

2　海軍内権力構造の変動と東郷・伏見宮

海軍部内においても、加藤、小笠原らは東郷と伏見宮の権威を十二分に利用して、部内人事や軍令部の権限強化を推し進めようとした。彼らは一九三二年七月一六日に伏見宮に拝謁した際に、①「軍令部ノ権限ヲ拡張シ海軍省以上ニ置クコト、特ニ人事行政モ少クモ部長ノ同意ヲ得ルコト」、②停年が近い岡田啓介海相の後任に大角岑生を据えること、③「加藤大将、末次中将ノ身上ニ付御保護」を要望した（「小笠原日記」当日条）。伏見宮はこの要望に沿って積極的に行動する。岡田後任問題では伏見宮が東郷の後援を受けつつ、大角の後任擁立に動いた結果、一九三三年一月に大角が海相に就任した(19)。

特に転機となったのは、一九三三年の軍令部条例改正と省部事務互渉規程改正である。これにより、従来海相と軍令部長による協議で決定されていた兵力量の立案権などが軍令部に移行し、従来の海相（海軍省）優位の体制は大きく動揺した。

ただし、昭和天皇は改正案件の裁可について憂慮を示した。事前に本庄繁侍従武官長から内奏を受けた天皇は、条例改正に関する海軍の奏上允裁の手続きについて牧野内大臣に意見を求めた。牧野は、西園寺への意見聴取を唱える鈴木貫太郎侍従長の意見は退ける一方、大角海相と東郷に御下問すべきと奉答した。九月二五日大角海相が上奏すると、天皇は軍令部長の起案に際して政府との連絡の支障をどのように避けるのか、首相に改正の件を相談したかなどについて下問し、前者は文書での奉答を求めると同時に、東郷のもとに本庄を差遣して公式に下問した。最終的に大角と東郷の奉答を受けたうえで裁可した（『本庄日記』九月二五日条、一六三―一六五頁）。前述のように元帥個人への下問は一九二〇年代に抑制されていたため、軍令部条例改正は、昭和天皇による元帥個人への正式な御下問の数少ない事例だった。天皇が牧野内大臣の助言を得たうえで東郷への正式な下問を経て裁可したことは、軍令部条例改正に対する昭和天皇の憂慮と、軍事的な輔弼者としての東郷の意義を認識していたといえる。

さて、事実上の人事権を握る伏見宮の下で、艦隊派は大角海相と連携して軍政系統の条約派将官の更迭を断行し、海軍内外から批判が噴出した。斎藤首相が「要するに、やはり海軍が注意しなければならないところは、東郷元帥と殿下のところだ」と断言したように（『原田日記三』一七三―一七四頁）、東郷と伏見宮という海軍の二大権威が政治利用される現状を海軍省や宮中側が問題視し、加藤らへの批判にもつながっていった[20]。

海軍の権力構造に大きな影響を及ぼした伏見宮であるが、海軍内の政策決定過程では常に東郷重視の姿勢を堅持していた。たとえば、一九三四年度海軍予算編成協議過程[21]では、海軍が第二次補充計画のために七億円近い予算を提出し、大蔵省と激しく対立したが、大角海相が伏見宮と自身の辞職を盾に一歩も引かぬ姿勢で交渉し、結局五億円程度で妥協した。伏見宮は予算交渉も大詰めの一一月二二日、小笠原に「今度ノ予算コソ国家重大中ノ重大事ニテ若シ海軍ノ希望通リユカネバ、自分トシテモ軍令部総長トシテ国防ノ責ヲ完ウスルコト能ハザレバ海相ト共ニ辞職ノ決心」を伝えた（「小笠原日記」当日条）。小笠原は、辞職をほのめかすことで内閣に揺さぶりをかけられればよい程度に考え、伏見宮の決心に同意した[22]が、一二月一日にも伏見宮が「予算主張通リ通過セズ大角海相ニシテ辞職ノ場合トナラバ予モ国防ノ職責ヲ尽ス能ハザル」と繰り返し辞職の意向を示すと、小笠原もいよいよその事態の重さに気づいたのか、即答を避けて直ちに東郷に相談した。話を聞いた東郷は「殿下在セバコソ海軍ノ統制モ取レ居ルナレ。一旦御退職トナランガ如何ナル軟弱者ガ総長トナランモ知レズ。然ラバ海軍ノ前途誠ニ憂慮ニ堪ヘネバ、殿下ニ於カセラレテハ厳然御現職ニアラセラレ国家ノ為メ海軍ノ為メ御尽力アラセラル、コト希望ニ堪ヘズト東郷ガ申シタト言上シ呉レヨ」と落涙しつつ述べた（「小笠原日記」当日条）。翌二日、小笠原が伏見宮に東郷の諫言を伝えると、伏見宮は「御眼ヲシバダ、カセラレ暫時御熟考ノ後」、「東郷元帥カ然程マデ申呉ル、ナラバ初志ヲ翻ヘシ元帥ノ希望ニ副フヤウニ致スベシ」と述べ、辞職を思いとどまった（「小笠原日記」当日条）。このように、伏見宮は海軍内の重要問題には一貫して東郷の意向を確認しつつ動いていた[23]。東郷や艦隊派もまた伏見宮の権威性により部内統制を確立しようとする反面、急進的な行動をとりがちな伏見宮を抑制する役割も果たしていたといえる。

一九三四年に入ると、伏見宮は艦隊派に不信感を抱き、海軍省側もその機会に乗じて艦隊派追放人事を敢行する[24]。伏見宮の不信の背景には、加藤らの露骨な条約派追放人事や自身の政治利用に対する反発[25]のほか、三四年五月の東郷死去も大きな要因だった。このように、伏見宮の絶対権威化は「臣下元帥」消滅とパラレルな関係で進行していった。

3　陸海軍による「臣下元帥」再生産運動の展開とその帰結

ところで、一九三〇年代前半期には、「臣下元帥」の消滅と並行する形で新たに「臣下元帥」を再生産しようとする動きがあった。陸軍では武藤信義、海軍では加藤寛治の元帥奏請運動がそれである。陸軍では、一九三〇年に最古参の奥保鞏が死去した後、一九三二年に皇族の梨本宮守正王が元帥府に列したものの、閑院宮は参謀総長として統帥部に属し、陸軍側唯一の「臣下元帥」上原勇作も病気がちだったため、梨本宮以外の陸軍側元帥は事実上不在の状態だった。この頃から陸軍は「臣下元帥」再生産の意向を海軍側に示すようになり[26]、一九三三年七月の停年を控えた武藤の元帥奏請の動きが出てくる。

この年の三月、荒木貞夫陸相は大角海相に「予テ上原元帥ハ健康ヲ害シ居ラレ元帥自身モ後継者ノ必要ヲ唱ヘラレテ居リ、自分モ元帥ノ必要ヲ認ムル故武藤大将ヲ元帥ニ奏請シタキ御同意ヲ乞フ旨」を相談した。大角は「海軍ニハ山下大将ノ如キ立派ナル人ガ元帥ニナラレザリシ関係モアレド今度陸軍ノ申出ヲ拒否スル理由ハナシ」と応じ、東郷と伏見宮の同意を得たうえで荒木に異存なき旨を回答している。四月二四日荒木が武藤の元帥奏請、裁可を受け、五月三日に武藤は元帥府に列せられた。武藤の元帥奏請は、武藤が上原勇作や荒木・真崎ら皇道派に近い存在であったこと、満洲国建国間もない時期に関東軍司令官兼満洲国駐箚特命全権大使に在職していたことから、武藤を元帥にすることで更迭を回避するとともに、上原に代わる皇道派の後ろ盾の擁立という思惑があったと考えられる。

大角海相が陸軍側の要請を承認したのは、大角の背後に艦隊派が控えており、必然的に陸軍皇道派に近い立場だったことも影響しているだろう[27]。実際、一九三三年二月一七日に小笠原の周辺で武藤の将来が協議されており（「小笠原日記」当日条）、加藤ら軍令系と荒木陸相との間で事前に合意されていた可能性もある。その一方で、この年の一月に海相を辞職していた岡田は武藤元帥奏請の話を聞いて次のように述べている。

> 陸軍ニテハ海軍ノ大東郷ノ如キ中心人物ナキ為重大事項ノ処理ニ不便ヲ感ジ居ルガ如ク此ノ点無理モナキコトナリ。若シ元帥ヲ作ルトセバ武藤大将以外ニハ此ノ附近ニハナカルベシ。海軍トシテハ之ヲ真似シテ対抗的ニ作ルハ考ヘ物ナリ。一生ヲ通シテノ栄誉ナレバ左程傑出シアラザルニ無理ニ作ルハ困ルコトアルベシ。戦功等ニ依リ天ノ声トシテ自然ニ出来ルヲ待ツノ外ナカルベシ

岡田は、「大東郷ノ如キ中心人物」不在の陸軍では「重大事項ノ処理ニ不便」だと同情的であり、「臣下元帥」の必要性を認めていた。艦隊派に距離が近い大角と、それとは逆の立場にある岡田の双方が陸軍側の「臣下元帥」再生産に否定的ではなかった点は注目されてよい。ただし、大角は後述のように加藤寛治の元帥奏請に動くが、岡田は武勲

の必要性を盾に海軍が「臣下元帥」を奏請することには否定的だったことにも留意したい。

陸軍の待望と海軍の容認により、一二年ぶりに「臣下元帥」が再生産された。しかし、武藤は七月に病に倒れ、同月二七日には忽然としてこの世を去ってしまった。わずか二カ月の元帥だった。後継者を欲した上原も一一月八日に後を追うように死去し、陸軍の「臣下元帥」は海軍よりも早く途絶した。

武藤元帥奏請と連動する形で、一九三三年頃から艦隊派の間で加藤寛治を元帥にしようとする動きが表出する。一九三三年六月一四日、高橋三吉軍令部次長が加藤を訪問し「元帥問題に付大角考慮す」と告げている（『加藤日記』当日条、二一九頁）。九月一七日には「終に元帥え昨日大角と打合せ之事報告す」と、大角や軍令部上層部が加藤の元帥奏請を画策していた（『加藤日記』当日条、二三二頁）。海軍中堅幕僚層でも呼応する動きがあり、一九三三年一月一八日には艦隊派に近い石川信吾中佐が「少壮の元帥推薦」を加藤に伝えている（『加藤日記』当日条、二〇三頁）。小笠原も五月一〇日に小林省三郎駐満洲海軍部司令官と面会し、「満洲ニ関スル重要事項及海軍側トシテ元帥ニ関スル意見ノ交換」し、同月一九日には東郷と「海軍側元帥ニ付意見ヲ交換」している（「小笠原日記」各日条）。この一連の動きから、荒木ら陸軍皇道派と海軍の軍令系や小笠原らが連携しながら、武藤と加藤の元帥奏請運動を画策していたようである。小笠原は斎藤実内閣成立後、加藤や末次の保護を伏見宮に求めていた[28]。岡田啓介海相によって、加藤らが更迭される可能性を危惧したためであろう。岡田海相の辞任後も来るべき東郷亡き後に備えて、「加藤元帥」を作ることで艦隊派の影響力を残しておこうと画策していただろうことは想像に難くない。しかし、この運動は、加藤らが伏見宮の信用をなくしたこと、加藤の政治的言動を問題視する宮中で「加藤元帥」が忌避されたことで[29]、次第に低調となっていった。それでも小笠原らは一九三五年夏頃まで運動を続けていたが[30]、結局同年一一月に加藤は予備役に編入された。このように、この時期の陸軍皇道派と海軍艦隊派による「臣下元帥」奏請運動は、東郷亡き後を見越して自派の影響力を維持させようという意図による部分が大きかったといえる。

ところで、岡田が陸軍の「臣下元帥」再生産を認めながらも、海軍の「臣下元帥」再生産には否定的だったことに象徴されるように、艦隊派による東郷・伏見宮の政治利用への反感と比例して、海軍内で元帥自体への否定的な認識が前景化していたことは注目される。時期はやや遡るが、三二年二月に谷口軍令部長が更迭された前後の時期に、財部は左近司政三海軍次官や岡田とともに、東郷の反谷口的言動とその背後にいる小笠原らへの憂慮を話し合っており[31]、東郷や小笠原らへの懸念が共有されていた。条約派の間で東郷への懸念が高まるなかで、財部は二月一九日に山本権兵衛を訪問し、「東郷元帥ノ識見ノ偏狭ニ陥ルヲ防止スルノ必要」を語った。それに対して山本は「大山元帥ハ将来ハ元帥等ヲ作ラザルヲ可トストノ咄アリタル」ことや「伊藤公ハ何等カ御諮詢ニ応ズルモノ必要ナルベシトノ意ヲ洩ラサレタルコトアリタル」ことを話している（「財部日記」当日条）。伊藤博文の発言の引用から推測するに、山本も天皇の御下問に応じるべき存在（制度）を否定するわけではなかったが、その一方で元帥それ自体に対しては否定的な見方だったことがうかがえる。ロンドン条約批准問題時にも東郷の強硬姿勢に固執することを強く懸念し、「此上ハ元帥へ特旨アルカ、誰人カヾ特旨ヲ伝フルカノ外ニ途ナキ」と天皇による御沙汰で東郷を説得するしかないと主張したこともあったように（「財部日記」一九三〇年六月三〇日条）[32]、山本は周囲に担がれる東郷を冷めた目で見ていた。大山巌の発言が具体的にいつ、どのような文脈なのかは不明であるが、少なくとも財部が東郷の高齢化への懸念を示したのに対し、山本も過去の大山の発言を引用しながら呼応した事実は注目に値する。つまり、両者が元帥の高齢化によって、その「識見」が「偏狭ニ陥ル」ことにつながると認識し、今後の「臣下元帥」再生産に否定的になっていたことを示唆している。前述のように財部は東郷の重臣化構想に言及しており、東郷の存在自体を否定するわけではなかったものの、それでも高齢化する「臣下元帥」への対応に苦慮していたといえる。

以上のように、財部や岡田ら海軍省を中心とする条約派・軍政系は、一九二〇年代までは軍政優位を確立するために、海相の強力な支持基盤だった「臣下元帥」の安定的な再生産を志向していた。しかし、一九三〇年代の艦隊派による東郷の政治利用という現実を目の当たりにして、「臣下元帥」の存在が部内統制の阻害要因として消極的に認識されるようになっていったのである。

二　昭和天皇と「皇族元帥」

1　皇族統帥部長就任と皇族統率問題

以上のように、海軍の「臣下元帥」再生産の可能性が遠のいていくなかで、昭和天皇や宮中側の視点から「臣下元帥」の不在がどのように認識されていったのだろうか。ここで注目したいのは天皇と閑院宮・伏見宮のような皇族長老との関係性である。特に天皇は「皇族元帥」である閑院宮に軍の統制を期待しており、満洲事変以前から陸軍内で問題が生じると真っ先に閑院宮に下問するなど[33]、軍の統制について皇族長老にも期待する節があった。しかもこの頃、弟の秩父宮雍仁親王や東久邇宮稔彦王といった青壮年皇族が陸軍の一部と結びつきを強め、天皇は彼らの動向に神経を尖らせていたため[34]、天皇にとって軍の統制という問題で期待できる存在は、閑院宮を筆頭とする皇族長老だったといえる。

しかし、閑院宮と伏見宮の統帥部長就任は、皇族長老が統帥部の代表者となることを意味していた。とりわけ、軍の実務を離れて久しく参謀総長就任当時六五歳を超えていた閑院宮は、比較的早い段階から天皇との間で意思疎通の齟齬が生じることがあった。たとえば、一九三三（昭和八）年九月七日に北支那駐屯軍交代を奏請した際、兵力増加の有無の御下問に対して、本来は裁可済みの既定部隊の半数を交代するだけだったにもかかわらず、閑院宮は「思違ひ」により三個中隊を増加する旨を奉答し、天皇から兵力増加について内閣との打合せの有無を問われても「内閣のことは存じませぬ」と答え、不審に思った天皇に裁可を保留された（『本庄日記』、当日条、一六二頁）。このときはすぐに鈴木侍従長と本庄繁侍従武官長が事実関係を閑院宮と天皇の各々に言上したため、無事裁可されたものの、こうした閑院宮の「誤解」は、省部勤務経験の乏しさも相まって、参謀総長としての天皇との意思疎通の限界の露呈を意味していた。

このように、皇族との関係性が変動するなかで、天皇は「皇族元帥」しかいない元帥府の実情に懸念を示すようになる。それは一九三四年のワシントン海軍軍縮条約廃棄の裁可過程における元帥会議開催時に示されていた。元帥会議奏請決定後の一〇月一二日、出光万兵衛侍従武官が元帥会議奏請日程を内奏したところ、天皇は、元帥府の閑院宮と伏見宮は今回の計画当事者（参謀総長・軍令部総長）であり、元帥府専任が梨本宮一人のみの状況での元帥会議開催は「全く形式に過ぎずや」という疑問を呈した(35)。同月二三日にも元帥会議奏請の予定について出光より内奏を受けると、ロンドンで日本と英米が予備交渉を開始されたことに言及し、二九日の元帥会議予定日までに何らかの進展があった場合、「元帥会議を延期せしむる事あるべき諒解」を前提に内許を下している。つまり、天皇は元帥会議が形式的であることへの疑義と元帥会議の結果が海外に及ぼしうる影響を懸念していたのである(36)。二九日の両統帥部長による元帥会議奏請時にも、なぜ条約破棄を急ぐのか、現在の元帥府には奏請者の両宮以外には梨本宮しかおらず、「可決明瞭なるべきものなるに、果して形式的の元帥会議を開くの要ありや」と下問し、伏見宮が後者の質問に「仰せ誠に御尤もなるも、事重大なるが故に慎重なる取扱を必要」とするためだと奉答している。両宮の拝謁後、本庄から「元帥会議に諮詢あらせらるゝことは、仮令一人と雖ども元帥の存在せらるゝ間は事を慎重に遊ばす上に必要の事なる旨」を奏上したことで、ようやく天皇も開催の御沙汰を下した。

天皇が元帥会議開催を留保したのは、軍が条約廃棄を急ぐことへの懸念だけでなく、皇族長老の言動への懸念も背景にあった。たとえば、伏見宮が七月一八日に皇族の資格で拝謁しながらも、軍縮会議について海軍の意見を記した封書を提出した際、天皇は伏見宮の公私混同を叱責している（『本庄日記』当日条、一九一頁）。天皇は周囲の側近に個々人の管掌範囲を厳守することを求めたが、伏見宮は自発的な意見を述べる傾向が強かったため、天皇は皇族長老としての伏見宮に自制を強く求めたのである。天皇が元帥会議奏請の内奏を受けていたにもかかわらず、あえて両宮に直接質問したのは、本庄もいうように「皇族統率の上にも必要」だと認識されていたからだった（『本庄日記』一九七―一九八頁）。ただし、本庄は伏見宮の内奏について、皇族が私的拝謁で天皇の判断を求めるような内奏を行うことは慎むべきであるが、軍事に関する談話まで差し止めることは穏当ではなく、天皇も「只承り置かる、程度に御止め」すべきだと日記に記している（『本庄日記』、一九三四年七月一八日条、一九一頁）。天皇が皇族に厳密な管掌範囲を求め「皇族統率」を実践することで、かえって皇族との意思疎通の機会が減少することを本庄は懸念していた。

2　真崎教育総監更迭問題と「臣下元帥」の再発見

このように、天皇は「臣下元帥」不在の状況下で皇族との関係を模索していたが、さらに天皇を悩ませる事態が発生した。真崎甚三郎教育総監の更迭問題である。

よく知られているように、一九三五年七月、林銑十郎陸相は部内統制確立のために皇道派の排除を企図し、その代表格である真崎甚三郎教育総監を更迭すべく、陸軍三長官会議の場で真崎が猛反発するなかで更迭を強行した。この背景には、参謀総長の閑院宮が積極的に介入し真崎更迭を支持したことが挙げられる（『原田日記四』二九三―二九五頁）。陸軍内部では三長官会議の担任規定に関する議論が盛んだったが[37]、宮中側は林陸相が閑院宮、梨本宮両元帥の同意を得たうえで更迭人事を内奏したという事実を問題視していた[38]。

三長官会議が行われた七月一五日、林陸相の内奏通知を受けた本庄は「種々苦慮の結果」、あらかじめ天皇に林陸相の上奏内容とその事情を説明し、「両元帥の御同意をも得たりと云ふ以上、法理上御允許を給はるの外なかるべし」[39]と内奏した。その後林の内奏を受けると、天皇は更迭人事による陸軍の統制への影響や三長官の人事協議に関する内規への抵触の有無を林に下問するなど、真崎更迭が及ぼす影響を懸念していた。

翌一六日朝、本庄は前侍従武官長の奈良武次や鈴木侍従長らの意見を聴取したうえで[40]、教育総監更迭は三長官協議権の価値を低下させ軍の統制にも関わるので、この際閑院宮、梨本宮両元帥を召して「憂慮を尠なからしむる様善後処置に努むべく御沙汰あらせらるゝを宜しかるべく存ずる旨」を内奏した。天皇は「〔林陸相上奏の〕事前ならば兎も角、事後に於て効果なかるべし」と下問したが、本庄は「陸相に於て元帥の同意を経来れりとして内奏せる以上、事前の御下問は如何かと存ず。又効果仮令少なしとするも、事の重大性を認められ充分其善後の事にまで慎重に御処置遊ばされたりとせば、其一般に与ふる効果は必ずや相当之れあるべく、不満のものも之を納得せしむるに便なるべし」と言上し、天皇も同意した。さらに真崎の更迭人事は「余儀なき結果か」という天皇の発言に対して、本庄は「兎に角大臣の今回人事に対して採りし処置は、法理上は否定し難く、軍事参議官に諮詢さるゝことも将来に悪例を遺すべく、従て、元帥に於て御同意なりし以上、御裁可は当然と拝す」と奉答している。つまり、両元帥の同意をとりつけた林陸相の処置を「法理上」否定できない性質のものとみなし、三長官会議紛糾が陸軍に及ぼす悪影響を是正するために、両元帥に御沙汰を下すべきというのが本庄の論理であった。本庄の提案を受け入れた天皇は一六日午後、閑院宮、梨本宮両元帥を召し一時間にわたり話し込んだ。

この問題で閑院宮が三長官、元帥として及ぼした影響は大きかった。八月には相沢事件も発生するなど、陸軍統制は混乱を極め、「閑院宮の総長御在職を陸軍の癌」とまで言い放つ青年将校も出る始末だった[41]。宮中側でも閑院宮への不満が認識されていた。本庄は八月末に湯浅倉平宮内大臣に今回の騒動顛末を語り、宮中に及ぼす影響として「上層皇族に対する批難を因由するの嫌あること」を挙げていた（『本庄日記』一九三五年九月三日条、二二四頁）。「上層皇族」とは恐らく閑院宮や伏見宮のことだろう。この点は天皇自身も強く自覚していた。天皇は、この過程で本庄に「宮様の元帥以外に陸海軍共各臣下の元帥のあることが必要なり」と繰り返し述べていたという。この発言の真意は、おそらく「臣下元帥」が不在の状況において、「皇族元帥」の存在感が前景化せざるをえないことへの危機感の発露であろう。東郷亡き後、軍の重大問題が発生した場合に天皇からの下問に応じ、かつ部内統制の要となりうる「臣下元帥」の必要性が再認識されていたといえる。

同様の認識は軍の側にも見られた。前述の加藤元帥奏請運動の際に、山本英輔は「加藤元帥」に難色を示す伏見宮に加藤の功績が元帥に適任なる旨を述べ、「殊ニ東郷元帥ナキ後海軍ノ中心人物トナリテ統制ヲ図ル要アリ、又目下元帥ハ宮様方計リナル故、臣下ノ元帥モ加ハル方ガ元帥会議ノ結果累ヲ皇室ニ及ボスヲ避クル為ニモ都合ヨキヲ以テ御考慮ヲ願フ」と陳述していた[42]。これが「加藤元帥」実現のための説得の論理であることを差し引いても、東郷亡き後の海軍統制の要としての元帥の必要性と「皇族元帥」のみで構成される元帥会議の危険性を理由に「臣下元帥」再生産を主張していた点は注目される。特に後者は天皇の懸念とも一致していた。軍事輔弼体制の慣例が消滅するなかで軍部統制や皇族の責任回避という観点から「臣下元帥」の存在意義が再発見されつつあったのである。

おわりに

一九三〇年代の海軍では、海軍側唯一の「臣下元帥」の東郷平八郎を取り込んだ海軍艦隊派や予後備役将官グループが、皇族長老の伏見宮博恭王を擁立し、政界・宮中へのアプローチを含む広範な政治工作を試みることで、条約派追放や海軍軍令部条例改正を推進した。

こうした海軍の軍政—軍令関係の変動は、終身現役たる「臣下元帥」の性格を帯びた東郷の権威を背景として行われ、艦隊派にとっても東郷の存在は海軍の意思決定に関与しうる唯一の経路だった。そのため、艦隊派は「東郷死後」を見据え陸軍内の元帥奏請運動に呼応し「加藤寛治元帥」を実現させることで、海軍内での立場の確保を狙ったが、宮中側の警戒により頓挫した。「臣下元帥」の再生産を封じられ、伏見宮の信任も失った艦隊派は権力構造の周縁へと追いやられていった。さらに東郷の政治利用による部内統制の混乱という苦い経験から、海軍内で「臣下元帥」の生産を忌避する風潮が醸成され、海軍の権力構造から元帥府が排除されていった。艦隊派の行動は、陸軍と比べて天皇の輔弼や部内統制の要として元帥府・元帥を重視する傾向にあった海軍全体の雰囲気を一変させた。こうして海軍の軍事輔弼体制は、元帥府中心の明治期以来の慣例に依拠する体制から省部主体の輔弼体制へと転換していくことになる。それと同時に、海軍は部内統制においても、天皇の軍事顧問である元帥に依存しない体制に移行していった。陸海軍ともに軍の統制という課題に対して、省部の制御外にある元帥府・元帥という存在に依存するのではなく、逆に元帥を利用しながら各々独自の部内統制の仕組みを模索していたのである。

しかし、こうした軍事輔弼体制の慣例の消滅によって、軍の統制に悩まされたのが昭和天皇だった。とりわけ、閑院宮や伏見宮といった皇族長老が、陸海軍統制という政治的課題の名のもとに、統帥部長として省部側に取り込まれたことは、昭和天皇にとって信頼すべき助言者が不在となることを意味していた。この点に関連して、財部彪がロンドン条約問題の責任を取り海相を辞職する際の発言は注目される（『原田日記二』一九二頁）。

> 皇族が責任ある地位に立たれて強ひてその職務上の権利を普通の人と同じやうに行はせられるといふことは――或は正当に行はせられるならい﹅けれども、いろ〳〵容喙がましいやうにあたりからおさせ申すといふことは、皇族のためにも皇室のためにもならぬ。イギリスあたりにはパースナルＡＤＣ〔イギリス国王付侍従武官〕といふものがあつて、キングの側に付いてゐる名誉職のやうなもので、海軍大将でも元帥でも実権はないのだ。かういふ制度が日本の皇族にもかへつてよくはないかと思ふ

ロンドン条約問題を経験した財部は、皇族が「責任ある地位」にあることの危険性を強く認識していた。しかし、元帥個人の制度化が実現しないまま、高齢の「臣下元帥」や皇族長老の存在が部内統制の混乱を惹起したのだった。このことは天皇にとっても重要な意味をもった。本来「キングの側」にあるべき閑院宮や伏見宮のような「皇族元帥」が省部に取り込まれたとき、自らを支えるべき輔弼者の必要性を再認識することになる。実際、日中戦争勃発後、天皇や陸軍内から閑院宮の参謀総長在職が強力な戦争指導体制構築の障壁になっていると認識されるようになった。そのとき天皇は皇族の統帥部長更迭とともに、元帥府の復活を希望し、新たな戦争指導体制の構築がめざされるようになっていくのだった[43]。このように、一九三〇年代の「臣下元帥」の途絶は、海軍の権力構造だけでなく、戦争指導体制という政治課題にも大きな影響を及ぼしたのである。

（1）　平松良太「第一次世界大戦と加藤友三郎の海軍改革（一）―（三）」（『法学論叢』第一六七巻第六号、第一六八巻第四・六号、二〇一〇年、二〇一一年）。同「ロンドン海軍軍縮問題と日本海軍（一）―（三）」（『法学論叢』第一六九巻第二・四・六号、二〇一一年）。同「海軍省優位体制の崩壊」（小林道彦・黒沢文貴編『日本政治史のなかの陸海軍――軍政優位体制の形成と崩壊　1868-1945』ミネルヴァ書房、二〇一三年）。

（2）　陸軍については、森靖夫『日本陸軍と日中戦争への道――軍事統制システムをめぐる攻防』（ミネルヴァ書房、二〇一〇年）、小林道彦『政党内閣の崩壊と満州事変』（ミネルヴァ書房、二〇一〇年）などがある。こうした研究潮流を踏まえて、海軍についても平松前掲論文などが登場した。

（3）　太田久元『戦間期の日本海軍と統帥権』（吉川弘文館、二〇一七年）第二部第四章。

（4）　艦隊派による政治運動と軍令部の権限強化の関係性については、平松前掲「ロンドン海軍軍縮問題と日本海軍（一）―（三）」、手嶋泰伸「平沼騏一郎内閣運動と海軍」（『史学雑誌』第一二二巻第九号、二〇一三年）参照。

（5）　田中宏巳「昭和七年前後における東郷グループの活動（一）―（三）」（『防衛大学校紀要　人文科学分冊』第五一―五三輯、一九八五―八六年、のちに同『小笠原長生と天皇制軍国思想』（吉川弘文館、二〇〇二年）に収録）。

（6）　田中宏巳『東郷平八郎』（吉川弘文館、二〇一三年、初出は筑摩書房、一九九九年）。

(7) この点は、手嶋泰伸「書評　田中宏巳著『小笠原長生と天皇制軍国思想』」(『歴史評論』八七〇、二〇二二年)も参照。
(8) 陸海軍による皇族総長擁立の背景について、陸軍は柴田紳一「皇族参謀総長の復活」(『國學院大學日本文化研究所紀要』第九四号、二〇〇四年)、海軍は田中前掲「昭和七年前後における東郷グループの活動(一)―(三)」、手嶋前掲論文が詳しい。特に手嶋前掲論文は平沼騏一郎と艦隊派が軍部統制の実現のために、伏見宮を軍令部長に擁立することで、海軍部内の意思統一を最優先に志向したことを指摘する。
(9)「小笠原日記」の詳細については、飯島直樹「翻刻と紹介　小笠原長生日記　昭和八年」(『東京大学日本史学研究室紀要』第二一号、二〇一七年)参照。
(10) 飯島直樹「元帥府・軍事参議院の成立」(『史学雑誌』第一二八編第三号、二〇一九年)。同「一九二〇年代の軍事輔弼体制と軍政優位体制の相克」(『日本史研究』第七一八号、二〇二二年)。
(11) 田中前掲「昭和七年前後における東郷グループの活動(一)」一七―二一頁参照。
(12) 陸軍側から東郷への面会交渉は小笠原や千坂智次郎予備役中将を介して度々行われていた(「小笠原日記」同月三日条、九日条)。
(13) 軍制改革をめぐる南陸相の動向については、照沼康孝「南陸相と軍制改革案」(原朗編『近代日本の経済と政治』山川出版社、一九八六年)参照。
(14) 例えば、陸軍省から小笠原に対して、朝鮮総督を陸軍側から出すことに関する東郷の意見照会が行われている(「小笠原日記」一九三一年三月一一日条)。
(15) 高橋紘ほか編『昭和初期の天皇と宮中――侍従次長河井弥八日記』第五巻(岩波書店、一九九四年)、一九三一年一〇月二〇日条、一七九頁。
(16) 手嶋前掲論文、八頁。
(17) 柴田前掲論文、手嶋前掲論文参照。
(18) 小笠原らによる伏見宮軍令部長擁立の詳細な過程は、田中前掲「昭和七年前後における東郷グループの活動(一)」二四―三五頁参照。
(19) この経緯は田中前掲「昭和七年前後における東郷グループの活動(三)」一一―二〇頁参照。この過程で伏見宮は常に東郷の意向を確認しながら行動しており(「小笠原日記」一九三二年一二月一三日条)、もし斎藤首相が大角以外の人物を後任に希望した場合は、東郷から不同意を表明するように依頼していた(「小笠原日記」同月二九日条)。
(20) この点は、手嶋前掲論文、一六頁参照。

(21) 平松前掲「ロンドン海軍軍縮問題と日本海軍（三）」一四〇―一四一頁も参照。

(22) 「小笠原日記」一九三三年一一月二三日条。小笠原は南郷次郎予備役少将に対して、「大臣ガ予算削減ノ模様ニヨリテハ殿下ノ御辞職ヲモホノメカスヲ得策トスル旨」を話しており、本気で伏見宮を辞職させようとしたわけではなかった。

(23) 例えば、一九三三年二月に開催が噂された重臣会議や同年九月の軍令部条例改正の件について、伏見宮から東郷に情報共有と意見聴取が行われている（「小笠原日記」一九三三年二月一七日条、九月二一日条など）。

(24) 太田前掲書、二四〇―二四五頁。

(25) 手嶋前掲論文、二二一―二二三頁。

(26) 例えば、海軍より伏見宮の元帥奏請を相談された松浦淳六郎陸軍省人事局長は、「自分ハ着任後間モナク将来ハ元帥ヲ作ルヲ可トスルノ意見ヲ述べ置キシモ、陸軍大臣ノ意見ヲ聞ク前ニ海軍ヨリ先鞭ヲ付ケラレタシ」と述べていた。海軍側も梨本宮が元帥になった頃から、武藤元帥案が「陸軍大臣ノ胸程ニハ相当持チ上リ居リシコトナルベシ」と推測していた（「武藤大将元帥ノ件」、「昭和三年以降元帥関係史料綴」防衛省防衛研究所戦史研究センター所蔵、⑧参考―人事―二〇七）。以下、本節で注のない引用は本史料による。

(27) この点は田中前掲「昭和七年前後における東郷グループの活動（三）」に詳しい。

(28) 斎藤内閣成立直後の五月二四日に小笠原は伏見宮に拝謁、「将来ニ於ケル加藤、末次両将ノ位置ニ関シ御援助」を願い出ている（「小笠原日記」当日条）。

(29) 牧野伸顕内大臣は一九三四年三月一六日に鈴木侍従長から「海軍一部に元帥設置（加藤寛治を意味する策動）の噂伝はり居る旨」を聞かされている（伊藤隆・広瀬順晧編『牧野伸顕日記』中央公論社、一九九〇年、以下『牧野日記』と表記、当日条、五六九頁）。八月二二日には原田熊雄の話として、加藤らが伏見宮の信用をなくしたために「例の元帥沙汰も解消すべく安堵の態度なり」と伝えられている（『牧野日記』当日条、五八一頁）。実際、海軍の山本英輔が三五年夏頃に伏見宮に加藤元帥奏請の意見を開陳したところ、伏見宮は「立派ナ人ナレドモ一部策謀家ニ担ガレ政治運動スル云々ノ評ナドアリ、元帥ニハドウカ」と述べ、「何トナク宮中辺ニ異議」があるという「御気使」から難色を示したという（「斎藤内府ニ送ル書」木戸日記研究会編『木戸幸一関係文書』東京大学出版会、一九六六年、二六九頁）。宮中の警戒心も伏見宮が「加藤元帥」に難色を示す要因の一つだった。

(30) 「小笠原日記」を見ると、一九三五年二月二五日に伏見宮に拝謁し、「加藤大将を元帥に御推薦相成方然るべき旨」を言上している。四月三〇日には、南郷が小笠原を来訪し、「加藤大将を元帥に推薦するに付大角海相と交渉の顚末、海相の決心及加藤を台湾総督に推挙の件等を詳説」した。七月一三日にも小笠原は千坂、南郷とともに大角海相を訪問し、「元帥問題、国体明徴問題」について「隅意なき意見の交換」を行っていた（「小笠原日記」各日条）。

(31) 二月八日に財部は左近司から二月一日の非公式軍事参議官会議で、谷口と加藤の間で意見が対立したときに東郷が「詰問的」に谷口を責め、加藤を擁護したという話を聞き「一驚ヲ吃ス」と感想を洩らした。翌九日には財部は岡田と「近時ノ海軍高齢者ノ移動ニ付憂慮」のことが話題となり、谷口が東郷に更迭を促されたことについて「在郷将官連」が頻りに反谷口運動を展開しているという話が出ていた（「財部日記」各日条）。

(32) この二日前にも山本は財部に対して「東郷元帥ノ固執ノ虞少ラザルモノアル事、非常手段ヲ採テモ国家ノ為メ又元帥ノ為、邁進スルヲ可トセザルヤヲ考慮シツ、アル事」を述べていた（「財部日記」六月二八日条）。

(33) 飯島前掲「一九二〇年代の軍事輔弼体制と軍政優位体制の相克」第三章参照。

(34) 加藤陽子『天皇と軍隊の近代史』（勁草書房、二〇一九年）三七―四三頁参照。

(35)『本庄日記』一九三四年一一月二日条、一九七―一九八頁。以下、元帥会議開催に関する記述および引用において特に注のない場合は本史料による。

(36) 後者の発言について、本庄は「元帥会議の事が過早に英米へ伝はり、徒らに刺激する事あるべきを軫念あらせられたるもの」と日記に特筆している（『本庄日記』同右）。

(37) 大久保文彦「陸軍三長官会議の権能と人事」（『史学雑誌』第一〇三編第六号、一九九四年）、竹山護夫「昭和十年七月陸軍人事異動をめぐる政治抗争」（同『昭和陸軍の将校運動と政治抗争』名著刊行会、二〇〇八年）など参照。

(38) 梨本宮については、七月一五日の上奏前に今井清人事局長が梨本宮に拝謁し、教育総監更迭の同意を得ている（「陸軍次官橋本虎之助業務要項覚」高橋正衛解説『現代史資料23　国家主義運動3』みすず書房、一九七四年、四一八頁）。林は三長官の合意を得られない場合、元帥の同意を得たうえでの上奏を想定していた（竹山前掲書、三一七―三一八頁）。

(39)『本庄日記』一九三五年七月一六日条、二二〇―二二一頁。以下の引用は本史料による。

(40)「本庄繁大将日誌　昭和十年」（防衛省防衛研究所所蔵、中央―戦争指導重要国策文書―六四）一九三五年七月一六日条。

(41) 木戸日記研究会校訂『木戸幸一日記』上（東京大学出版会、一九六六年）、一九三五年九月一三日条、四二九頁。

(42)「斎藤内府ニ送ル書」前掲『木戸幸一関係文書』二六九頁。

(43) 飯島直樹「昭和戦時期における戦争指導体制の構築と軍事輔弼体制の交錯」（『史学雑誌』第一三二編第一〇号、二〇二三年）参照。

(付記) 本章は、JSPS科研費（21J01235）による研究成果の一部である。

第9章　軍事指導者としての天皇

黒沢文貴

はじめに

明治新政府は「神武創業の始」に復古するというスローガンのもと成立した。それにより幕府と摂関政治とがともに否定され、久しく失われていた政治権力と「兵馬の権」が明治天皇の手に束ねられることになった。江戸時代には「平安の「雅び」を保持した別世界」の王、あるいは祭祀の主催者という文化的かつ宗教的な存在として認識されていた天皇であったが、近代においては統治権を総攬する最高の政治権力者であり、かつ全軍を率いる大元帥とされたのである。

ただし、幕末の対外的な危機認識を底流としつつ成立した明治新政府は、諸外国による侵略という災厄を免れるために、他方では早くから「文明開化」を強力に推し進めた。それは国の形としては、万国に対峙しうる西洋流の近代国家（主権国家）を創出することを意味していた。つまり、神武創業の姿を近代国家のなかにできるだけ整合的に落とし込んでいく作業が必要となったのであり、その骨格をなしたのが、一八八九（明治二二）年に公布され、翌年施行された明治憲法であった。

そこにおいて、天皇の軍事権に直接関わる条項として規定されたのが、憲法第一一条の「天皇ハ陸海軍ヲ統帥ス」（統帥大権）と第一二条の「天皇ハ陸海軍ノ編制及常備兵額ヲ定ム」（編制大権）の二つの条文であった。

では、なぜ天皇に軍事権があり、憲法に明記することになったのか。その理由について、憲法の起草者である伊藤博文たちは、憲法の条文を解説して関係者に配布した『大日本帝国憲法義解』（国家学会、一八八九年。『帝国憲法皇室典範義解』として同年公刊され版を重ねたが、一九四〇年には宮沢俊義東京帝国大学法学部教授による校注版が『憲法義解』として岩波文庫で出版されるなど広く一般に流布）のなかで、そもそもの理由を神武天皇創業時の「御統率」に求めたうえで、明治天皇の「中興」により「兵馬の統一」が「再び旧のやうに復することが出来た」からであるとしている(1)。

天皇が軍事権を保持する正統性が、このように神話の世界から発する以上、それは誰にも否定することのできない大原則となった。それに加えて、その大原則を明治天皇が再興したという事実にもとづいて憲法の条文にしたというのが、伊藤ら憲法起草者たちの論理であった。

しかし、そうであったとしても、神武創業の本当の姿は誰も知らないし、ましてや江戸時代の歴代天皇は「天子諸芸能之事、第一御学問也」（「禁中並公家諸法度」第一条）の世界にその存在が押し込められていたのであるから、神武創業の姿に倣った天皇や軍事指導者としての天皇をあらためて創出することは、実はそれほど容易なことではなかったといえよう。

ただし誰も知らないということは、「創業の始」の名のもとに、いかようにも創り出せることを意味している。しかし、そうであればこそなおさらに、「兵馬の権」を握る天皇とその天皇を支える体制とを実際にどのように作り出すことができるのか、広く国民に軍事指導者としての天皇を認識してもらうためにはどうしたらよいのか、またそもそも生身の存在としての天皇に軍事指導者としてふさわしい資質や能力をいかにしたら備えてもらえるのかなど、さまざまな問いかけがあったはずであり、明治以降の国家指導者たちにとって、それらは大きな難問であったと思われる。

本章では、そうした問いを念頭に置きながら、軍事指導者としての近代の天皇の姿について素描することにしたい。(2)

一　軍人君主としての天皇イメージ

1　「文・雅の天皇」から「武を率い統治する天皇」へ

そもそも非政治的かつ非軍事的存在であった幕末の天皇が、その法を超えはじめた背景には、周知のように、ペリー来航をきっかけとする政治変動があった。たとえば明治天皇（一八五二―一九一二年）の父である孝明天皇（一八三一―一八六七年）は、一八六二(文久二)年に和宮降嫁の条件として幕府に求めた、攘夷実行を幕府が守らないならば、「朕実ニ断然トシテ神武天皇神功皇后ノ遺蹤ニ則トリ公卿百官ト天下ノ牧伯ヲ師〔帥〕ヰテ親征セントス」(3)と、天皇自らが軍を率いて攘夷にあたるという強い意志を披瀝しているが、これはきわめて異例の決意表明であった。

かくして父の後を継いだ明治天皇も維新の変革のなかで、それまでの「文・雅の天皇」から「武を率い統治する天皇」への変貌を余儀なくされていくことになる。(4)

ところで、明治天皇はそもそも武に興味をもっていたのであろうか。一八六〇(万延元)年に親王宣下を受け睦仁の名を賜った若き日の明治天皇は、たとえば一八六二年に、天皇・公卿が軍事を知るために行われた禁裏御所建春門外での会津藩の練兵を陪観している。また米沢藩が行った西洋式銃隊の軍事操練では、轟いた砲声に驚愕した子女が多いなか、睦仁は泰然としていたという。明治に入ってからも、請われれば兵の練兵を熱心に観閲したし、軍艦にも試乗している。こうして伝えられている様子からは、天皇には軍事に対する忌避感はなかったようである。(5)

もともと御所という閉じられた空間に住み生活していた明治天皇にとって、日常的に触れることのなかった、ましてや御所外での軍事的な経験は、それだけでも新鮮なものであり、興味を引かれる対象であったといえよう。ただし天皇と軍事の関係は、大久保利通ら明治新政府の指導者たちにとっては、天皇自身のたんなる嗜好の問題ではなく、国家統治の根幹をなす大問題であった。国家統治者であると同時に軍事指導者でもあるという、古に倣った、しかし当時の人々にとっては新たな天皇像を現実のものにすることが、王政復古を掲げた新政府の支配の正当性につながっていたからである。

一八六八（明治元）年大久保利通は岩倉具視に朝廷改革を提案し、内裏奥深くにあって公家だけが取り巻いているという、これまでの天皇と朝廷のあり方を批判した。つまり大久保たち維新官僚は、肉体的にも精神的にも皇城という特殊な空間のなかに閉じこもり、公家だけがとり囲んでいるような日常空間に天皇がいたのでは、国家を統治し国民を統合する新しい存在にはなりえないと危惧したのである。天皇は維新変革のもう一つの原理である「公議輿論」をも体現しうる存在でなくてはならず、その意味でも天皇は皇城から出て広く国民と接し、国民にその姿を見せる必要があったのである。

2　「武を担う天皇像」にふさわしい軍服姿と騎馬姿の天皇

さらに軍事的には、馬術に習熟することも求められた。「馬に乗る軽快な天皇は、武を担う天皇像にふさわしい」ものであったからである。(6)「きかん気で負けず嫌いの性格(7)」であった明治天皇は、幸いにも乗馬が好きであった。(8)

こうして明治天皇は、やがて京都朝廷の君主ではなく、武を率い文明＝欧化を体現する国家の君主、国民の君主としてイメージされるようになっていく。そうした新たな天皇像の形成にあたって大きな役割を果たしたのが、周知のように、日本各地への行幸と写真（御真影など）であった。(9)つまり天皇が広く可視化されることによって、新しい天皇像が創出されていったのであり、それはまた同時に、天皇自身の見聞を広め国家統治者・軍事指導者としての内実を豊かにしていく、ある種の帝王学の学び（君徳培養）でもあった。

その際に意図された可視化の重要な側面が、いうまでもなく天皇の軍事指導者としての姿であった。国民が行幸や写真（肖像画を含む）を通して見る明治天皇は、多くの場合軍服姿であった。

たとえば、写真についていえば、一八七二年に外交使節団に送るために天皇の写真が撮影されているが、翌七三年一〇月には、同年六月に制定された軍服正装を着用した写真が撮影され、各府県にも下賜されている（乗馬姿はそれ以前に撮影されている）。とりわけ一八八八年には、大蔵省印刷局雇のイタリア人キヨッソーネの写生の肖像画を撮影したいわゆる御真影が作製され、全国の学校に下付されていったが、その姿は軍帽を傍らに置き、手に指揮刀をもつ軍服に包まれた大元帥像であった。

こうして多くの国民の目に焼きついていく明治天皇像は、軍人君主としての姿に重なっていくことになる。また大正天皇と昭和天皇については、大元帥服の御真影のほかに、新聞・雑誌に多くの軍服姿の写真（たとえば軍の大演習統監時の写真など）が掲載され、その姿が国民の目に映じることになった（やがて映像でも可視化される）。特に白馬（白雪）に騎乗する軍服姿の昭和天皇の姿は有名であるが、それはまさに「武を担う天皇像」にふさわしい騎馬の姿であったといえる。

他方、行幸に関しては、一般的な行幸のほかに軍事的なものがある。陸海軍の観閲式や軍事演習などに際しての行幸であるが、それは国民のみならず、将校や兵たちに大元帥としての軍服姿を見せて激励する大事な場であり、天皇と軍との一体化を図るためのきわめて重要な機会（いわば儀式の場）であった。

そのため軍事関連の行幸が多くなされたが、主なものとして、陸軍の場合、一八七一年に始まった天長節観兵式や陸軍始（毎年一月八日）の観兵式のほか、特に一八九二年から原則毎年行われることになった特別大演習（一九三六年までに三四回実施)[10]を統監するための行幸があった。

また海軍では、一八六八年に大阪の天保山沖で行われた観艦式を行幸の起源とするが、近代海軍としては、一八九〇年に神戸沖で実施された海軍観兵式への行幸が始まりであり、一九〇〇年からは大演習観艦式となり、一九四〇(昭和一五)年までに天保山沖から数えて一八回(明治期六回、大正期五回、昭和期七回)行われている。[11]

3 「身」としての天皇と「位」としての天皇

こうして軍服を身にまとった天皇の姿が、一般的な行幸の際も含めて、さまざまな機会をとらえて可視化されていくことによって、軍人君主としてのイメージが広く流布し、国民の間に定着していくことになった。[12]いわば生身の姿を見せる(見る)ことが重要であったのであり、その意味で、制度(位)としての近代天皇制は、生身の天皇のあり方と表裏一体のものとしてあったのである。

それゆえ大正期に入り、大正天皇の体調が悪化していったことは、明治期に形成され、引き継がれてきた天皇イメージの維持という観点からは問題であった。大正天皇の体調は、原敬内閣が誕生した一九一八(大正七)年頃から悪化していた。たとえば、同年一一月の陸軍特別大演習に際しては、乗馬を怖がる天皇の左足の動作の不穏な様子が明らかに見て取れるようになっていたが、原首相は一九年二月に石原健三宮内次官から天皇の病状について初めて聞かされている。

さらに同年一一月の原の日記には、天皇の病気について山県有朋、松方正義、西園寺公望の三元老が「真に憂慮」しているとしたうえで、「御年を召すに従て御健康に御障あり就中御朗読ものには御支多く此間の天長節にも簡単なる御勅語すら十分には参らず」[13]と記されている。

原たちの憂慮は、さっそく一九年一二月の帝国議会開院式にあたり、大正天皇が勅語を読む練習を重ねたにもかかわらず出席できなかったことで現実のものとなり深刻化するが、開院式の欠席は実は前年に続けてのことであった。さらに軍事面では、同年一一月の陸軍特別大演習への行幸が、大演習への最後の臨御となってしまった[14]。

このように帝国議会開院式への二年続けての行幸の取りやめは、国家指導者としての天皇イメージを損ないかねない出来事であったが、とりわけ陸軍特別大演習の統監など軍事関連の行幸ができなくなったことは、天皇の武人イメージを傷つけるものとなった。

さらに大正天皇の病状の悪化とそれにともなう天皇像の揺らぎは、辛亥革命による清朝の崩壊及び第一次世界大戦にともなう西洋各国の君主制の瓦解という世界的な君主制の危機と、国内における「デモクラシー」化の進展という時代状況のなかにあっては、近代天皇制そのものの不安定要因として認識されることになる[15]。可視化されない大正天皇のいわば政治的かつ軍事的な「不在」が、天皇制度を揺るがしはじめていたのである。

それゆえ若い健康的な皇太子（のちの昭和天皇）が摂政として大正天皇の役割を代替することが求められたのであり（一九二一年一一月摂政に就任）、やがて二五歳という若さで即位した昭和天皇（一九〇一―一八九年）による天皇イメージの回復が期待されたのであった。昭和戦前期に流布した白馬にまたがる軍服姿の昭和天皇の姿は、その意味で、まさに「武を担う天皇像」を再生するにふさわしい騎馬姿であったのである。

なお、軍人君主イメージの形成と定着とを支えたものとして、次の諸点も挙げておく必要があろう。まず、皇族男子は軍人になると決められていたことである。

一八七三年一二月九日に太政官から宮内省に対して、明治天皇が皇族は「海陸軍ニ従事スヘク」仰せつけられたとの達があった[16]。やがてこの方針は、皇族身位令（一九一〇年三月三日公布皇室令第二号）の第二章第一七条に「皇太子皇太孫ハ満十年ニ達シタル後陸軍及海軍ノ武官ニ任ス　親王王ハ満十八年ニ達シタル後特別ノ事由アル場合ヲ除クノ外陸軍又ハ海軍ノ武官ニ任ス」として定式化される。

つまり皇族男子は、皇太子・皇太孫は例外なく、また親王・王は原則として陸海軍将校となることが義務づけられ、それが終戦まで続いたのである。

このように大元帥となる天皇のみならず、天皇を支える皇族方が軍人の家柄として位置づけられたことも、軍人君主イメージを支える重要な成立要件であった。

さらに皇后を頂点とする皇族女子が、戦時救護を担い陸海軍省が所轄する日本赤十字社と深い関係をもっていたことも重要である。[17] 明治天皇の皇后であった昭憲皇太后をはじめとする歴代の皇后は、日本赤十字社の名誉総裁に就任しているが（そもそも日赤の社章は昭憲皇太后の示唆による皇室ゆかりの桐竹鳳凰のデザイン）、そのほかの女性皇族方も日赤に関わり、戦時には傷病兵の慰問に訪れるなどしており、そうした点も、いわば軍務を家職とする皇族の一員としてのあり方を、国民に目に見える形で示していたのである。

二　天皇の戦争指導

1　明治天皇の場合

明治国家形成過程のなかで軍人君主像（武人的かつ西欧的な近代君主像）を確立してきた明治天皇は、明治中期頃には伊藤博文や山県有朋など明治政府の実力者たちで構成される指導者集団の一人として、政治的権威を兼ね備えた人物へと成長していた。そうしたなかで、本章が考察の対象とする天皇の軍事的側面、とりわけ戦争との関わりは、どのようなものであったのであろうか。

たとえば、明治憲法制定前の事例であるが、一八八四年の甲申事変（日本の援助で開化派の独立党が起こした朝鮮でのクーデター、清国軍の介入で失敗）後に顕在化した、清国との開戦をめぐる政府内の政策対立の場面では、明治天皇は御前会議の場で、事件を「平和に決了」すべきとする発言をして議論を決着させている。

　通例、御前会議において天皇は発言せず、閣議で決まった方針を裁可するというこれまでの慣行からすれば異例の発言であったが、政府内の意見がまとまらない場合には、天皇が自らの意思を明らかにして政治の方向性を決めることができることを示したのである[18]。

　この事例では、日清戦争を回避する判断を天皇が下したことになるが、御前会議における天皇の発言が政府内の対立に決着をつけたという意味では、明治憲法の制定前と制定後という違いがあるにもかかわらず、太平洋戦争終結時の昭和天皇による二度にわたるいわゆる聖断を、類似の事例として挙げることができよう。

　さて、その明治憲法は、君主権と行政権（内閣）と立法権（議会）とのバランスのとれた調和の重要性を認識する伊藤博文を中心にして、欽定憲法として制定されたが、憲法の趣旨をよく理解していた明治天皇は、自らが定めたその憲法に従って行動することになる。つまり自らの権力が憲法によって制限されていることを理解し、認められている権力の行使にも抑制的な立憲君主として振る舞うことになるのである[19]。

　では、日清戦争と日露戦争の開戦にあたっては、明治天皇はいかなる思いを抱いていたのであろうか。結論的にいえば、どちらの開戦にも天皇は消極的であった。

　まず日清開戦に際して明治天皇が、今回の戦争は「素より不本意なり、閣臣等戦争の已むべからざるを奏するに依り、之を許したるのみ」と述べていたことは有名である。これは、土方久元宮内大臣が宣戦布告（一八九四年八月一日）後に伊勢神宮と孝明天皇陵に宣戦の奉告のため派遣する勅使の件を、天皇に相談した際の言葉である。

　つまり、大臣の要請により止むをえず戦争を許したが、本心では先祖への奉告は「朕甚だ苦しむ」といったんは拒絶するほど、日清開戦に天皇は不満を抱いていたのであり、その言を諌めた土方に対して、お前の顔など見たくないと激怒するほどであった[20]。それゆえか、八月一一日に宮中三殿で行われた宣戦の奉告祭にも、明治天皇は出御していない。

日露開戦に際してはどうであったろうか。開戦は一九〇四年二月四日の御前会議で決定されたが、その夕方内廷に入った明治天皇は、「今回の戦は朕が志にあらず、然れども事既に茲に至る、之れを如何ともすべからざるなり」と述べ、もし負ければ「朕何を以てか祖宗に謝し、臣民に対するを得ん」と、涙をはらはらと流していたという[21]。さらに「よもの海　みなはらからと　思ふ世に　など波風の　たちさわぐらむ」という、おそらく開戦時に詠まれたと思われる有名な歌が、天皇の内心をあらわしていたといえる。

このように日清・日露の開戦に、明治天皇は個人的には不満であり、なおかつ不安を抱いていたといえる。しかし、たとえそうであったとしても、内閣（および元老間）の意思が統一されている以上、それに従わざるをえないという立憲君主としての役回りに、天皇は明らかに自覚的であった。それはいいかえれば、たとえ天皇が開戦を望んだとしても、内閣が異なる意思を示したならば、戦争には至らないということを意味しており、まさに君主権（統帥大権など）の行使には、事実上歯止めがかけられていたのである。

2　昭和天皇の場合

そうした天皇の大権行使をめぐる明治憲法体制のシステムと運用は、天皇が過度に神格化され、天皇機関説という憲法解釈が排撃された昭和戦前期においても、実際上は同様に機能していたのであり、その事例を見出すことは容易である。たとえば、日米開戦前の昭和天皇による和平の意思表明や白紙還元の御掟は有名である。

一九四一（昭和一六）年九月六日に開かれた御前会議において、日米開戦を内心では望まれない昭和天皇は、杉山元参謀総長と永野修身軍令部総長に統帥部の考えを問うたのち、明治天皇が日露開戦時に詠まれた「よもの海」の御製歌を二度にわたり繰り返され、さらに自身は「常に、この御製を拝誦している。どうか」とご下問して、戦争反対の意思を暗に表明している。

そうした天皇の内心の思いが正確に伝わったことは、杉山自身がその日の自らの日記に、「直接「遺憾ナリ」トノオ言葉アリシハ恐懼ノ至リナリ　恐察スルニ極力外交ニヨリ目的達成ニ努力スヘキ御思召ナルコトハ明ナリ」と記し[22]、また陸相官邸に帰った東条英機陸軍大臣が周囲の者に、昭和天皇の意思が和平にあることを伝えていたことからも明らかである[23]。

さらに首相兼陸相となった東条は、大命降下を受けた翌日の一〇月一八日、秘書官たちに「お上より日米交渉を白紙にもどしてやり直すこと、成るべく戦争にならぬ様に考慮すること等、仰せ出され」たと告げている[24]。

しかし、そうした天皇の明確な意思表示があったとしても、天皇を輔弼（補佐）する政府及び陸海の両統帥部の意思が開戦で固まってしまえば、昭和天皇はやはり立憲君主として、それに従わざるをえなかったのである。

3　明治天皇と昭和天皇の戦争指導の比較

ただし、そのように内心では戦争に反対であった明治天皇や昭和天皇であっても、いったん戦端が開かれてしまえば、日本軍の快進撃と日本の勝利とを祈念し、その実現に向けて自らの務めを果たそうとした。そうした天皇の戦争指導に精励する姿勢を、いかに評価するかについては論者による違いもあるが、少なくともいえることは、国家元首であり大元帥でもある天皇としては、それは自らの地位と責務とを強く自覚しているからこその、きわめて自然な戦争指導の姿であったということである。自国の敗戦や軍の敗北をよしとする元首や軍事指導者はいないからである。

さらに、そうした大元帥としての天皇の責務の自覚という点からいえば、たとえば明治天皇の場合、日清戦争の際に大本営の置かれた広島の第五師団司令部の木造建物の二階の一室に設置された御座所で、執務のみならず寝泊まりと食事をしていたが、冬場の暖炉の使用を、戦地にはそのようなものはないと許可しなかったように、きわめて質素で不自由な、気晴らしも少ない生活を送っている。それら生活の不自由さ等も厭わずに大本営での多忙な執務をこなす姿に、天皇の責務に対する強い自覚を見て取ることができる。それはまた、昭和天皇においても同じである。

なお、明治天皇の戦争指導としてさらに特筆すべきは、日清戦争の当初から軍事と外交・財政の協調とバランス（内閣と軍の協調、陸海軍の協調、陸海軍省と統帥部の協調）に大きな配慮を示していた点であり、そうした戦争指導の基本姿勢は、日露戦争でも同様であった。

その具体的なあらわれの一つが、日清戦争に際して、本来軍人のみで構成される大本営会議に天皇の特旨をもって伊藤博文首相や陸奥宗光外相ら文官の列席を許可したことであり、日露戦争に際しても、桂太郎首相や小村寿太郎外相のほか、伊藤博文枢密院議長も大本営への列席を許されている。

それゆえ日清・日露の両戦争の勝利は、明治天皇のもとで政治と軍事の一体的運用が事実上実現したことを抜きにして語ることはできないが、その点がのちの昭和天皇の戦争指導との大きな違いでもあった。太平洋戦争においては周知のように、政治と軍事の乖離のみならず、陸海軍間の協調、軍における省部（軍政と軍令）の調和も失われていたのであり、それらが日本を敗戦へと導く大きな要因となったからである。

たとえば、敗戦直後の一九四五年八月二八日、東久邇宮稔彦首相は記者会見で、敗戦の原因を「政府、官吏、軍人自身がこの戦争を知らず知らずに戦敗の方に導いたのではないかと思ふ。この知らず知らずといふ意味は彼等自身は御国のためにしてゐると思ひながら、実は我国が動脈硬化に陥り、二進も三進も行かなくなつて、急に脳溢血で頓死したと同じやうな状況ではないかと思はれる[25]」と述べていたが、それは言葉を換えていえば、大本営への首相・外相らの出席がかなわず、明治期のような政治と軍事の一体的運用ができない状態においては、昭和天皇による個別の作戦指導や政治指導はあったとしても、政戦両略を一致させた真の意味での戦争指導は存在しなかった（もしくは存在しえなかった）ことを意味している（そもそも大本営はその本来の人員構成からいえば統帥機関、すなわち作戦指導機関であり、文武の高官が集う戦争指導機関とはいえない)。

それでは、そうした明治天皇と昭和天皇の戦争指導の違いは、なぜ生まれたのであろうか。それにはさまざまな要因が考えられるが、ここではひとまず、次の点を指摘しておきたい。それは端的にいえば、両天皇を取り巻く環境の違いである。

明治期の政治と軍事の指導層には、薩長藩閥を軸とする旧武士階級という出自にもとづく指導者間の同質性があったうえに、そうした指導者集団には維新の変動をくぐり抜け、明治国家を共に創ってきたという一体感が醸成されており、明治天皇もまさにその一員として認識されていたということである。

さらに彼らが明治憲法体制を設計・創出してきた、いわば創業者世代(「建国の父たち」)であるがゆえに、柔軟なシステム運用が可能であったともいえる。

それに比して、昭和天皇の時代は、維新変革の世代から数えれば、まさに三代目にあたる世代であった。かつて政治学者の丸山眞男氏がそうした世代の移り変わりを、「政治家上りの官僚はやがて官僚上りの政治家となり、ついに官僚のままの政治家(実は政治家ではない)が氾濫する」[26]と喝破したように、指導者たちの質と彼らを取り巻く時代環境が大きく異なっていた。

日清戦争、日露戦争、第一次世界大戦を経て、西洋列強と肩を並べる「大国」となった昭和戦前期の日本は、万国対峙をめざして近代国家の形成に取り組んでいた明治期とは明らかに異なる近代官僚制の国家となっていた。神格化された統治権の総攬者であり大元帥であった昭和天皇といえども、強固なセクショナリズムがはびこってしまった明治憲法体制の割拠性を彼の手で束ねることは、ついにできなかったのである。

つまり昭和天皇には、彼が模範とする明治天皇のようなリーダーシップ(調整機能)を発揮しようとしても、それを可能にするような環境が存在していなかったといえるのである。

三　軍事輔弼体制をめぐる天皇と軍

1　明治憲法体制の輔弼システム

これまでみてきたように、明治憲法体制のシステムと運用は、軍事指導者としての天皇の独善的なリーダーシップを許すものではなかった。しかし近代の戦争が、統治権を総攬する天皇の名のもとに行われるものである以上、たとえ意に沿わなくても、最終的には天皇による開戦の決断（裁可）が必要であった。先にもみたように、開戦の是非をめぐって懊悩する天皇は、自らの地位と責任とを強く自覚していればいるほど、最後には軍人君主として孤独な決断を強いられる存在であった。

もちろんそうした決断の重さは、政治指導者としての天皇の場合も同様である。それゆえ天皇の決断を支えるべく、政治指導者たちと軍事指導者たちが天皇の周りに配置され、そのためのシステムが作られた。

そもそも明治憲法には、天皇統治の正統性を「万世一系」に求めた第一条と皇族男子による皇位継承を定めた第二条に続いて、第三条に「天皇ハ神聖ニシテ侵スヘカラス」という、いわゆる天皇無答責条項が定められている。これは天皇制度を安定的に維持するために、天皇に政治的責任（法的責任）を負わせないための条項である。[27]

つまり、天皇は統治権を総攬する元首（第四条）ではあるが、統治行為にともなう政治的責任が問われることのないシステムを、明治憲法体制として構築したのである。

それゆえ天皇のリーダーシップのあり方としては、本来、能動的よりは受動的な姿勢が望ましいものと考えられていたといえよう。いいかえれば、『大日本帝国憲法義解』が国家法人説的に、「首や脳の機能」[28]をもって大政を統一する存在として天皇を位置づけていたように、立憲的な君主にふさわしい立ち居振る舞いが、天皇には求められていた。

その意味で、近代の三代の天皇は、立憲君主としての役回りを果たしたといえよう。

しかし、責任が問われない立場にあるからといって、責任感のない無能な天皇であってもよいというわけではない。天皇にはあくまでも、「首や脳の機能」が求められるからである。天皇には何よりも君主にふさわしい徳と識見、つまり裁可を下し（裁可者としての天皇）、その決断の重みに堪えうるだけの資質と能力とが求められたのであり、それゆえ帝王学（君徳培養）には力が注がれたのである。

ただし、実際に皇統を継ぐべき人物が、君主にふさわしいだけの資質と能力とをもちうるかどうかは、必ずしも見通せるものではない。「身」としての天皇の資質と能力が、「位」としての天皇制度に大きな揺らぎをもたらすとすれば、天皇制度の永続性は不安定なものとなる。したがって生身の人間としての天皇の資質と能力はあるにこしたことはないが、近代の天皇制度はそれに大きく左右されないシステムとして構築され、運用される必要があった。明治憲法の立憲主義と第三条には、そうした意味合いも込められていたといえる。

そこで実際上問題になるのは、天皇を輔弼する体制であり、その運用の仕組みであった。たとえば、天皇が上奏事項を裁可するにあたっては、内閣なり軍なりが内部で議論を尽くした案を上奏することが求められた。異なる案が上奏され裁可を仰ぐとなれば、天皇に決断の重みが大きくのしかかり、その心理的負担を増すことになるからである。御前会議において天皇は発言せず、閣議で決まった方針を裁可するという慣行が形成されたのも、そのためである。

いずれにせよ、臣下の間で意見がまとまらず、文字通りの最終決定者に天皇がなることは、できるだけ避けなければならなかった。それが臣下としての務めであった。

しかしそうはいっても、たとえ形式的にせよ、最終決定を下す天皇の側からすれば、いかなる場合でも裁可は軽いものではない。たとえ議論が尽くされたうえでの上奏や内奏であったとしても、ときには熟考を要するものもあるし、上奏者（内奏者）とは異なる第三者の意見を聞く必要のある事案も存在する。

もちろん事案の内容について、首相や各省大臣、参謀総長など、上奏（内奏）を行った当事者に確認するなり、再度疑問をただす（ご下問する）こともあるわけであるが、それでも疑問が残った場合や裁可を躊躇する場合に、天皇は誰に相談し、意見を聞けばよいのか。

ここで重要なのは、天皇の疑念に応え、不安を和らげ、それなりに納得する形での裁可（できれば自信をもって裁可しうることが望まれるが）を可能にするための輔弼者（輔弼機関）の存在である。天皇を君主にふさわしい人物たらしめるための輔弼体制が必要であった。では、そのシステムはどのように構築されたのか。

明治憲法においては、天皇を輔弼し、その責任を担う者として各国務大臣が規定され（第五五条）、さらに憲法草案の審議を行った枢密院が、その後も天皇の諮詢に応え重要な国務を審議する機関として位置づけられた（第五六条）。

また憲法に規定されない存在ではあるが、伊藤博文や山県有朋ら明治維新以来の功労者・実力者たちが、いわゆる元老として天皇の身近にあって適宜ご下問（相談）にあずかり、その決断を支えた。やがて彼らが年老いて鬼籍に入るにつれて、その中心的な役回りは、宮中での天皇の顧問格として輔弼の任にあった内大臣が担っていくことになる（ただし元老がもっていたような特別な声望はない）。

天皇の国務面（政治面）での活動を支える輔弼体制は、以上のように構築されたが、ここで注意しなければならないのは、明治憲法に規定された各機関のみでは天皇の輔弼体制は完結せず、元老という天皇との直接的なつながりを存在の根拠とする憲法外の機関との組み合わせによって、包括的な輔弼システムが作られていたということである。

つまり、明治憲法体制の輔弼システムは、もともと憲法上の機関と憲法外の機関とが事実上一体のものとして運用され、しかもその中心に憲法外の元老が位置することによって、明治憲法が元来内包していた弱点である各機関の割拠性、すなわち国家諸機関がそれぞればらばらに天皇を補佐するゆえに国家意思の統一が困難な状況も補われていたのである。

なお軍事上の輔弼については後述するが、ここではひとまず、輔弼システムの要に位置する元老（後継首相の事実上の奏薦権をもつ）のなかに、山県有朋や大山巌などの元帥が含まれていた点に注意を喚起しておきたい。とりわけ明治・大正期においては、国務と軍事の両面において大きな影響力をもっていた山県の存在が、輔弼体制のなかでも大きな重みをもっていたのである。

2　軍事輔弼体制の構築

それでは、軍事面における輔弼システムはどのように構想され、構築されたのか。

明治憲法においては、先述したように、第三条を受けて第五五条で国務各大臣が輔弼の責に任じることが明記されている。大臣には陸軍大臣と海軍大臣も含まれるので、軍事問題についての責任ある補佐の役割は、第一義的には、これらの軍部大臣が負うことになる。

他方、第一一条にいわゆる統帥大権が別途規定されたが、この大権に対する責任ある輔弼を誰が担うのかに関しては明記されていない。

さらに第一二条の編制大権については、『大日本帝国憲法義解』で、「固ヨリ責任大臣ノ輔翼ニ依ル」と軍部大臣の輔弼対象であるとされてはいるものの、同時に「帷幄ノ軍令ト均ク至尊ノ大権」とも記されており、軍令機関（統帥部）による輔弼も想定されている。したがって憲法解釈上は通例、軍政（軍事に関する政務）と軍令（作戦および兵力の運用）の混成事項として理解されることになる。

話を第一一条に戻せば、もちろん西南戦争後の一八七八年に参謀本部が設立され、統帥事項の上奏権が太政大臣の手を離れて参謀本部長（初代の本部長は山県有朋、参謀本部長の名称は一八八九年の条例にともない参謀総長となる）に移っており、その点からすれば、統帥大権の輔弼者は陸海軍の統帥部長（参謀総長とのちの海軍軍令部長）であることは自明といってもよいのかもしれない。

ただし、軍政を担う陸海軍省と軍令を担う陸海の両統帥部（憲法施行時には参謀本部と海軍参謀部）という組織の区分けはできたとしても、陸海軍の統帥をめぐる関係は、必ずしも判然としたものではなかった。

そもそも海軍大臣のもとに事実上一元的に統制されていた海軍の軍令機能は、一八八六年の海軍条例の第一条で、すべての軍令に関する事項は、参謀本部長が上奏して天皇が親裁したのち海軍大臣が執り行うものとされ、さらに一八八九年制定の参謀本部条例によれば、参謀総長は「帝国全軍ノ参謀総長」として「天皇ニ直隷シ帷幄ノ軍務ニ参」するとされたため、海軍の軍令も引き続き管轄することになったが、他方、軍令機関である海軍参謀部自体は、いわば海軍省の管轄下にあった。

つまり、同時に公布された海軍参謀部条例では、海軍大臣も「帷幕ノ機務ニ参シ出師作戦海防ノ計画ニ任スルモノ」とされ[29]、さらにその海軍大臣に隷属する海軍参謀部が軍事の計画を掌ることとなったのであり、その意味で、軍令をめぐる陸海軍および省部の関係は、実際上かなり複雑であった。ちなみに天皇に直隷する軍令機関として海軍軍令部が設置されたのは、明治憲法施行後の一八九三年のことである。

このように軍制度（軍官僚制）は、依然として整備の途上にあったのであり[30]、それが統帥大権の責任ある輔弼者を憲法に明記しなかった（しえなかった）背景といえるのかもしれない。

さらに明確な輔弼責任という観点からいえば、次のことも指摘しうるであろう。つまり、天皇に対する輔弼責任を示すために、軍部大臣は天皇の軍事関係文書（法律・勅令等）に副署することになっていたが、統帥部長は天皇の統帥命令や軍令に副署することはない。両者ともに天皇の輔弼者ではあったが、責任主体という点では立場の違いがあったといえる。おそらくこれは、統帥部長は軍の最高指揮官である天皇の幕僚長であり、その判断に資するための意見や情報を提供するスタッフとしての役割しか担っていない、という理解にもとづくものではなかったかと思われる。

またさらにいえば、軍人勅諭などで謳われた「大元帥」は、階級ではなく称号である。御璽・国事のような大元帥の印章があるわけではない。明確な法的根拠にもとづく呼称ではない大元帥という存在に対して[31]、法的な意味での輔弼者を規定することはできないということでもあったのかもしれない。

ちなみに、そうした大臣と統帥部長との責任主体としての責任の重さの違いは、太平洋戦争の敗戦時に、「一死以て大罪を謝し奉る」として自決した阿南惟幾陸軍大臣（阿南は事実上統帥の失敗の責任をも自ら負ったといえよう）と、いったんは拒否しながらも降伏文書調印式の全権となった梅津美治郎参謀総長との違いとしてあらわれたといえるのかもしれない。

以上、これまで述べてきたような軍固有の事情によって、統帥大権の責任ある輔弼者を憲法に明記しえなかったのではないかと思われる。しかしこれは、天皇無答責の原則を担保する観点からいえば、本来ならば問題である。なぜなら統帥大権行使の責任を、天皇自らが直接負うことになるからである。天皇の軍政関係の行為に対する輔弼責任が、国務大臣たる陸海軍大臣にあることは明確である。他方、統帥大権が憲法に明記された元首の大権であり、また憲法第五五条が国務大臣を輔弼責任者と規定していることからすれば、統帥大権の輔弼責任も軍部大臣にあるとする理解が成り立ってもよい筈である。しかし実際には、天皇に直隷する統帥部長が統帥大権の輔弼者と位置づけられており、それゆえ前述のような理解が有力であったわけではない（陸軍と海軍とでも異なる）。ではたとえ憲法に明記されていなくても、軍令関係の行為に対する輔弼責任は誰が、どのように負うべきなのか。

帷幄に列する軍部大臣にも何らかの責任が生じるとしても、主務者として実質的な輔弼責任を担うべきなのは、基本的には統帥部長である。そこで臣下である統帥部長は、本来ならば、天皇の統帥大権の行使に瑕疵を生じさせてはならない。仮に瑕疵が生じた場合、天皇の責任問題に発展する恐れがあるからである。それゆえ統帥部長の上奏は的確なものでなければならないが、そのためには上奏行為を省部一致の、もしくは陸海軍一致のより確固たる組織の意思とするような特別な手続きが必要であったともいえる。また統帥部長からの上奏を「親裁」する天皇の側からすれば、その判断をより適切かつ慎重に行うための、軍当局とは異なる軍事的な助言者（相談者）の必要性を促すものでもあったといえよう。そうした体制が整えられれば、そもそも瑕疵にもとづく天皇の責任問題が生じる危険性を、少なくとも事前に防ぐことが可能となるからである。

いずれにせよ、国務の輔弼体制とは異なる要素を内包しながらも、軍事輔弼体制はかくして明治憲法に規定された陸海軍大臣と憲法には明記されなかったが上奏権をもつ統帥部長との組み合わせによって、まずは構築されたのである。もっとも陸軍の軍政・軍令関係とは異なり、海軍大臣が軍令をも掌握していた海軍においては、いわば統帥の輔弼責任をも海軍大臣が負っていたといえるのであり、(32) そうであるならば、憲法に統帥の輔弼責任者が明記されなくても、少なくとも海軍の場合には問題はなかったといえる。ただしこの海軍の明治以来の慣行は、一九三三年に海軍軍令部条例が軍令部令に改定され、さらに海軍省軍令部業務互渉規程により海軍大臣が平時に保有していた部隊指揮権などが軍令部総長に移行することによって変更を余儀なくされ、海軍大臣による軍政と軍令に対する一元的統制は崩れていくことになったのである。

3　元帥府と軍事参議院の設置

ところで、一八八七年に軍事参議官という官職が設置されている。これは「帷幄ノ中ニ置キ軍事ニ関スル利害得失ヲ審議セシム」るためのもので、もともと軍政機関と軍令機関の意思統一を天皇の下命で行う組織であった。陸海軍大臣、参謀本部長、監軍（教育総監の前身）がメンバーであり、参謀本部長は有栖川宮熾仁親王、陸軍大臣は大山巌、監軍は兼任の山県有朋内務大臣であった。

実は信任の厚かった西郷隆盛が死去した西南戦争後に、軍への関心が薄れていた明治天皇が、憲法発布前後を境に再び大元帥としての自己の役割を自覚するなかで、軍事についての相談は、これら三人に対してなされることが多かった。有栖川宮と大山へは当局者としてのご下問であるが（有栖川宮には「皇族中ノ元老」としての側面もあったが）、山県には監軍もしくは軍の最古参としての彼への諮問であった。

山県は一八九〇年に陸軍大将に進級するが、それは西郷隆盛以外では、一八七七年に任じられた有栖川宮熾仁親王以来のことであり、明治天皇の山県への個人的な信頼を示すものであった。こうして監軍のような特定の軍職に就いていないときの山県は、現役大将の資格で明治天皇から軍事関係のご下問を多く受けることになった。

しかし、そのように天皇の信頼する山県であっても、いつかは現役を離れて軍から退くことになる。そうなれば、その後は山県に軍事面での相談をすることは難しくなるであろう。とりわけ日清戦争後に陸軍内の世代交代が進行するなかで、そうした懸念は切迫したものとなる。

では、天皇に信頼され、ご下問を受けていた山県をはじめとする陸軍大将たち（山県と同時に小松宮彰仁親王が陸軍大将に、翌年大山巌が進級）を、いかにしたら現役にとどめておくことができるのか。

そこで一八九八年に制定されたのが、元帥府条例であった。天皇の「軍務ヲ輔翼セシムル」ために元帥府を設け、「陸海軍大将ノ中ニ於テ老功卓抜ナル者」に「軍務ノ顧問」としての元帥の称号を与え、終身現役としたのである（元帥府設置の詔）。元帥の称号を賜ったのは、陸軍の小松宮彰仁親王、山県有朋、大山巌と海軍の西郷従道の四名であった。

こうして天皇の軍事に関する最高顧問府（元帥府条例第一条「元帥府ハ軍事上ニ於テ最高顧問トス」）として、陸海軍省と統帥部という軍事当局とは一線を画す輔弼機関が設けられた。その特徴は、機関としての元帥府へのご下問だけでなく、むしろ元帥が天皇から個別にご下問を受け、単独で意見を上奏しうる軍事輔弼者として位置づけられたことにあった。元帥は軍制度内の存在ではあったが、軍事面でのいわば元老格であった。

つまり、すでに述べてきたように、明治天皇が上奏をすべて無条件で認める（自らの地位を自覚する天皇にはありえないことであるが）印判者にならないのであれば、裁可のための判断に資するご下問や諮詢をする存在（機関）が必要であった。国務に関してそうした相談にあずかった憲法外の機関が、元老であった。たとえば、伊藤博文が首相であれば閣外にいる（したがって当事者ではない）山県有朋や黒田清隆にご下問が下され、山県が首相であれば、伊藤や黒田にご下問がなされていたのである。天皇は彼らへのご下問を経ることで、安心して上奏・内奏案の裁可や差し戻しを行うことができた。天皇のご下問という行為は、天皇の意思や思いに応え、それなりに反映させた奉答を行うことによって、天皇と国家諸機関との関係を円滑に保ち、安定させるものでもあった(33)。

要は、天皇がどのような裁可を下すにせよ、上奏当事者（当局者）以外の意見を聞くことが重要であったのであり、軍事面においても、天皇はそうしたご下問をなしえる存在を求めていたのである。すでに山県や大山たちは、陸軍大将の資格においてそうした役割を果たしていたが、そうした存在を制度化したのが、元帥（元帥府）の創出であったといえよう。

なお、さらに一九〇三年には、重要軍務について天皇の諮詢に応え、意見を奉答する機関として軍事参議院が設置されている（これまでの軍事参議官は廃止）。これは、日露戦争に備えて陸海軍の利害調整や統一運用を目的として設置され、元帥、陸海軍大臣、参謀総長、海軍軍令部長、専任軍事参議官（特に親補された陸海軍将官）などで構成される諮詢機関であった。しかし軍事参議院は、日露戦後には次第に古参将官の名誉職、あるいは次の親補職までの待機ポストとなり、さらに諮詢内容が制度化されることによって、半ば形式化していくことにはなる。

このように、国務面において天皇が国務各大臣（内閣）と枢密院、そして元老による輔弼を必要としていたように、軍事面でも陸海軍省と両統帥部という帷幄の輔弼当局に加えて、さらに元帥府と軍事参議院という新たな軍事顧問機関を設立することによって、天皇に対する軍事上の輔弼を万全なものとするシステムが構築されたのである。

これは、軍当局以外にご下問をなしえる存在を求めていた天皇の意向に沿うものであったと同時に、軍当局からはその上奏にお墨付きを与える役割を期待されてのものでもあった（それゆえ当局と元帥府等との間で意見の不一致が露呈することは、ありうることではあったが、当局としては避けたい事態となるのであり、その意味で元帥府と軍事参議院は、軍当局にとっては痛し痒しの存在でもあった）。

いずれにせよ、憲法に明記されていない統帥大権に対する輔弼責任を担保する体制は、憲法に規定されない機関である両統帥部だけでなく、同様に規定されていない元帥府と軍事参議院という顧問機関との組み合わせによって構築されたのである。[34]

4　統帥大権の輔弼者とその輔弼責任意識

ところで、統帥大権が憲法に明記されている以上、それはもちろん憲法の一部である。[35]その輔弼を担う機関が憲法に明記されていなくても、それらはもちろん明治憲法体制の枠内にある。その意味で、たとえ大臣のように憲法に輔弼責任が明記され、副署行為のような規定がなくても、統帥輔弼者の天皇に対する輔弼責任意識は保持されていたといえる。「我国の軍隊は世々天皇の統率し給ふ所にそある」で始まる軍人勅諭（一八八二年）が示しているように、軍は大元帥のもとにあり（「朕は汝等軍人の大元帥なるそ」）、軍人は天皇の股肱の臣（「されは朕は汝等を股肱と頼み」）であったからである。

つまり、軍が天皇に直隷し、「大御心」を拝して忠誠を尽くす組織体であるかぎり、任務遂行責任を負う彼らの輔弼責任意識が、軍事輔弼体制を成り立たせていたのである。

ただし、国務面での輔弼システムが、昭和戦前期における最後の元老であった西園寺公望の死去（一九四〇年に九〇歳で死去）によって崩れてしまったように（ほころびは以前から進行していたが）、陸海軍の元帥たちが昭和戦前期にはその多くが鬼籍に入ってしまったことで、軍事輔弼システムも同様に、明治・大正期のような安定的な役割を果たせなくなっており、昭和天皇を満足させるほどには有効に機能しえなくなっていたのである（上原勇作元帥は一九三三年に死去、一九三三年に元帥となった武藤信義は三カ月にも満たず死去、井上良馨元帥は一九二九年に死去、東郷平八郎元帥は一九三四年に死去、一九三二年に元帥となった梨本宮守正王は皇族、元帥閑院宮載仁親王と一九三二年に元帥となった伏見宮博恭王はそれぞれ参謀総長と軍令部総長になったため当局者となる）。

それゆえ、そうした昭和戦前期における軍事輔弼システムのほころびも、先に触れた昭和天皇の戦争指導を困難なものにした、大きな要因であったといえる。

おわりに

近代の天皇は、王政復古と西洋流の近代国家の樹立を求める時代の要請によって新たに誕生した存在であった。京都の御所で髷・白粉とお歯黒・描き眉をして公卿や女官たちに取り囲まれていた明治天皇は、東京に移り住み、朝廷の有職故実とは無縁な旧武士階級出身の新たな群臣たちの補佐を受けて、「文・雅の天皇」から「武を率い統治する天皇」へと生まれ変わっていった。明治天皇は、好むと好まざるとにかかわらず、近代の天皇になることを運命づけられた君主であった。そして日清・日露の両戦争に勝利して大帝となり、その軍人君主としての生涯を栄光のうちに終えた。

それに比して、大正天皇と昭和天皇は、生まれながらの近代君主であった。はじめから将来は「武を率い統治する天皇」になることを当たり前のものとする存在であった。

ただし、大正天皇は在位半ばで病気が悪化したために、事実上九年余の治世でしかなかった。在位中に第一次世界大戦の勃発に遭遇したが、日本にとっては宣戦布告はしたものの、大本営を置くまでもない規模の戦争であった。明治期に作られた軍事輔弼システムは健在であり、さらに変則的ではあるが、寺内正毅元帥が首相となり宮中に設置した臨時外交調査委員会が、事実上の戦争指導機関として有効に機能したこともあり、とりたてて軍事指導者としての大正天皇を悩ませたと思われる事柄はない。よき輔弼者と輔弼システムを得た大正天皇は、日本を戦勝に導き五大国の一つにした、幸せな軍事指導者であった。

問題は昭和天皇である。山県有朋はすでに一九二二年に死去していたが、軍事顧問役の有力な陸海軍の元帥たちも一九三四年までには亡くなっており、太平洋戦争中に至るまで、元帥は閑院宮載仁親王と伏見宮博恭王、そして梨本宮守正王という皇族のみの構成であった。しかも閑院宮と伏見宮はそれぞれ参謀総長と軍令部総長の職にあったため、軍当局の意思以外の意見を奉答する立場にはなかった。

つまり、日中戦争と太平洋戦争の大部分の期間、昭和天皇は軍当局者以外からの軍事面での十分な輔弼を受けられる状況にはなかったのであり[36]、戦争指導（作戦指導）をめぐる昭和天皇の疑念や不安を分かちあえる軍事顧問は事実上不在であった。しかも国政全般で頼るべき元老もいなかった。

太平洋戦争の開戦時に昭和天皇は四〇歳、即位してから一五年の歳月が流れていた。他方、明治天皇は四二歳のときに日清開戦を、五二歳のときに日露開戦を決断している。それぞれ在位二七年目と三七年目の決断であった。

このように、天皇としてのさまざまな経験値は、昭和天皇と明治天皇とでは、輔弼者集団との関係性のみならず、在位年数と年齢の違いも含めて、かなり異なっていたといえよう。

かつて日露開戦の御前閣議の日の早朝、明治天皇は伊藤博文枢密院議長を内廷に呼び、白の和服姿のままで伊藤の考えを質している。伊藤は「今日は最早断然たる御覚悟」が必要であると、思い悩む天皇に腹を決めるよう促したが、昭和天皇にはいわばこの伊藤に匹敵するような輔弼者がいなかったといえる。動乱の続く治世に気の休まることがなかったであろう昭和天皇ではあるが、日中戦争が収束しないままに、米英という新たな敵との開戦を裁可しなければならなかったのであり、その懊悩の深さはいかばかりであったろうか。

こうして昭和天皇は、まさに孤独な軍事指導者として、やがて敗戦を迎えることになった。ただし、かつて侍従長としてお側に仕え、天皇の信任が厚かった、海軍長老の鈴木貫太郎枢密院議長が、敗色濃厚となった一九四五年四月に、「この重大なときにあたって、もうほかに人はいない。頼むから、どうか曲げて承知してもらいたい[37]」という昭和天皇のたっての願いを受けて総理大臣の大任を引き受けてくれたことが、天皇にとってはせめてもの救いであったといえるのかもしれない。

(1) 伊藤博文『帝国憲法義解　新訳』(日本国学振興会、一九三八年) 四八―四九頁 (国立国会図書館デジタルコレクションで閲覧)。

(2) 本章の作成にあたり天皇関係の文献としては、主として以下を参照した。伊藤之雄『明治天皇――むら雲を吹く秋風にはれそめて』(ミネルヴァ書房、二〇〇六年)、同『昭和天皇と立憲君主制の崩壊』(名古屋大学出版会、二〇〇五年)、同『昭和天皇伝』(文春文庫、二〇一四年)、加藤陽子『昭和天皇と戦争の世紀』(講談社学術文庫、二〇一八年)、西川誠『明治天皇の大日本帝国』(講談社学術文庫、二〇一八年)、原武史『大正天皇』(朝日新聞社、二〇〇〇年)、F・R・ディキンソン『大正天皇――一躍五大洲を雄飛す』(ミネルヴァ書房、二〇〇九年)、古川隆久『大正天皇』(吉川弘文館、二〇〇七年)、同『昭和天皇――「理性の君主」の孤独』(中公新書、二〇一一年)。なお本章は同名の拙稿(『Royal Bodies　象徴と実在の間』所収、慶應義塾大学アート・センター編集・発行、二〇二〇年) に注を含めて加筆修正を施したものである。

(3) 『孝明天皇紀』第三巻(宮内省先帝御事蹟取調掛編、平安神宮発行、吉川弘文館発売、一九六七年復刻、原本は一九〇六年) 八九二頁、西川前掲書、五〇―五一頁。

(4) 西川前掲書、五一、六一頁。

(5) 同右、四〇、六八、八五頁。

(6) 同右、六〇―六一、九四頁。

(7) 同右、九六頁。

（8）たとえば西郷隆盛は、天皇は天気さえよければ毎日馬に乗っている、近々兵士の指揮訓練が始まり自ら大元帥になるとの意思を述べている、という内容の手紙を一八七一年末に認めて、鹿児島の叔父に送っている。同右、九六頁。
（9）同右、一一〇、一一五頁。
（10）そのほか一八七三年四月には、千葉県大和田原（習志野）での軍事演習に臨むため、天皇は皇城から大和田原まで、肥満のため乗馬できない西郷隆盛を従えて騎馬で赴いている。
（11）木村美幸「大正期における日本海軍の恒例観艦式」（名古屋大学大学院文学研究科教育研究推進室年報『メタプティヒアカ』巻一一、二〇一七年三月）参照。
（12）もっとも明治天皇は皇居の表御座所での政務や一般の行幸の際にも、陸軍大元帥の軍服を着用していた（伊藤前掲『明治天皇』四頁）。
（13）原奎一郎編『原敬日記』第八巻（乾元社、一九五〇年）三七九、三八一頁。ほかに一六〇頁。
（14）原前掲書、二二〇—二二五頁。
（15）黒沢文貴『大戦間期の宮中と政治家』（みすず書房、二〇一三年）第一部参照。
（16）西川前掲書、一九四頁。
（17）黒沢文貴・河合利修編『日本赤十字社と人道援助』（東京大学出版会、二〇〇九年）。
（18）伊藤前掲『明治天皇』二四七—二四八頁。
（19）同右、参照。
（20）宮内庁編『明治天皇紀』第八巻（吉川弘文館、一九七三年）四八一—四八二頁。
（21）宮内庁編『明治天皇紀』第一〇巻（吉川弘文館、一九七四年）五九八頁。
（22）参謀本部編『杉山メモ（上）』（原書房、一九八七年）三一一、三一二頁。
（23）児島襄『天皇（Ⅳ）太平洋戦争』（文藝春秋、一九八一年）二三五頁など。
（24）伊藤隆・廣橋眞光・片島紀男編『東條内閣総理大臣機密記録——東條英機大将言行録』（東京大学出版会、一九九〇年）四七八頁。
（25）『朝日新聞』一九四五年八月三〇日付。黒沢文貴『大戦間期の日本陸軍』（みすず書房、二〇〇〇年）四〇七頁も参照。
（26）丸山眞男「軍国支配者の精神形態」（同『〔新装版〕現代政治の思想と行動』未來社、二〇〇六年）一二七—一二八頁。
（27）伊藤博文前掲『帝国憲法義解　新訳』二七頁。
（28）同右、二八頁。

(29) 海軍が一八九一年に大臣の現役武官制を要求する過程で、「海軍大臣ハ官制ニ掲クル職務ノ外参謀部条例第一条ニ依リ帷幄ノ機務ニ参シ出師作戦海防ノ計画ニ任スルモノニシテ即チ海軍一般ニ渉ル行政事務ノ外軍事計画、軍令伝宣ノ責任アルヲ以テ其職務上必スヤ将官ニアラサレハ不都合ヲ感スルコト尠カラス依テ海軍省官制別表中大臣次官ノ欄内ニ各将官ノ二字ヲ追加セラレ度」(一八九一年八月三一日付海軍大臣より内閣総理大臣宛「海軍省官制別表中大臣次官ノ欄内に将官ノ二字追加ノ件」と、大臣が軍令の職務を担う存在であることを理由としている点にも注意したい(海軍省編『海軍制度沿革』巻二、原書房、一九七一年復刻、一三七頁、原本は一九四一年)。

(30) 軍制度の形成に関して補足的に述べれば、「統帥」という語が何を内包するのかについても、それほど自明ではなかったといえる。当該期においては「師兵」「統率」「統御」「統督」など、「統帥」とほぼ同じ意味内容の用語がまだ使われており、語義の解釈が統一されていたわけではなかったからである。ちなみに「統帥」が軍内で慣用的に使われはじめるのは、日清戦後あたりからといわれている。なお「統帥綱領」の付属「兵語の解」(一九二八年)には、「統帥とは通常大軍を指揮運用するの意に用いらるること多く、技術的範囲に属し、統率とは御委任の範囲内に於ける統帥権を示し部下軍隊に対する統御、経理、衛生等の全般に亙り、(中略)統帥に比し広汎なり」との記述がある。つまり「統帥」と「統帥権」(「統率」)とが分けて捉えられている点に注意しなければならない。「兵語の解」によれば、「統帥権」には軍令のみならず軍政も含まれることになるが、それは「我国の軍隊は世々天皇の統率し給ふ所にそある」(軍人勅諭)に沿う理解といえる。ただそうであるとするならば、憲法第一一条自体が軍令と軍政の混成事項とする見方も可能となり、軍部大臣の輔弼条項とする解釈が成り立ってもおかしくないことになる。ただし第一一条の条文は「統帥ス」であり、しかも第一二条の編制大権が別に定められたのであるから、第一一条は一般的にはいわば純粋統帥と理解されることになったものと思われる。従って第一一条を統帥権条項と称するのは不正確といえる。あくまでも「統帥の大権」条項、つまり「大軍を指揮運用」する大権の条項として理解すべきである。

　ただし、そうであったとしても海軍の場合、海軍大臣が平時の部隊指揮権等の軍令関係事項を含めて一体的に運用していたのであり、それゆえ少なくとも平時における、そして一九三三年の海軍軍令部条例等が改正されるまでの、第二条に対する輔弼責任は、大臣と統帥部長の両者が担っていたとみることができよう。

(31) 遠藤芳信「近代における天皇の大元帥呼称成立」(北海道教育大学函館人文学会編『人文論究』第八九号、二〇二〇年三月)参照。

(32) 一九二一年に作成された「海軍大臣事務管理問題ニ就テ　海軍省意見」(国立国会図書館憲政資料室所蔵「田中義一関係文書(山口県文書館蔵)」第四冊)では、「統帥事項カ国務ナリヤ否ヤニ就キテハ学説上頗ル不明ニシテ我国ノ学者ノ多数ハ国務ニ属セス〔ト―引用者注〕為ス（中略）然レトモ統帥カ国務ニ非ストナスハ独断ニ過キンカ憲法ハ国務大臣ノ職責ニ制限ヲ附セサルヲ以テ国家ノ元首ノ大権ノ一切ニ付キテ輔弼ス可キハ自然ノ理ナリ（中略）憲法上大権ノ及フ所ハ国務大臣ノ輔弼ノ及フ範囲ナラサル可ラス統帥モ亦其範囲外ニ出テサルナリ」と、大臣の統帥に対する輔弼責任を主張している。なお太田久元『戦間期の日本海軍と統帥権』（吉川弘文館、二〇一七年）も併せて参照されたい。

(33)　西川前掲書、三三五―三三六頁。

(34)　元帥府と軍事参議院を含む天皇の軍事輔弼体制については、飯島直樹「元帥府・軍事参議院の成立――明治期における天皇の軍事顧問機関」（『史学雑誌』第一二八編第三号、二〇一九年）のほか、同「天皇の「多角的軍事輔弼体制」と明治立憲制――元帥府と「協同一致」をめぐる陸海軍関係を中心に」（博士学位論文、東京大学、二〇二〇年三月）に多くを負っている。

(35)　ちなみに伊藤博文前掲『帝国憲法義解　新訳』は、明治憲法第一六条の解説に、「第一条以下第一六条に至るまでは、元首の大権を列挙したのである」と記している（五六頁）。いずれにせよ統帥輔弼の責任の所在については、陸海軍の違い、平時と戦時の違い、また憲法解釈等を視野にいれて、さらに考察する必要がある。

(36)　陸軍では、一九四三年に寺内寿一と杉山元が元帥となったが、それぞれ南方軍総司令官と参謀総長の職にあり、翌年元帥となった畑俊六も当時支那派遣軍総司令官であった。海軍では一九四三年に永野修身が元帥になったが、彼も軍令部総長の職にあった。なお事実上の元帥不在状況のなかで、天皇に「常侍奉仕」していた軍人である侍従武官長の存在が注目されるが、昭和天皇との関係は人によって異なるうえに、基本的には軍当局との伝達役であった。

(37)　鈴木貫太郎伝記編纂委員会編『鈴木貫太郎伝』（鈴木貫太郎伝記編纂委員会、一九六〇年）一八四頁。なお同書は、御厨貴監修『歴代総理大臣伝記叢書32　鈴木貫太郎』（ゆまに書房、二〇〇六年）で復刻されている。

第四部　国際的文脈における軍

第10章　万国医学会と日本陸軍軍医

日向玲理

はじめに

一九世紀後半、万国衛生会議や万国医学会といった「万国」を冠する会議が数多く開催されたことにみられるように、医学は国際的な協調と競争の時代を迎えた。たとえば一八八一(明治一四)年にロンドンで開かれた万国医学会(Congrès international de médecine)は、欧州各国の医学研究者たちが参集して科学の発展という共通目標に向かって連帯を示したことで知られる(1)。

万国医学会には日本の内務省、文部省、陸軍省、海軍省、帝国大学といった機関から適宜参加しており、日本本国から特派する場合や在欧の留学生たちを参列させる場合もある。いずれにしても欧米の医学社会を見聞する機会となったことは想像に難くない。

ただ万国医学会に言及した研究は管見の限り見当たらない。「文明国」をめざす明治期の日本がこの医学会をどのように捉えて参加したのかを考える意義は、少なくないように思われる。特に官費留学生たちは帰朝後、各機関において中核的な役割を担うことが期待されていたからである。

留学の成果がどのように還元されたのかという点については、東京大学を卒業した後、陸軍軍医に任官した医学士たちが所属した陸軍衛生部の改革に着目する。[2] 陸軍軍医に関する研究は、軍医個人に焦点を当てた研究を除けば、力点が置かれているのは軍医の養成・補充といった制度史の分野である。[3] 当該研究分野の水準を引き上げた近年の成果として、加藤真生氏の研究を挙げることができる。加藤氏は、陸軍衛生部がいかにして高度な専門性を獲得していくのか、制度分析と実態分析を交えながら近代化過程を詳細に検討している。[4]

このような先行研究と問題関心から本章では、万国医学会に参加した日本の陸軍軍医や医学者たちが、欧米医学社会をどのように観察し、そこからいかなる知識や経験を得たのか、それらが日本の陸軍衛生部の組織改革や人材育成とどのように結びついていったのかを考察することとしたい。

一　学士軍医の登場と留学

陸軍軍医の教育は、以下にみるように目まぐるしく変転した。[5] 一八七〇（明治三）年に大阪陸軍軍事病院内に置かれた軍医学校で蘭医ボードウィン（翌年に蘭医ブッケマに交代）は、軍陣繃帯学・軍陣外科学・赤十字社規則などを講述した。

一八七二年には大阪の軍医学校が閉鎖され、東京に軍医寮と軍医寮学舎が置かれ、林紀軍医監がその長となった。入学志願者（一七歳から二五歳まで）は、作字・算術・歴史のほか語学を含む学科試験に合格した者が入学できた。生徒の学力によって五等から一等に区分し、試験に合格すると昇級できる仕組みとした。さらに、その翌一八七三年には軍医学校に改組され、入学試験と教授課目が大幅に改正された。入学試験では前述の科目のほか、窮理学・舎密学・解剖学・生理学・病理学・薬性学・内科・外科が加えられた。表1は軍医寮学舎と軍医学校における教授課目を示したもので、両者を比較するとより専門性が高められたことがわかる。幕末から明治初年にかけて西洋医学を修めた緒方惟準、草創期の陸軍衛生部を支えた石黒忠悳や足立寛らが教鞭を執った。

このような体制で軍医の養成・教育が行われてきたが、経常費の不足による教員や衛生材料の確保の困難、本務の余暇をもって教授にあたらなければならないといった課題があった。そうした折、文部省の医育制度が順次整いつつあったこともあり、陸軍が普通医学の教育を担う必要性が薄れてきた。一八七三年七月一〇日、石黒は松本順軍医総監に宛て建議書を認めた。その大要は、将来的に軍医の養成を文部省医学校生徒の志願者のなかから選抜することとし、卒業後に陸軍病院で軍陣内科・外科、軍陣衛生学などの軍医特有の学問を教授するというものであった。この建議をめぐって部内は紛糾したものの、一八七七年三月八日に軍医学校が廃止され、東京医学校（東京大学の前身）に依託する制度へと変更された。

この東京医学校もまた四月一二日に東京開成学校と合併し、法学部・理学部・文学部・医学部から成る東京大学が創立された(6)。医学部発足当時の主な教員を表2で示した。当時は夏学期を下級、冬学期を上級とする二学期制であった。医学本科の学科課程のうち上級のカリキュラムを示すと、第一年で物理学・化学・医科植物学・各部解剖学・組織学、第二年で物理学・化学・顕微鏡用法・生理学、第三年で外科総論・内科総論及病理解剖・薬物学・毒物学・製剤学

表1　軍医寮学舎と軍医学校の教授課目

軍医寮学舎

区分	教授課目
五等生徒	解剖学・本草学・軍律・算術・読書
四等生徒	窮理学・舎密学・解剖学
三等生徒	生理論・病理論・薬性論・繃帯論
二等生徒	薬性論・生理論・病理論・軍営規則・外科
一等生徒	病屍解剖学・内科・外科・眼科・中毒論・断訴医学

軍医学校

区分	教授課目
五等生徒	病理学・生理学・解剖学・動物学
四等生徒	薬性学・病屍解剖・組織学・繃帯術
三等生徒	内科・外科・眼科・中毒論・断訴医学
二等生徒	軍陣衛生学・陸軍病院幷屯営医務・選兵学
一等生徒	軍隊外科・軍陣繃帯術幷野営医則・陸軍病院内実験

出典：陸軍軍医学校編刊『陸軍軍医学校五十年史』（1936年）1-5頁をもとに作成した．

実地演習・分析学実地演習、第四年で外科各論・病理各論・外科臨床講義・内科臨床講義、第五年は卒業試験となっていた。

一八七七年といえば、西南戦争の起こった年であり、戦地でコレラが発生し、そこから帰還兵をはじめとする人々の移動によって全国に伝播した。ちょうどこのとき、東京大学で勉学に勤しんでいた江口襄は、自校のコレラ対応について「最厳」であるとし、「日本第一ノ医学校」だから当然であると、家族に宛てて記している(7)。ここからは、最高学府で学んでいるという矜持がうかがえる。

一八七八年に文部省は東京大学に学位授与権を与え、翌一八七九年に医学部では医学士と製薬士が誕生した。一八八一年の卒業生のなかに陸軍軍医に任官することになる小池正直、森林太郎（鷗外）、谷口謙、賀古鶴所、菊池常三郎、江口襄、伊部彝らがいた。彼らは「系統的医学」を修得した「新進気鋭ノ軍医」として軍医学講習所で教鞭を執り、軍医教育に「清新ノ気」を注入していくことになる(8)。

表2　東京大学医学部発足当時の教員

日本人教員	外国人教員
田口和美（解剖学）	ギールケ（解剖学）
大沢謙二（生理学）	チーゲル（生理学）
三宅秀（病理学）	ベルツ（内科）
樫原清徳（薬剤学）	シュルツェ（外科）
桐原真節（外科総論）	マルティン（製薬学）
赤星研造（外科総論）	コルシェルト（製薬化学）
柴田承桂（製薬学）	

注：外国人教員はすべてドイツ人.

陸軍軍医本部次長の石黒は、軍医制度の設計に注力するとともに、新進気鋭かつ個性的な学士軍医を要職に就かせたり、外国に留学させたりするなどして、その処遇を考慮した。他方、石黒の寵愛を受ける学士軍医たちも「将来の陸軍衛生部を背負つて立つのは我輩等にある」との強い信念を有しており、とりわけ小池は自身のドイツ留学前の送別会の席上で「衛生部の改革は吾輩にあらずして誰ぞ」との趣旨の演説をぶって物議を醸したといわれる。他方、いわゆる「学閥」外の軍医たちは、学士軍医らの「気に向く事はよくするが気に向かぬこと殊に細かい附帯事務は自分がするに及ばぬ」との態度を嘆じただけでなく、石黒への「媚態」を批判していたという(9)。石黒は、血気盛んな若手軍医と古参の軍医との間に立って組織運営をしなければならなかった。

表3　陸軍省医務局の所掌事務

課	所掌事務
第1課	1 近衛鎮台軍医部官廨ノ医務ニ関スル事項　2 軍医部人員ニ関スル事項　3 軍医部下士以下名簿調整ニ関スル事項　4 軍医部予備役後備軍躯員及其名簿調整ニ関スル事項　5 軍医部ノ出師準備ニ関スル事項　6 衛生上ニ関スル事項　7 軍人身材ノ調査並紀事ニ関スル事項　8 各地ノ地質気象ノ紀事並転地療養上ノ調査及紀事ニ関スル事項　9 伝染病並流行病ノ予防及風土病ノ紀事ニ関スル事項　10 衛生費ノ調査並医事統計ニ関スル事項　11 軍医薬学生徒ニ関スル事項　12 恩給並賑恤金ニ係ル診断書調査ニ関スル事項　13 断訟医事ノ紀事ニ関スル事項　14 撰兵及其紀事ニ関スル事項　15 内外国恤兵諸会社ニ関スル事項
第2課	1 軍医官学術監査ニ関スル事項　2 軍医官学術演習指導ニ関スル事項　3 軍医官学術上ノ景況調査ニ関スル事項　4 軍医薬学生徒教育ニ関スル事項　5 軍医部下士卒教育ニ関スル事項　6 軍陣医事雑誌ニ関スル事項　7 軍陣医学参考品ニ関スル事項　8 医学上ノ新発明紀事ニ関スル事項　9 教育ニ関スル図書調査ニ関スル事項
第3課	1 薬剤ニ関スル事項　2 薬物器械ノ良否及保存ノ適否検査ニ関スル事項　3 薬物器械ノ新発明紀事ニ関スル事項　4 理化学上ノ諸検査並紀事ニ関スル事項

出典：陸軍軍医団『陸軍衛生制度史』（小寺昌，1913年）38-40頁より作成した．

一八八五年一二月二二日に発せられた太政官達第六九号によって内閣制度が確立される。同月二五日付でドイツ留学中の森林太郎に宛てた小池の書翰によると、軍医本部に「衛生課」と「教育課」が置かれ、教育課長に緒方惟準軍医監、教育課次長に田代基徳一等軍医正が就くのではないかと報じている。内務省衛生局次長に就いた石黒について、誰の発言かは明言されていないものの、「軍医本部之実権ハ猶隠然トシテ石黒君之手中ニ在リ」との風聞があることも伝えた。さらに、石黒や学士軍医たちは、軍医本部の新課設置や「我部内之改良」にあたって、森の帰朝を待つべきとの意見で一致していた。小池は森の帰朝の日までそれぞれが準備して円滑な「運転」ができるよう努めると書き送った[10]。ちょうどこの頃、陸軍軍医本部に奉職した医学士たちは、毎月一回同窓会を催して軍医としての事務・医務・学術に関する各々の見解を議論し合っていたという[11]。

翌一八八六年二月二六日、各省官制が定められ、陸軍省に医務局が置かれ、前身の陸軍軍医本部の事務を継承した。軍医総監を医務局長とし、軍医監を次長（一八九〇年に廃止）に据えた。若手軍医らが談じていたような衛生課や教育課ではなく、第一課・第二課・第三課との名称になった。表3に主な所掌事務を示したが、第一課に広汎な事務が集中するようになっていた。各課の定員は、第一課の課員は一名・

副課員二名・属官五名、第二課の課員は一名・副課員二名・属官二名、第三課の課員は一名・副課員二名・属官三名という小さな所帯であった。(12)

続いて、同年三月に橋本綱常医務局長は、大山巌陸軍大臣に陸軍軍医学舎の創設を上申した。(13) 軍医学舎の目的は第一条に規定されている。

一、医科大学ニ於テ卒業シタル軍医生徒ヲ講習生トナシ軍医特科ノ学術ヲ講習スル事

一、軍医生徒ニアラサルモ医科大学ニ於テ之ト同一ノ学科ヲ卒業シ、体格強壮年齢廿年以上三十年以下ニシテ陸軍医官ニ出身志願ノ者ヲ講習生トナシ前同様ノ学術ヲ講習スル事

一、陸軍諸卒及ヒ華士族平民ニテ体格強壮年齢十八年以上廿五年以下ニシテ軍医部下士ニ出身志願ノ者ヲ撰抜シ之ニ須要ノ学術ヲ教授スル事

一、近衛鎮台附医官（一、二、三等軍医）ヲ召集シテ学生医官トナシ、日新ノ学術ヲ教授シ軍隊一般ノ衛生ニ関スル事項及流行病、風土病等ノ病原ヲ学理試験ニ徴シ其他軍陣外科学、眼耳診断法等ヲ研究習熟セシムル事

講習生の修学期間は六カ月、下士生徒は一二カ月とし、在学中は舎内に居住し、修業に要する費用などは官給とされた。学生医官の修業期間は、四カ月で毎年二回召集された。

軍医学舎長は、医務局長に隷属して舎中一切の事務や教授方法などを「総判」し、また内規を定めて軍紀風紀を維持して舎内の統轄と勤惰能否を監視するとされた。軍医学舎の職員と担当科目は、以下の通りである。軍医学舎長は陸軍軍医監緒方惟準（陸軍医務沿革史）、教官に陸軍一等軍医正永松東海（菌学及顕微鏡学）・陸軍一等軍医小池正直（軍陣衛生学・内科診断学）、助教に陸軍二等看護長岩崎勝次郎、兼勤教官に医務局第二課長・陸軍一等軍医正足立寛（軍陣

外科学）、東京鎮台病院医官・陸軍一等軍医伊部彝（検眼法）、医務局第二課副課員・陸軍一等軍医谷口謙（軍陣衛生学）、医務局第三課長心得・陸軍一等薬剤官曽根二郎（分析術）という陣容である。

石黒から留学が決定するかもしれないとの内報を受けた小池は、一八八八年一月一六日付の森宛の書翰のなかで、上官からの内談もなく、その「秘密」主義を訝しんでいた。ただ、小池の書翰の眼目は、別のところにあるように思われる。

> 終日ラボラトリウムニ在而学問之穿鑿ニノミ従事被成候ハ、（是ハ左アリタキ事ナレド）斯クテハ大学教授モ同シナリ。軍医部ヨリ軍医ヲ留学セシメタルハ此様之学者ヲ拵ンカ為メニテハナカリキト唱候者必可有之。此説一ド起候而ハ為兄ニモ軍医部之為ニモ不宜候間、独逸之隊ナリ陸軍病院ナリ医務局ナリヘ入リ平常事務、出師準備等、実地ニ御取調之上御帰朝被成候方可宜愚考候。吾兄ハ何処マテモ Forscher und Förderer der Wissenschaft ヲ以テ素志ヲ貫候積ニ可有之候得トモ軍医之身ナレハ軍医之勤務有之、中々ソーハサセ不申候。浮世之勤トあきらめ右事務上之コトモ詳細御取調被成度不堪希望之至候。(14)

衛生学者であれば、研究室に籠りひたすら学問に打ち込むことが望まれるが、自分たちは陸軍衛生部から「軍医」として留学を命ぜられたのであり、決して「学者」を養成するためではないと、軍医としての本分を弁えるよう森を諌めた。日本の陸軍衛生部の充実を第一に考える小池は、現地での隊附勤務、陸軍病院の視察、平戦両時の衛生行政の調査などを積極的に行うことが重要だと説いた。こうした主張の背景には「吾党之手ニ而我軍医部ヲ握候迄ハ御互ニ忍不可忍候外無之候」とあるように、石黒を中心として学士軍医である自分たちが陸軍軍医部の中核にならなければならないとの矜持があった。

森に続いて谷口がドイツ留学に出発した。滞独後しばらくすると谷口は石黒宛の書翰で「大学教授連幷ニ軍医社会ニ知己」ができたと伝えている。この書翰で目を引くのは、留学生の派遣の格について論じた部分である。

日本陸軍々医ノ名目ヲ明ニシテ修業ニ参リ候者ハ本国ニ於テ隊附病院附ヲ致シ又局内事務ニモ従事シ野営行軍野外演習ノ事モ一通リ承知シ且ツ口モ八丁手モ八丁ノ人物ナラテハ独国軍医ノ軽侮ヲ受ケ我軍医部ノ面目ヲ汚シ申候事モ出来兼間敷候。其訳ハ当国軍医ハ日本ヨリ当地へ修業ニ来候日本軍医ハ余程職務上ノ経験アリテ鉄中ノ錚々ナル者ト心得居候。然ルニ其鉄錚者我国軍隊ノ事ハ一モ知ラス何ヲ尋ネラレテモ「イヒ、ワイス、ニヒト」ノ答ヲナス様テハ不都合ニ御坐候。(15)

これは谷口が軍医の会合や医務局を訪問した際に日本の事情を詳細に尋ねられた経験に基づいており、官費留学生は、列国の軍医から侮りを受けないよう「職務上ノ経験ト学術上ノ履歴正確ナル一等軍医」がふさわしいとされた。谷口は、石黒や森とともに、ドイツのカールスルーエで開催された第四回万国赤十字会議やウィーンでの第六回万国衛生および民勢会議に出席した。(16)

次いで、一八八八年から一八九〇年にかけてドイツに留学した小池は、日本出発前から既に帰朝後に陸軍のために尽瘁することを心に決めていた。系統的な学問を修めた小池の目には、「軍医部内ノ空気」が絶えず「汚敗」していると映り、強硬的ではあるが「陳腐ノ軍医」を「排除」すべきだと石黒に献策した。(17)こうした状況も改革を断行する一つの動機ともなった。

小池は、ミュンヘン大学で衛生学の泰斗ペッテンコーファーに師事し、衛生学を研究したほか、独墺両国で兵営・病院・軍医学校といった諸施設の視察、各種の軍隊演習、医務局をはじめとする行政組織や法制度などの実務についても、「疑点」を直接質すことができ認識を深めた。後述するように、小池は万国医学会にも臨み、その期間中にベルリンの中央戦時衛生材料庫などを縦覧したことを「至幸」であったと記している[18]。留学もおよそ一年を経た頃、小池は石黒に宛てた書翰のなかで、「日本ト欧国トハ文明ノ程度大差」があることを認めつつも、「在欧日本人ノ要務」は「欧人未発ノ事物ヲ発見」して新聞や雑誌に掲載することではないと断ずる。留学生が学ぶべきは「欧国今日ノ進歩ヲ致シタル根本即チ欧人既成確実ノ研究法ヲ熟習シ帰リ以テ着々実地ニ取掛リ追々ト対等ノ域ニ進ムル」ことだという。「文明」国は、なぜ「文明」国たりうるのか、その「進歩」の背景を理解しなければ、結局のところ、皮相的な観察に終わることを憂慮した。小池は日本の医学社会の現状と留学生の問題点を次のように分析している。

日本ノ医学表面ハ進ミタル様ニ見エテ其実一向不進ハ今日迄ノ学者唯タ其枝葉ヲ取テ其根本ヲ棄、其成績ヲ見テ其成績ノ因テ来ル所ヲ考索セサルニ有之候。独リ患フルコトニハ日本ノ無識者ハ西洋文ニテ書キ物デモセサレハ留学ノ効ナキ様ニ想ヒ又一夜造リノ醴酒ノ如キモノヲ度々西洋新聞ニ掲レハ西洋ノ大学者ト同等位ニ為ツタ者ト誤認シ亦自カラモ左想フ者有之事ニ候。知ラスヤボルドー最良ノ美酒ハ十余年ノ後始メテ熟スル者ナルコトヲ小生ハ窃ニ笑居申候。閣下モ御同感ナラント奉存候[19]。

小池は「学者」たちが目先の成果を生み出すことに拘泥するあまり、その「根本」を深く考察しようとしない日本の医学社会の姿勢に対して痛烈な批判を加えた。小池にしてみれば、西洋の新聞・雑誌への寄稿といった「一夜造リノ醴酒」を量産しなければ留学した意味がないとする風潮こそ、是正されるべきものであった。「ボルドー最良ノ美酒」が十数年かけて熟成されるように、留学を控えた軍医たちに「文明」を理解する深い洞察力や「研究法」を国内外で習熟させ、日本の医学社会にはびこる弊風を矯正するよう求めたのである。

多くの留学生がペッテンコーファーのもとで学業に励むなか、小池は異なった視点から彼の振る舞いを観察していた。それは「ラボラトリウムノ仕事ヲ決シテラボラトリウム内ニ止メス必ス之ヲ実施候事ニ有之候。其手段ハ広ク執政者ト交リ利害ヲ懇諭シ着々政府ノ権ヲ以テ執行セシメ」ることで、「常ニ実功ヲ奏」して人々の「模範」となり「益他ノ信用」を得ている、との評価からも察せられる。小池は彼から学問だけではなく、〝政治〟との関わり方をも学んだのである。(20)

二　留学生たちと万国医学会——二つの画期

万国医学会は、一八六五年にフランスのボルドーで開かれたフランス医学会を濫觴とする。その二年後の一八六七年に第一回の万国医学会が開かれた。(21) 万国医学会には、主催国の皇帝や国王、各国政府の代表、著名な医学研究者、軍医の高官らが数多く出席する。その成功の可否は、国家の威信に関わるものであった。

明治の日本と万国医学会との関わりは、以下の通りである。一八七七(明治一〇)年以降、日本は二度ほど万国医学会の招請を受けたが、会期切迫(22)と経費の都合(23)を理由に派遣を見合わせた。日本の対応に変化が表れたのは、一八八四年のコペンハーゲンにおける万国医学会であった。文部省は「医学上緊要之挙」と認め、ヨーロッパ各国の兵制視察のため出張中の大山巌陸軍卿に随行していた軍医監橋本綱常(東京陸軍病院長・東京大学医学部教授)の派遣を省議決定した。しかし文部省は東京大学や内務省との調整のなかで、大山が橋本の派遣を承諾するか否かが見通せないため、日本での教育経験をもち、オランダに帰国していたマンスフェルト(委員嘱託)に委託することを決定した。(24) 他方、内務省も「特ニ伝染病ノ原理ヲ審議シ検疫停船法ノ標準」を定めるという同会の趣旨に鑑み、滞欧中であった内務省少書記官永井久一郎の派遣を決定した。永井はロンドンで開かれる万国衛生博覧会への出張が主目的であり、その帰途にフランスやドイツで衛生事務の状況を視察し、各国の衛生局と「通信往復ノ約束」などを取り交わすという命を帯びていた。[25]だが衛生博覧会の準備に取り紛れた結果、永井に代わってドイツ留学中の緒方正規が参列し、デンマーク皇帝との謁見やデンマーク政府の厚遇を受けたという。[26]

この一八八四年という年を同時代の医学者たちが日本の医学・衛生上の画期だと位置づけていることは注目に値する。東京医学校初代製薬学科教授を務めた後、内務省衛生局員や東京・大阪の司薬場長などを歴任した柴田承桂は、「明治十七年ハ衛生上実際ノ進歩ヨリモ寧ロ他年ノ進歩ヲ誘促スルノ原因ニ富ミタル年」だとし、その理由の一つにコペンハーゲンにおける「万国医事会議」を挙げている。[27]また、森林太郎や小池正直らとともに東京大学医学部を卒業し、陸軍軍医に任官した賀古鶴所は一八八四年という年を次のように評している。

衛生トイフ事ノ我邦ニ知ラレタルハ古キコトナルベケレド精確ナル衛生学ノ我邦ニ入リタルハ明治十七年ノ冬緒方正規君ガ多年独乙ノミユンヘン府ニ在リテ世ニ衛生家ノ泰斗ト仰クナルペツテンコオヘル氏ニ学ビテ帰リタルガ創メト思ハル、ソレヨリ相次テ森林太郎君、中浜東一郎君各斯学ヲ専修シテ帰リタルト、内ニ在テハ古川栄君、坪井次郎君及諸大家名士カ大ニ斯学ノ発達ヲ計ラレタルトニヨリ今ヤ衛生ノ学ハ漸ク将ニ我邦ニ興ラムトセリ[28]

長与専斎が案出した「衛生」という言葉は、コレラ対応などを通じて日本社会のなかで普及していったが、賀古によれば「精確ナル衛生学」を日本に移入したのは、衛生学の大家ペッテンコーファーのもとで研鑽を積んだ緒方であるとし、帰朝した一八八四年をその創始としている。このように、一八八四年は衛生学の受容と勃興をもたらした点で、日本の医学社会にとって一つの画期をなす年であった。

医学者たちの間ではこうした認識が広がりつつあったが、日本政府は一八八七年のワシントン[29]と一八九〇年のベルリンにおける万国医学会に本国から委員を特派しなかった。滞欧中の後藤新平、宇野朗、北里柴三郎といった留学生たちは、その重要性に鑑みてベルリンの万国医学会に参加した。[30] 北里は大日本私立衛生会の代表として出席しているが、開会三日前に決まったことで、特段何か準備することもできなかった。それでも北里は「万国ノ衛生学者」に対して日本が大日本私立衛生会を組織し「公衆衛生上ノ利益」を図っていることを示し、いずれ「文明諸国ノ同様ナル会ト互ニ交通ヲ結ヒ我邦衛生事業ノ進歩ヲ彼レニ知ラシメ又タ彼レヨリモ其通報ヲ受ケ共ニ万国公衆衛生ノ事業ヲ進捗セシ」めることを希望した。さらに万国の衛生学者らと「親密ニ交通シ互ニ其利害ヲ攻究スル」ようになれば、「伝染病輸入ノ予防法」を政府が実施する際に便益があると指摘して連帯すべきだと主張するのである。[31]

万国医学会に参列した後藤や北里ら留学生たちは「万国医学会之儀ニ付建議」なる意見書を起草して日本政府の対応を手厳しく批評した。その建議によると、万国医学会への参加の可否は、各国の「威信ノ消長」に関わる重要問題と位置づけられ、その利害は「一小医学会」にとどまらず、広く社会の生活（製造・鉄道・救貧制度・労工保護など）に影響を及ぼすものとされる。欧米医学社会では、すでに万国医学会を「一私会合」とみなしておらず、「国家生活ニ重要ノ一機関」と認識しているという。留学生たちは、万国医学会を最新の学術研究を学べるいわば「万国智識競進会」とみて、「文明国」をめざす日本にとって積極的に与すべき場であり、医学を通じた国際社会との接点をもつ好機だと捉えていたのである。

北里や後藤らはこの意見書を西園寺公望駐ドイツ公使に提出し、内閣総理大臣にも転達されることを望んだ。だが、実際には外務次官岡部長職の閲読までで、青木周蔵外務大臣や山県有朋内閣総理大臣にまで回覧された形跡は見当たらない。[32] 外務省からの照会を受けた文部省も別段の取り計らいはできないと従来の決定を踏襲した。[33] この点で本建議が大勢に何か大きな影響を与えたとはいえないが、少なくとも実地で見聞した留学生らは、欧米医学社会と対峙するためには国際的な舞台で日本の存在を知らしめていかねばならないという必要性を看取したのである。帰朝した後藤

は大日本私立衛生会第一〇次総会における演説のなかで頻繁に万国医学会に言及し、有益な情報が得られたと述べている。(34)

これ以降、それまでと異なり、万国医学会に積極的に参加するようになったと思われる。一八九四年にローマで開かれた第一一回万国医学会に参加した官費留学生の保利真直陸軍一等軍医は、医学会全体を論評するなかで次のように述べている。

> 第十四部ヲ除クノ外ハ諸部悉ク不整頓ニシテ事務更ニ挙カラス会員ハ為メニ大不平ヲ鳴ラシ此不平ノ声ハ溢レテ各国諸新聞ノ冷評トナリ其冷評ハ単ニ医会ノ冷評ニ止ラスシテ伊国全体ノ国風ニ論及シ甚シキハ会員中医会ニ出席スルコトヲ廃シテ専ラ羅馬ノ古跡探遊ニ従事スル者アルニ至レリ

万国医学会を催すにあたってイタリアは、国会や王室からの補助を受けるなど国を挙げて成功をめざしたが、運営上の不行届から「冷評」の烙印を押された。保利が指摘するように、「国家ノ大局」からみれば「僅ニ一小医学会」にすぎないが、その影響は「実ニ国家ノ全局ニ及ホシ結果善ナレハ国光ヲ発揚スヘク結果不善ナレハ国威ヲ失墜」させるものと映った。(35)

一八九四年から一八九五年にかけての日清戦争で勝利を収めたことが、以前にも増して万国医学会への積極的な参加へと舵を切る契機となったと思われる。それは、岡田和一郎が出席した一八九七年のモスクワの万国医学会について「我日本医学」を「国際界」に紹介する「至便の好機」だとし、「日本医学の発揚」の機会と捉えていたことからもうかがわれる。(36)

ロシア政府は、一八九七年開催予定の第一二回万国医学会の招請状を日本政府に発した。これを受けて、文部省は東京帝国大学医科大学教授緒方正規の派遣を決定した。文部省はその理由を次のように説明している。

該会ニ専門ノ学士ヲ参列セシムルハ医学上ノ進歩発達ヲ計ル為メ必要ニ有之且此機ヲ以我国輓近医学上ニ於ケル進歩発明等ノ事ヲ顕彰シ又新領地台湾及其附近ニ流行スル黒死病等ニ関スル研究ノ結果ヲ各国ノ委員ニ紹介シ我国医学及衛生上進歩ノ実蹟ヲ発揚スルハ啻ニ我国学術上ノ地位ヲ高ムルノミナラス又新条約実施ニ関シテ外交上幾多ノ利益ヲ獲得スヘキコトト信シ候[37]

ここには、日本の医学の進展を図るとともに、日本の医学を対外に向けて発信していくことが示されている。植民地台湾とその付近で流行するペストなどの研究成果を欧米諸国の委員に紹介することで学術の面でも国際的な地位の上昇につなげ、日英通商航海条約をはじめとする各国との条約の実施にあたって「外交上幾多ノ利益ヲ獲得」し得るという認識が示されている。

内務省と文部省は、いずれも予算外の支出ではあったものの、万国医学会へ委員を派遣するため、明治三三年度第二予備金からの支出を大蔵省に求めた。大蔵省は「医学ノ発達進歩ヲ謀リ就中黒死病等研究上ノ必要ニ出ツルモノ」としてこれを認めた[38]。

こうして一八九七年八月一九日から同月二六日までモスクワで開かれた第一二回万国医学会に日本も参加した。それは、日本にとって世界各国の代表者、特に医学界の権威・碩学と親交を結ぶ機縁となるものであった[39]。参加者の一人で医務視察を命ぜられドイツに駐在していた芳賀栄次郎陸軍一等軍医は、「日清戦争に於ける銃創治験中腹銃創」と題する演説を行い、日本の陸軍衛生部の経験を語り、各国から「好評」を得た。その一方で、ロシアの学術・技芸がドイツ・フランス・イギリスに遠く及ばず、今回の医学会を利用して「自国ノ進歩」を世界に紹介して会員の満足を得なければならないほど「露人ノ焦心」がみえると述べている[40]。万国医学会自体は、純然たる学問を追究する場であったが、その背後には各国の政治的、外交的な思惑も同時に潜んでいた。

芳賀は医学会の景況と現地紙の報道を石黒忠悳陸軍省医務局長に送付したところ、石黒の取り計らいによって日本の新聞にも掲載されることになったという[41]。実際に、医学系の専門雑誌だけではなく、朝日新聞や読売新聞などにも万国医学会の概要が紹介されはじめた。石黒は、欧米の医学社会がそうであったように、世論の啓発にも留意し、万国医学会の存在を広く日本社会に広めようとしていた[42]。

このように、日清戦争を機として、日本は西洋から「受容」した医学や衛生学を「進歩」させ、欧米の医学社会に「発信」していくことになるが、ここに一つの画期を見出すことができる。

ドイツに留学していた都築甚之助陸軍一等軍医は、委員の資格ではなかったが、一九〇〇年にパリで開かれた第一三回万国医学会に出席した。都築は「分科内ノ会員ハ殆ト各国ノ軍医ノミヨリ成立致居従テ各国高官ノ士ニ接スルノ幸福ヲ得申候」と述べているように、各国軍医と知り合えるという人脈形成の点を重視している[43]。他方、鶴田禎次郎陸軍三等軍医正が次のように指摘している点も興味深い。

　総テ事ノ祭礼的ナルハ鞏固ナル団体ヲ造ル所以ニ非ス、独逸万有学者医師会等ハ暫ク措キ、専門家ノ粋ヲ集メタル独逸外科学会ノ如キスラ近年ニ至リ人之ヲ議スルモノアルニ至ル、況ンヤ鱒鰻混処ノ万国医学会、漸ク世人ノ信用ヲ失墜スル蓋所以ナキニ非サル也[44]

欧米医学の最新研究や知見が得られると目された万国医学会であったが、鶴田のようにその意義に疑念をもつ者も現れた。こうした傾向は一九〇三年にスペインのマドリードで開催された第一四回万国医学会においてもみられる。

大日本私立衛生会の代表として参加した医学士の志賀潔は、「本会は学術上得る所少なく設備甚だ整はずして参会者の希望を満足せしむる能はざりき」と評した[45]。また、『中外医事新報』は、その評判を知ることは「大に我同僚の参考に資する」として、ミュンヘン医事週報に寄せられた記事を訳出している[46]。参列したあるドイツ人は「各分科学会ノ演説ハ宛モ市街道路上ニ在テ売品ノ効用ヲ説クモノニ似タリ」と評していた。分科学会の用語は、スペイン語・フランス語・英語・ドイツ語・イタリア語が許可されていたものの、宇山道碩陸軍三等軍医正が参列した陸海軍医学分科学会ではフランス語による講演が大勢を占め、ドイツ語を用いたのは宇山一人であった。こうした状況について、宇山は「雑沓喧噪場裏ニ経過シタリシト断言スルヲ憚カラサルナリ」と評し、他の分科会に参加した者たちも同様の感想を漏らしていたという[47]。

こうした意見も出はじめるなか、一九〇五年、明年に控えた第一五回万国医学会に参加するため、内務省と文部省は次年度予算に委員派遣費を盛り込んだが、大蔵省の「査覈」によって削除された。これに対し、両省は「戦後の今日之を見合すとありては、海外各国人に我が腹中を見らるゝ心地して、戦捷国の面目を損する」として、大蔵省と再度交渉したものの、大蔵省は譲歩しなかったという[48]。結局、第二予備金からの支出によって、文部省は東京帝国大学医科大学近藤次繁、内務省は伝染病研究所嘱託照内豊を留学先から参列させることにした[49]。なお、陸軍省は「時局ノ現況」を理由に委員を派遣していない[50]。

生理細菌衛生などの分科会に出席した照内は、会議に参加すべき人物について「学術上功績のありし人たらざる可らずと存候。欧羅巴諸国よりは皆々学界の泰斗の参列あり実に其国の国光を発揮する一に政治的の意味もあるべけれど、日本に於ては地理上とても学界の泰斗の参列を許さゞる事は実に無上の遺憾」と指摘した。興味深いのは、医学会自体を「学術的知識を得ん抔は間違たる考」だとし、「学術的の会たるよりは寧ろ御祭に近く学界の泰斗が座を共にして語る」のが主になっているとの見解である[51]。留学中であった京都帝国大学助教授の久保猪之吉が文部省に提出

した復命書でも、日本の参列委員について「日本ハ鼠ノ子供ノ如キモノヲ出シテヤル」と揶揄されていたと記されている。(52)

一九〇九年にブダペストで開かれた万国医学会には、伝染病研究所長の北里柴三郎や大学教授の大沢岳太郎をはじめ、個人の資格での参加を含めて総勢五三名が参加した。(53) 陸軍省は豊橋衛戍病院長であった山田弘倫（後に医務局衛生課長・医務局長）を派遣した。医務局衛生課起案の山田に対する訓令では、「我陸軍軍医ノ業績ニシテ医務局長ノ指示スル事項ヲ同会ニ提出スヘシ」、「同会ニ於テ英国派遣員ヨリ戦時ニ於ケル傷票ニ付各国一定ノ制ヲ設ケントスル提議アルトキハ之ニ賛同シ且其ノ制式ニ関シテハ概ネ左ノ通心得ヘシ」、「同会ニ於ケル列国派遣員ノ演説等ニ就テハ学会結了後其ノ概要ヲ報告シ陸軍衛生部ニ直接関係アリト認メタルモノハ其ノ詳細ヲ報告スヘシ」というもので具体的な対応が示された。(54) それまでの万国医学会では明確な方針が与えられていなかった。

このように、当初、日本は欧米医学社会の最新の学知や経験を得られる貴重な場として万国医学会をとらえていたが、次第にその祭礼的な側面を強く抱くようになり、むしろ医学を通した国際交流・国際親善に価値を見出すようになっていった。

三　陸軍衛生部の改革と人材育成

ここまで少壮軍医の改革への志向性と万国医学会への参加を通じて得た欧米医学社会との関わりをみてきた。それらを受けて、陸軍省医務局長橋本綱常、医務局次長石黒忠悳らは、留学生たちの見聞や諸外国の事例を参照しつつ、衛生部の組織改革に着手していくことになる。一八九〇（明治二三）年三月二七日の陸軍省官制の改正によって医務局第三課が廃され、第三課の所掌事務は第一課に移され、第一課の事務は第二課に、第二課の事務は第一課に「交互転換」することとなった[55]。その年の一〇月に橋本医務局長が退任し、後任には次長の石黒が昇格した（医務局次長職の廃止）。石黒が医務局長に就任した時期に森林太郎、谷口謙、小池正直らが留学を終えて続々と帰朝した。ここで注目すべきは、留学経験者の彼らは一八九〇年から一八九三年まで本省医務局で勤務することはなく、表4にみえるように、主として陸軍軍医学校教官として後進の教育に従事したことである。この点からみると、留学経験者たちに求められたのは医務局での行政実務を処理することよりも、優秀な軍医を養成することにあったと思われる。

そうしたなか、一八九四年から一八九七年まで小池が医務局第一課長に就いた。着任後間もなく小池は、「陸軍衛生部ノ管理務」と題する所見を『陸軍軍医学会雑誌』に寄せた。そのなかで小池は、衛生部の事務を「敏捷」ならしめるための「分課ノ要訣」として、ドイツの事例などを示しつつ、「各課ノ労度ヲ成ルヘク均一ニス」、「毎課ニ成ルヘク類似ノ事務ヲ集ム」、「同一種ノ事務ハ成ルヘク之ヲ分割セス」という三点を挙げた。続けて、「衛生部ノ事務トハ軍医学ヲ立法及行政上ニ運用スルノ謂ニシテ、軍医学トハ高尚ノ医学ヲ陸海軍ニ応用スルノ謂ニ非スヤ」とし、衛生・治病・教育・人事・法規などの事務は「一トシテ学問的ニ非ル」ものはなく、「学問的枢務」であり、とりわけ人事は「管理務ノ最大重事」で「最モ学問的ノ事務」であると述べている[56]。ここに小池の官僚制観が表れている。

日清戦争を経て陸軍の軍備拡張事業が着々と進むなか、陸軍衛生部には諸課題が残されてはいたものの、一八九七年九月、石黒はこの機を捉えて陸軍省医務局長を退任することを決めた[57]。その後任には、資性闊達にして野戦衛生の実務に長けた石坂惟寛が就任した。学術に精通する学士と実践経験に富む下士を有する陸軍衛生部は、石坂局長のもとで日清戦後経営にあたることになるが[58]、翌一八九八年八月には休職となった。

一八九八年八月、新たに医務局長に就任したのは、かつて陸軍衛生部を「吾党」で掌握しようと息巻いていた小池正直である。小池は軍医部長会議の席上で人事、軍紀、教育について、以下のような趣旨を口演している。人事は「愛憎親疎」を排し、「勤務学識品行材能」を基準として適材適所の人事を行うとした。この背景には、各軍医部長ら

表4　1889年から1912年までの主な陸軍軍医学校教官

西暦	教　官
1889年	足立寛，永松東海，**曽根二郎（薬）**，**森林太郎**，**谷口謙**，江口襄，中島一可，**西郷吉義**
1890年	足立寛，永松東海，曽根二郎，**小池正直**，**菊池常三郎**，森林太郎，谷口謙，賀古鶴所，江口襄，中島一可，西郷吉義
1891年	永松東海，曽根二郎，小池正直，森林太郎，谷口謙，菊池常三郎，江口襄，中島一可，西郷吉義
1892年	永松東海，曽根二郎，小池正直，菊池常三郎，森林太郎，谷口謙，中島一可，西郷吉義
1893年	永松東海，小池正直，菊池常三郎，森林太郎，谷口謙，賀古鶴所，**平山増之助（薬）**，中島一可，西郷吉義，**保利真直**
1894年	（校長）森林太郎（副官）**岡田国太郎** （教官）小池正直，菊池常三郎，伊部彝，賀古鶴所，西郷吉義，榊原忠誠
1895年	（校長）森林太郎（副官）岡田国太郎 （教官）小池正直，菊池常三郎，伊部彝，賀古鶴所，西郷吉義，榊原忠誠
1896年	（校長）森林太郎（副官）岡田国太郎 （教官）小池正直，菊池常三郎，西郷吉義，松川敏胤（歩兵）平山増之助，岡田国太郎，保利真直，**田中苗太郎**
1897年	（校長）森林太郎（副官）保利真直 （教官）小池正直，菊池常三郎，西郷吉義，松川敏胤（歩兵）平山増之助，岡田国太郎，**保利真直**，**牧山建吉**，**中山森彦**，中尾源治郎，喜多野金助
1898年	—
1899年	（校長）森林太郎（副官心得）植木第三郎 （教官）岡田国太郎，長谷川春朗，**芳賀栄次郎**，保利真直，正木正叙，河合操（歩兵）牧山建吉，中山森彦，**山口弘夫**，**酒井甲太郎（薬）**，井上円治
1900年	（校長）谷口謙（副官）植木第三郎 （教官）河合操（歩兵）岡田国太郎，芳賀栄次郎，保利真直，牧山建吉，**平井政遒**，中山森彦，**戸塚機知**，中村秀樹，山口弘夫，平山増之助，酒井甲太郎
1901年	（校長事務取扱）小池正直（副官）植木第三郎 （教官）渡辺小太郎（歩兵）岡田国太郎，芳賀栄次郎，保利真直，牧山建吉，平井政遒，**鶴田禎次郎**，田中苗太郎，中山森彦，藍原信之，山口弘夫，平山増之助
1902年	（校長事務取扱）小池正直（副官）植木第三郎 （教官）菅野尚一（歩兵）牧山建吉，平井政遒，鶴田禎次郎，寺西幸作，中山森彦，*都築甚之助*，藍原信之，**佐藤恒丸**，平山増之助
1903年	（校長事務取扱）小池正直（副官）植木第三郎 （教官）菅野尚一（歩兵）牧山建吉，平井政遒，鶴田禎次郎，寺西幸作，**本堂恒次郎**，戸塚機知，都築甚之助，村井徳寿，佐藤恒丸，平山増之助
1904年	（校長）西郷吉義（副官）植木第三郎 （教官）市川堅太郎（歩兵）西郷吉義，岡田国太郎，牧山建吉，鶴田禎次郎，本堂恒次郎，**中川十全**，戸塚機知，村井徳寿，**下瀬謙太郎**，**田村化三郎**，小久保恵作，平山増之助
1905年	（校長事務取扱）西郷吉義（副官）**田村俊次** （教官）岡田国太郎，戸塚機知，平山増之助
1906年	（校長）西郷吉義（副官）田村俊次 （教官）市川堅太郎（歩兵）鶴田禎次郎，牧山建吉，戸塚機知，下瀬謙太郎，平山増之助
1907年	（校長事務取扱）森林太郎（副官）大森篤次 （教官）山田良之助（歩兵）平井政遒，鶴田禎次郎，宇山道碩，保利真直，本堂恒次郎，中山森彦，戸塚機知，**岩田一**，**稲葉良太郎**，徳岡熈敬，平山増之助，近藤平三郎
1908年	（校長）芳賀栄次郎（副官）田村俊次 （教官）鶴田禎次郎，宇山道碩，牧山建吉，保利真直，本堂恒次郎，戸塚機知，**山田弘倫**，**肥田七郎**，岩田一，**秋山練造**，井上円治，**坂井清**，**合田平**，平山増之助
1909年	（校長）芳賀栄次郎（副官）小山田謙 （教官）山田良之助（歩兵）鶴田禎次郎，宇山道碩，保利真直，戸塚機知，中村秀樹，肥田七郎，岩田一，秋山練造，坂井清，**荒井元**，**吉川寿次郎**，家原毅，（教官心得）岡島格，平山増之助，羽田益吉
1910年	（校長）芳賀栄次郎（副官）小山田謙 （教官）安原啓太郎（歩兵）宇山道碩，保利真直，戸塚機知，中村秀樹，山口弘夫，佐藤恒丸，肥田七郎，岩田一，**牧田太**，秋山練造，稲葉良太郎，斎藤雄助，**丸山忠治**，戸塚隆三郎，日比野弘（教官心得）岡島格
1911年	（校長）保利真直（副官）小山田謙 （教官）村田信乃（歩兵）保利真直，山口弘夫，**川島慶治**，肥田七郎，岩田一，牧田太，秋山練造，稲葉良太郎，**大沼良三**，**斎藤雄助**，丸山忠治，小口忠太，戸塚隆三郎，志賀三亥，家原毅男，**石原忍**，岡島格
1912年	（校長）保利真直（副官）小山田謙 （教官）金子直（歩兵）保利真直，本堂恒次郎，川島慶治，肥田七郎，岩田一，牧田太，秋山練造，稲葉良太郎，斎藤雄助，丸山忠治，関郁郎，戸塚隆三郎，家原毅男，織戸悦造，石原忍，岡島格，羽田益吉，渡辺又治郎，近藤平三郎

出典：各年の職員録を参照して作成した．

注：陸軍軍医のうち，大学出身かつ官費留学…ゴチ，大学出身者…太字，万国医学会出席者…下線，高等学校医学部出身…斜字体で初出に示した．（薬）は製薬士（東京大学卒業），薬学士（帝国大学卒業）を示す．

が自らの手柄を立てるため「進級の競争」に勤しんでいることや、進級や転任などの「秘密」が決裁を経る前に「漏洩」するという「不紀律」な状態になっていたことがある。士官以上の人事については、医務局長と軍医部長との間で行うこととして、他者の容喙を防ぐ措置を執る方針とした。

次いで衛生部の「軍紀弛解」の原因について、「陸軍医事行政」が「情実」による「家族的政治」のもとで行われてきたことだと指摘する。小池は「家族的政治」を排して「法治的」な行政を行い、軍紀を乱す者があれば仮借なく譴責や厳しい処分を下すとした。衛生部士官の教育に関しては、陸軍軍医学校への召集、大学への入学、外国への留学という従来の方法を拡張していくとした(59)。このように小池は、陸軍衛生部が抱えてきた問題点を指摘し、医務局の主義・方針を説明した。

小池医務局長期（一八九八―一九〇七年）の第一課（衛生課）と第二課（医事課）の人事構成をみると、第一課長は落合泰蔵（二年、兼第二課長）、武谷水城（一年）、三浦得一郎（六年）が、第二課長は落合泰蔵（一年、石黒時代から数えると九年）、長谷川春朗（六年）、中館長三郎（二年）が務めている。これは、基本的に石黒時代と同様の対応であり、官費留学経験者たちを医務局に配置することはせず、陸軍軍医学校教官として最新の学問を教授するほうに力点を置いていたことを示している(60)。

組織改編では、一九〇〇年五月一九日に陸軍省官制の改正が行われ、医務局第一課は衛生課に、第二課は医事課へと改組された。従来、第一課の所掌であった衛生統計、衛生材料に関する事務は医事課に、第二課の事務のうち衛生部の人事、恩給診断、傷病による除役に関する事務は衛生課に移された。特にこの改正で注目されるのは、第二七条で「医務局長ハ衛生部士官以上ノ人事ヲ掌ル」と規定されたことである(61)。前述のように、人事を重んずる小池の宿願が達せられ、陸軍衛生部改革に着手する環境が整った。なお、従来の大臣官房人事課は、「軍備拡張ノ事業漸ク完成ヲ告ケントスルノ今日人事ノ取扱拡張前ニ比シ其繁簡ノ程度到底日ヲ同フシテ語ルヘカラス」との理由で人事局へと改組された。ただ、「陸軍省官制改正ノ理由」には第二七条を規定した理由は述べられていない[62]。

一九〇二年四月一五日に行われた陸軍軍医学会臨時大会の席上、医務局長で陸軍軍医学会長を務める小池は、技術官たる軍医の終局の目的は軍隊の健康保全であるとし、「衛生ト治病」が最も重要だと述べる。その目的を達するには何よりも「学術」が大切であり、常に学術研究に努めその進歩を図らなければならないという。そこで重要な役割を担うのが陸軍軍医学校と陸軍軍医学会であった[63]。特に陸軍軍医学会の機関雑誌は、日本の「軍医学」の研究成果や海外情報が反映されている有用なものであり、アメリカの軍医関係の雑誌に翻訳記事が掲載されるなど、その価値は年を追うごとに高まっている。小池は「初メノ鵜呑時代或ハ鸚鵡時代」から徐々に進歩して「消化時代」となり、現今は「発力時代」を迎えたとの認識を示した[64]。それは明治の初年以来、欧米諸国からさまざまな形で医学に関する知識・経験を受容してきたが、今後はそれらを咀嚼して日本の医学を世界に向けて発信していく時期が到来したことを意味した。このとき、すでに日清戦争、北清事変を経て日本の戦時医療に対して、列国からの視線が集まっていた。学知を受容する場としての万国医学会の意義は低下しつつあったものの、日本の医学や医療・衛生を発信する場としての価値はむしろ高まっていたと思われる。

さらに同年五月一五日の陸軍軍医学校第一回召集学生解散式において小池は、「勤務ニ忠実ニシテ軍紀風紀ヲ厳守シ学術ニ秀逸ナルモノハ其出身ノ何レタルヲ問ハス前途甚タ好望ナルヲ疑ハス」と述べているように、学問に裏打ちされた規律正しい人材を求めていた。そうした人物がさらに「専心学術ノ研究」に勤しむことで「文明諸国ノ衛生部ト角逐シ一歩モ後レヲ取ラサル」ようになれると、小池は将来の陸軍衛生部を担うであろう学生たちの奮起を促した[65]。

ところが、一九〇三年四月一四日に陸軍省官制が改正されたことによって第二七条に規定されていた「医務局長ハ衛生部士官以上ノ人事ヲ掌ル」との条文が削除され、士官以上の人事権は人事局が管掌することとなり、各局分掌は廃止となった[66]。ただ、その理由について、陸軍省官制改正にともなって軍務局軍事課が起案した閣議請議書でも特に説明はなされていない[67]。その翌年、日露の開戦となり、医務局長であった小池は、大本営陸軍部の野戦衛生長官、満洲軍兵站総軍医部長として戦時体制の構築に奔走することになる。

おわりに

陸軍衛生部における石黒忠悳が果たした役割は贅言するまでもないが、彼が寵愛した小池正直をはじめとする学士軍医らは自分たちこそが改革の実行者であるとの自負を強くもっていた。そうした改革志向の原動力になったのは、最先端の学問を学ぼうとする強い意欲と情実任用や学識を備えていない軍医が多くいる陸軍衛生部の現状に対する強い不満であった。留学を果たした彼らは、それまで以上に「文明国」と対峙していかなければならないとの自意識が芽生えた。それは小池が鋭く指摘したように、西洋世界の皮相的な観察ではなく、「文明」たらしめている原理を洞察することによって本質を見抜く力が必要であることを後進の者たちに認識させることになった。

ドイツに留学していた後藤新平や北里柴三郎らは万国医学会へ参加することの意義を国家の威信や「文明諸国」との連帯を示す機会と捉え、積極的に関わるよう建議書を提出した。それは政府を動かすまでには至らなかったものの、万国医学会に参加することの意義が留学生や医学者たちの間で認められた。これに加えて、状況を一変させたのが日清戦争での勝利であった。それまでもわずかに参加することはあったが、日清戦争における日本の医療・衛生事業が諸外国から注目されるようになり、日本の医学を国際社会のなかで発信していこうとする機運が醸成された。それは、西洋医学の受容という時代から日本の医学を発信していく時代へと移行したことを示している。

その一方で日本のみならず、他国も万国医学会の運営方法や研究の水準などに対して疑念をもつようになった。医学会に参加した者の報告を読むと、次第に批判的に捉えるように変化していったとみなせるが、これは重要な点である。万国医学会の招請を受けて、各機関は派遣の可否を決定していくが、派遣理由として日本の「利益」になると説明される。しかし、実際問題として「利益」になっているかといえば、そのように考えない参加者もおり乖離がみられる。各々が何をもって「利益」だと判断したのか、その内実に即して検討しなければならないことが浮き彫りとなった。

自らが陸軍衛生部を率いると自負していた小池は、医務局第一課長、医務局長として組織改革と優秀な人材の育成をめざした。そのうちの一つは、衛生部士官以上の人事権を医務局が掌握することによって果たされた。ただ、陸軍省医務局の人事構成がそれを機に大幅に変化したかといえば、そのようなことはなかった。軍医として優秀な人材が育ってくることのほうが、小池にとっては重要であった。小池は、列国の衛生官たちが「大学卒業ノ学士」であることに着目し、こうした「文明国ノ衛生官」「文明諸国ノ衛生部」と対等に渡り合える組織作りと人材の育成を常にめざしていたのである。(68)

(1)　小川眞里子『病原菌と国家――ヴィクトリア時代の衛生・科学・政治』(名古屋大学出版会、二〇一六年)。

(2)　陸軍軍医団が編纂した『陸軍衛生制度史』(小寺昌、一九一三年、一五頁)によれば、「陸軍軍医一般ヲ軍医部ト総称」していたが、一八八八年に陸軍衛生部と改称されたという。法令名称としては「陸軍衛生部現役下士補充条例」や「陸軍衛生部現役看護手補充条例」などがあるが、組織として「陸軍衛生部」なるものがあるわけではない。

(3)　西岡香織「日本陸軍における軍医制度の成立」(『軍事史学』第二六巻第一号、一九九〇年)、坂本秀次「明治の陸軍軍医学校」(『医学史研究』第六一号、一九八八年)、黒澤嘉幸「明治初期の陸軍軍医学校」(『日本医史学雑誌』第四七巻第一号、二〇〇一年)、熊谷光久「明治期陸軍軍医の養成・補充制度」(『軍事史学』第四六巻第二号、二〇一〇年)、鈴木紀子「陸軍の衛生要員補充制度の成立過程」(同右)などがある。

(4)　加藤真生「明治期日本陸軍衛生部の補充・教育制度の社会史」(『専修史学』第七四号、二〇二三年)。

(5)　前掲『陸軍衛生制度史』一六―二三頁。陸軍軍医学校編刊『陸軍軍医学校五十年史』(一九三六年)一―五頁。石黒忠悳『懐旧九十年』(博文館、一九三六年)二一四―二一六頁。

（6）東京大学医学部創立百年記念会・東京大学医学部百年史編集委員会編『東京大学医学部百年史』（東京大学出版会、一九六七年）一四九―一五三頁。
（7）明治一〇年九月二四日付江口襄より江口晋六宛書翰（「江口渙家文書」史料番号四〇、栃木県立文書館所蔵）。
（8）前掲『陸軍軍医学校五十年史』五頁。
（9）「所謂学閥の軍医」（青木袈裟美編『陸軍軍医中将　藤田嗣章』陸軍軍医団、一九四三年）二八頁。
（10）明治一八年一二月二五日付小池正直より森林太郎宛書翰（文京区立森鷗外記念館編刊『日本からの手紙　滞独時代森鷗外宛　1884-1886』二〇一八年）一九五―一九七頁。
（11）「軍医部医学士」（『中外医事新報』第一三〇号、一八八五年八月二五日）二七頁。
（12）前掲『陸軍衛生制度史』二三三頁。
（13）明治一九年三月三一日付橋本綱常陸軍省医務局長より大山巌陸軍大臣宛公信「軍医学舎ニ関スル規則御定相成度儀ニ付申進」（陸軍省―弐大日記―M19-3-50 明治一九年「弐大日記　五月」所収、防衛省防衛研究所所蔵）。
（14）明治二一年一月一六日付小池正直より森林太郎宛書翰（文京区立森鷗外記念館編刊『日本からの手紙　滞独時代森鷗外宛　1886-1888』一九八三年）一九五―一九六頁。
（15）年月日未記載、「在伯林谷口一等軍医ヨリ石黒軍医監宛手翰」（『陸軍軍医学会雑誌』第一三号、一八八七年四月）二五―二八頁。
（16）石黒前掲書、二〇六―二一一頁。
（17）明治二〇年五月、小池正直「軍医制度意見」（慶應義塾大学信濃町メディアセンター所蔵「石黒文庫」三九四GU―四）。
（18）「独逸国留学履歴」、明治二二年七月下旬の石黒忠悳陸軍省医務局次長宛小池正直書翰〈推定〉（『小池正直伝』）、四七―五〇頁、五一―五四頁。
（19）明治二二年六月一一日付小池正直より石黒忠悳軍医総監宛書翰「小池軍医ノ書束一則」（『陸軍軍医学会雑誌』第三一号、一八八九年一〇月）一五―一七頁。
（20）同右。
小池と同様の考えをもつ医学者がいる。一八八九年の帝国大学医科大学卒業とともに、医科大学助手となった岡田和一郎は、日清戦争後の一八九六年から一八九九年までドイツに留学している。岡田は「国費」によって留学するのであれば、学術・技術方面のみならず、「病院管理」や「医政」といった分野をも「開拓」すべきだとの考えを有していた。岡田も、研究所や教室で学問に没頭するだけで「社会」に無関心であることは「不本意」だと述べている。そうした考えから滞独四年の間、留学生たちの面倒を積極的にみるようになり、彼らが岡田のところに頻繁に出入りするようになった。岡田は、いつからか「ベルリン局長」と称されるようになった。留学生たちは、木曜会を組織して「時世」などを論じ合ったという（岡田和一郎「ベルリン時代の回顧」『日本医事新報』第六四四号、一九三五年一月五日）三―四頁。

「陸軍衛生制度研究」の目的をもって二年間のドイツ駐在を命ぜられた陸軍軍医の芳賀栄次郎もまた、友人である岡田の世話を受けたと回想している（芳賀栄次郎『芳賀栄次郎自叙伝』（私家版、一九五〇年）六三、七五、八〇―八一、八六、八八―八九頁）。

岡田の交際範囲は広く、医学関係者のみならず、ドイツ公使館に赴任してきた若手の萩原守一書記官らとも親交を深めた。このように、岡田、萩原、陸軍軍医たちとの邂逅が、同仁会による朝鮮や清における医療・衛生事業の展開に少なからぬ影響を与えることになる点も見逃せないものがある（日向玲理「明治期日本の朝鮮における医療事業の展開」小林和幸編『葛藤と模索の明治』有志舎、二〇二三年）。

(21)「万国医学会ノ略史」（『中外医事新報』第二五五号、一八九〇年一一月一〇日）四四―四五頁。

(22)「瑞西国万国医事公会ニ理事官派出ノ儀伺」（国立公文書館所蔵「公文録」二〇二一一）。

(23)「英国倫敦府万国医学会議へ我委員派出ニ及バサルノ件」（国立公文書館所蔵「公文録」二九三二一）。

(24)「丁抹国都府ニ於テ開設万国医学会議委員之件ニ付往復」（東京大学文書館所蔵「文部省往復　明治十七年分　三冊ノ内乙号二」）。

マンスフェルトに委員を嘱託することになっていたが、オランダに着いた永井は、桜田親義臨時代理公使と面会し、マンスフェルトの派遣を見合わせ、ドイツ留学中であった医学士緒方正規が「適当」だと述べた（明治一七年九月四日付桜田親義在オランダ臨時代理公使より井上馨外務卿宛公信第三九号、外務省記録 2.9.9.1「万国医学会議一件」第一巻所収）。

(25)明治一七年五月九日付山県有朋内務卿より三条実美太政大臣宛公信乾衛第二二号「永井書記官倫敦衛生博覧会へ出張ノ序丁抹国衛生会議へ参同等之義ニ付伺」（国立公文書館所蔵「公文録」三八五一）。永井威三郎『風樹の年輪』（俳句研究社、一九六八年）一三〇―一三五頁。

(26)明治一七年九月四日付桜田親義在オランダ臨時代理公使より井上馨外務卿宛公信第三九号。「丁抹国万国衛生医事会議」（『医事新聞』第一三九号、一八八四年一一月一五日）八―九頁。

(27)柴田承桂「前年中海外衛生上景況報道」（『大日本私立衛生会雑誌』第二五号、一八八五年六月）三八、四九―五〇頁。

(28)賀古鶴所「前年中海外衛生上ノ景況」（『大日本私立衛生会雑誌』第八五号、一八九〇年六月二八日）四二四―四二五頁。

(29)『文部省第十五年報（明治二十年分）』（九三―九四頁）によれば、一八八七年末の時点で海外留学生はドイツ一二名、イギリス・アメリカでそれぞれ三名、フランスに一名であった。アメリカに留学中であった非職海軍少軍医佐伯理一郎が個人の資格で傍聴した。

(30) 宮島幹之助・高野六郎編『北里柴三郎伝』（北里研究所、一九三二年）、金杉英五郎著・金杉博士彰功会編『極到余音』（金杉博士彰功会、一九三五年）、鶴見祐輔編著『後藤新平』第一巻（後藤新平伯伝記編纂会、一九三七年）などで言及されており、先行研究ではこれらの記述をもとに論じている。

(31) 明治二三年八月二五日付在ベルリン北里柴三郎より山田顕義大日本私立衛生会頭宛書翰（『大日本私立衛生会雑誌』第八九号、一八九〇年一〇月三一日）六九四―六九五頁。

(32) 北里柴三郎・後藤新平・岡玄卿・宇野朗ほか「万国医学会之儀ニ付建議」（外務省記録 2.9.9.1「万国医学会議一件」第一巻所収）。鶴見前掲書、四五三―四五七頁。

(33) 明治二四年一月一四日付芳川顕正文部大臣より青木周蔵外務大臣宛公信文甲一五七号（外務省記録 2.9.9.1「万国医学会議一件」第一巻所収）。

(34) 後藤新平「前年中海外衛生上景況」（『大日本私立衛生会雑誌』第一一二号、一八九二年九月三〇日）七三二―七七二頁。

(35) 明治二七年五月一八日、保利真直陸軍一等軍医「第十一回国際医学会ニ関スル報告」（『衛生部外国駐在員報告』陸上自衛隊衛生学校彰古館所蔵）四七―四八頁。

(36) 岡田和一郎「露国莫斯克府万国医学会出張日記」（『東京医事新誌』第一〇二五号、一八九七年一一月二七日）一二頁。

(37) 明治三〇年六月一日付蜂須賀茂韶文部大臣より黒田清隆内閣総理大臣臨時代理宛公信職第八五五号（国立公文書館所蔵「公文類聚」七八六）。

(38) 「文部省所管歳出臨時部外国行諸費ヲ第二予備金ヨリ支出ス」（国立公文書館所蔵「公文類聚」七九〇）。

(39) 岡田和一郎より金杉英五郎宛書翰（『大日本耳鼻咽喉科会々報』第四巻第二・第三合刊、一八九八年三月二一日）。

(40) 芳賀栄次郎「万国医学会の概況（陸軍省派遣員芳賀医学博士の報告）」（『中外医事新報』第四二二号、一八九七年一〇月二〇日）六二―六五頁。同「第十二回万国医学会報告」（『軍医学会雑誌』第九一号、一八九八年三月）二〇九―二一〇頁。

(41) 前掲『芳賀栄次郎自叙伝』一〇四頁。

(42) 本章では言及できないが、その背景には、日本が万国医学会の開催国になるか否かとの問題があった。

(43) 明治三三年一〇月一日付都築甚之助陸軍一等軍医より小池正直陸軍省医務局長宛書翰（『軍医学会雑誌』第一一六号、一九〇〇年一二月）一〇七二―一〇七三頁。

(44) 鶴田禎次郎陸軍三等軍医正「巴里第十三回国際医学会参同報告」（『軍医学会雑誌』第一二三号、一九〇一年一〇月）七三

〇頁。同内容が平井政遵「復命書」(『衛生部外国駐在員報告』彰古館所蔵)にもある。
(45) 志賀潔「第十四回万国医学会の状況」(『大日本私立衛生会雑誌』第二四二号、一九〇三年七月二八日)二五頁。
(46) 「雑報」(『中外医事新報』第五六〇号、一九〇三年七月二〇日)六七頁。
(47) 宇山道碩陸軍三等軍医正「第十四回国際医学会概況報告」(『軍医学会雑誌』第一三八号、一九〇三年一一月)八一六頁。
(48) 「万国医学会派遣費」(『医海時報』第六〇一号、一九〇五年一二月二三日)九頁。
(49) 「万国医学会と代表者」(『医海時報』第六〇五号、一九〇六年一月二〇日)九頁。
(50) 明治三八年三月一四日付送甲第一四三号「外務大臣へ御回答按」(陸軍省―壱大日記―M38-3-51「壱大日記　明治三八年三月」所収、防衛省防衛研究所所蔵)。
(51) 「照内豊氏の第十五回万国医学会に関する書信」(『大日本私立衛生会雑誌』第二七八号、一九〇六年七月二五日)二六―二八頁。
(52) 久保猪之吉「第十五回万国医学会出席並巡歴復命書」(『中外医事新報』第六三六号、一九〇六年九月二〇日)三四頁。
(53) 第一六回万国医学会については、山谷徳治郎が『医海時報』上で「第十六回万国医学会々況」を報じている。山谷徳治郎著・瀬尾一雄編輯兼発行『楽堂古稀記念集』(日新医学社、一九三五年)一三九―一五七頁。
(54) 明治四二年四月二六日「二等軍医正山田弘倫へ訓令按」(陸軍省―弐大日記―M42-4-27 明治四二年乾「弐大日記　四月」所収、防衛省防衛研究所)。
(55) 『陸軍衛生制度史』四一頁。
(56) 无妄子「陸軍衛生部ノ管理務(其一)―(其三)」(『陸軍軍医学会雑誌』第六五―六七号、一八九三年一二月―一八九四年二月)。『小池正直伝』八九七―八九九、九二一、九二四―九二五頁。
(57) 石黒前掲書、三三三―三三五頁。
(58) 「石黒総監の書牘」(『中外医事新報』第四二二号、一八九七年一〇月二〇日)六〇―六一頁。
(59) 「明治三十二年三月六日軍医部長会議席上に於ける小池医務局長口演筆記」(『小池正直伝』)四五四―四五八頁。
(60) 各年の職員録を参照した。
(61) 『陸軍衛生制度史』四四―四五頁。
(62) 「陸軍省官制ヲ改正ス」(国立公文書館所蔵「公文類聚」八七八)。
(63) 原田敬一「戦争と医学を考える」(『一五年戦争と日本の医学医療研究会会誌』第四巻第一号、二〇〇三年)。
(64) 「陸軍々医学会臨時大会」(『軍医学会雑誌』第一二八号、一九〇二年五月二六日)四七三―四七五頁。

(65)「軍医学校ノ解散式」(『軍医学会雑誌』第一二八号、一九〇二年五月二六日) 四八三頁。

(66)『陸軍衛生制度史』四五頁。学生の学期は四カ月以内として毎年二回召集され、その人員と時期は陸軍大臣が定めると規定されていた。

(67)「陸軍省官制改正及臨時陸軍建築部官制廃止ノ件」(陸軍省―弐大日記―M36-5-25 明治三六年乾「弐大日記　五月」所収、防衛省防衛研究所所蔵)。

(68)「大学出身の軍医を特待すべき理由につき起案」(『小池正直伝』) 三九七―三九八頁。「陸軍々医学会臨時大会」(『軍医学会雑誌』第一二八号、一九〇二年五月二六日) 四七三―四七五頁。

第11章　華北駐屯アメリカ軍の撤退と支那駐屯軍

櫻井良樹

はじめに

真珠湾攻撃によって日米両軍が戦闘状態に突入した一九四一（昭和一六）年一二月八日朝、天津のアメリカ部隊を率いていたブラウン少佐（Luther A. Brown）が目覚めたとき、日本軍に包囲されていることを知った。前日夜までに部隊は軍事装備品の撤収作業を終え、今日は天津の旧ドイツ租界を離れ、山海関の少し南の秦皇島に碇泊していたハリソン号に乗船し、一〇日出帆予定だった。一方で北平（北京）公使館の本隊には、もう装備品はなく、司令官のアシャースト大佐（William W. Ashurst）は、日本軍の要求に対して、現地時間一三時に降伏を伝え、天津や秦皇島の分遣隊にもならうよう命令した。こうしてアメリカ軍将兵二〇四人は捕虜となり、翌年一月二八日に上海に送られ呉淞（ウースン）の収容所に収容された。より多くの兵員がいた上海の第四海兵隊は、すでに一一月の第一週目にフィリピンへの撤退を完了しており、数名の残留者を除きこの難をのがれた(1)。

この開戦直前の撤退は、八月から検討されていた中国全土からの撤退が実現したものであった(2)。ルーズベルト大統領（Franklin Delano Roosevelt）が、アメリカ軍撤退を考慮中と表明したのは一一月七日、駐屯権を規定した一九〇一年北京最終議定書（以下、議定書）の権利を放棄するものではないと留保条件を付けたうえで撤退を声明したのは一四日だった(3)。

タイミング的には、日米開戦を予想していたような撤退であるが、ここで注目したいのは、日米交渉の内容との関係である。交渉の最大のネックは、「中国からの日本軍撤退」であり、その撤退は満洲を除外するものであったようだが、日本側はそれを理解していなかったという見解がある(4)。しかしそれを論じる以前に、アメリカ軍も中国に駐屯していたことに着目する必要があろう。アメリカ政府が日本軍の中国からの撤退を要求している以上、日本軍に較べてきわめて少数とはいえアメリカ軍が駐屯していることは、その要求に整合性を欠くところがあり、それはハル国務長官（Cordell Hull）もわかっていたからである。大統領声明は、日本軍の撤退を要求する日米交渉の正当性を強化することを意図して出されたわけではなさそうだが、論理的には撤兵要求の合理性を高めるものだった。

さて一九四一年夏の時点で、中国に軍隊を駐屯させていた国は日本・アメリカ・イギリス・フランス・イタリアの五カ国であった。アメリカの八月二〇日付の外交文書(5)は、アメリカが海兵隊員を北平（北京）・秦皇島・天津に合計で二八九人、上海に約九〇〇人、フランスが北平に四三人と天津・大沽・山海関・秦皇島に合計で約四〇〇人、上海に一〇七〇人、イタリアが北平に三七人と天津・大沽・山海関に合計で約一五〇人、上海に約二〇〇人という数字を示している。イギリスは、前年の八月に北平・天津から撤退したが、まだ上海には相当数の兵力を残していた（一九三九年には約一五〇〇人だった）。

列強各国の中国駐留部隊については、特に華北における日本駐屯軍を中心に、拙著『華北駐屯日本軍』(6)で詳しく紹介した。駐屯兵力は国により時期によりかなりの変化を見せたが、そのなかで独特の動きを見せたのが日本とアメリカであった。アメリカ軍は、当初はごく少数であったが、辛亥革命時に増強され、列国駐屯体制に本格的に参入した第一次世界大戦期には、列国軍隊のなかで最多数となった。また一九二七年には大規模な海兵隊を派遣した。一方、日本軍は、当初は列強のなかで際立った行動を避けていたものの、アメリカと同じく第一次世界大戦期に重みを増し、また安定しない中国情勢に積極的に関与するようになっていく。そして満洲事変以後には、次第に膨張するとともに、列国の協同駐屯体制から外れた活動を活発化させ、中国との軋轢のみならず、各国の駐屯軍にとっても警戒すべき存在となっていった。

本章では、そのような日本軍の変化を前提に、アメリカ軍の一九二〇年代後半以後の動向をまとめ、特に撤退がいかなる経緯で実現していくのかに焦点を合わせる。また華北における日米両軍の確執が高まっていく過程を、アメリカの文献・史料を中心に説明する。

一　一九二〇年代の華北駐屯列国軍

一九二〇年代は、中国が最も混乱した時期であった。軍閥間の戦闘が過熱化し、また中国ナショナリズム高揚による国権回収の動きもあり、租界の外国人はしばしば脅威を感じ、列強諸国は軍事力を使用して対処しようとした。その最大で最後の局面が、一九二七年春に蒋介石の北伐軍が上海・南京を占領した際で、列国は多兵力を上海に派遣した。さらに北伐軍が山東省に迫ってくると、四月六日の軍司令官会議は、華北の兵力を二倍にすることや、総兵力を二万人に増加させることを決議し、各国公使にその実施を要請した(7)。

このときに日本は、上海への共同出兵は断ったものの、第一次山東出兵と平行して支那駐屯軍の編制を改正し三個から五個中隊へ増加させた。アメリカは、すでに海兵第三旅団の一部を上海に派遣していたが、さらに旅団主力を華北に増派した。その兵力は、新河に航空大隊一六〇人、天津に戦車中隊、野砲大隊を含む二九四八人の合計三一〇八

人であった。(8)

以上のような状況からは、各国が足並みを揃えて華北駐屯軍の活用を図ったように見えるが、その裏では別の事態が進行していた。それは内戦下で中国軍が膨張し近代化が進み、列国駐屯軍の中途半端な守備力では対抗できず任務が果たせないという危機感が、地理的に近接し即応できる日本を除いて、各国の司令官たちの間で高まっていたことであった。それにともない駐屯軍の使用や役割について、理解と足並みが揃わなくなってきていた。

そもそも各国駐屯軍、特に日本とアメリカ駐屯軍は、第一次世界大戦中に、互いに牽制し合う関係になりつつあった。日本が一九一六年に、フランスの鉄道沿線警備担当地区の半分を引き受け、またイタリア租界の警備を行うようになったときに、アメリカ駐屯軍は、ドイツ租界警備を担当することになった。これは司令官会議の決定によるものだが、その際に石光真臣司令官は、アメリカの担当地区拡大を懸念して、あらかじめ日本駐屯軍の兵力を増強させて備えておくことを本国に要請している。(9)

また一九二〇年安直戦争の際に、鉄道沿線二マイル内への中国軍接近について、禁止し撤退させることを主張した日本・フランスと、鉄道破壊の行為がなければ中国軍の行動は任意とするイギリス・アメリカとの間で、意見の一致ができなかった。(10)このときに日本は安徽派の段祺瑞を支援しており、南次郎司令官は、アメリカの意見を直隷派の便宜を図るものだと認識して対応した。(11)一九二二年第一次奉直戦争の際、天津租界周辺二〇里以内への中国軍隊の立ち入りの可否についても、司令官会議で議論となり、アメリカは張作霖軍の立ち入りについて禁止することを要求したのだが、鈴木一馬司令官は、張軍の集結まで会議の開催を遅らせることにより暗に張軍を支援した。(12)会議では、中国軍隊が線路上にとどまることや天津に近づいたことに対して抗議を申し込むことでは合意したものの、少数の兵力でそれを阻止することは無理だとして、強行しないこととされた。これは議定書の定める駐屯権と現実との齟齬が大きくなっていたことを示すものであった。郭松齢事件後の一九二六年五月一日の高田豊樹司令官の電報報告は、イギリスは中国内争のために武力を使用することや増兵は考えてはおらず、アメリカも中国軍の行動を規制することは事実上不可能と考えているというものであった[13]。

一方、一九二六年二月四日に開催された各国公使・公使館付武官・駐屯軍司令官の合同会議では、駐屯軍の任務そのものについて討議がなされた。日本軍は従来の任務を変更しないこと、中国軍の軍事行動制限を維持すること、「列国協同動作計画」の根本的修正には反対するという方針で臨んだ[14]。この会議は、日本側の観察によると、イタリアが鉄道沿線警備の廃止を提議したことで、アメリカ駐屯軍の存在理由が脅かされたことをきっかけに開催されたものであった。天津に租界をもたないアメリカは、一九一二年の鉄道沿線警備への参加によって駐屯を実現しており、もし沿線警備が撤廃されると存立基盤が脅かされるので、「米国軍か他列国軍と同一の立場に於て行動し得る」ようにしたいというアメリカの動機で開催されたという観察である。日本駐屯軍の報告書は、議定書調印後、「列国と異なる政策」で列国を出し抜いてきたアメリカの「自己本位の政策」そのものが、アメリカの立場を困難にする結果を生んだことを悟って開催を求めたものだと説明している。この会議では、沿線警備については明確な結論は得られなかったが、天津租界警備については、防禦線を内外の二線とし、内側への中国軍侵入を固く禁じることや、防禦線を国際化（他国の応援を求めることができる）することが決定されるなど、租界防備の国際共同性を確認するものとなった。

このように一九二〇年代、列国軍は、撤退か大増強か相反する二つの方向の選択を迫られていた。ボーグが古典的著書[15]において、一九二五―二八年が列強諸国による不平等条約体制の分岐点、力を見せつけることで特権を維持させるか、特権を捨てることに合意するかの分岐点であったことを指摘している。そしてアメリカ政府内でも、アメリカ軍増強に否定的なケロッグ国務長官（Frank B. Kellogg）と、増強を具申したマクマレー北京公使（John V. A. MacMurray）と意見の違いがあったし、軍でも、天津の第一五歩兵連隊司令官のコナー（あるいはコンナー、W. Durward Connor）は撤退を提案し（後述）、アジア艦隊司令長官のウィリアムス（Clarence S. Williams）は出兵に賛成であった

（Cornebise, p. 44）。

一九二七年にとられたのは後者であり、列国は協調して、北清事変時に戻ったような出兵・増兵を行い、五カ国合わせた総兵力は議定兵力を上回った（アメリカ海兵隊の比重が最も大きかった）。一方イギリスが、いわゆるクリスマス・メッセージを発して中国への宥和姿勢への転換を表明したのも一九二六年一二月のことであった。実際には、その直後に、一九二七年の列国による協調出兵があったわけだが、一九二七年は中国に駐屯する列強諸国の軍事面での協調関係が、かろうじて維持できた最後の年となった。

二　アメリカ軍の沿線共同警備体制からの離脱

しかしその一年後の一九二八年、蔣介石軍の北京掌握に至る時期の対応は異なった。日本は第二次山東出兵を行い、五月三日に中国軍との衝突＝済南事件を起こしたが、華北にも四〇〇〇人以上の大増兵を行った。一方イギリスやアメリカは、前年に増加させた兵隊をとどめており、このときにも天津周辺に「経衡地帯の設定及天津協同防備」をすることに合意し実行した（六月三日から七月一三日）ものの、その行動は前年に比して消極的だった。五月一一日の列国司令官会議で、日本は武装中国軍が天津から二〇里以内への接近を禁止するよう提議したが、アメリカが同意せず行われなかった。理由は、アメリカは一九〇二年の天津還付協定に署名していないからというものだった[16]。また、二週間にわたって北京・天津間の交通が杜絶したにもかかわらず、国際軍用列車の運行もなされなかった。日本の史料は、列国の協同（共同）が「動もすれば破れんとする」状況であったと記している[17]。

このときのアメリカ軍の対応は、アメリカが中国側を刺激しない方向へ政策転換をしたことを示すものとなった。マクマレー公使は、一九二五年の郭松齢事件の際に国際軍用列車の運行が中国軍によって妨げられたことや、アメリカ部隊が守っている地域に中国軍が入ってきて衝突しそうになったことを踏まえて、新しい態勢をとることを決定した。マクマレー公使は華北駐屯軍のカストナー司令官（Joseph C. Castner）に、組織的な戦闘状況がない限り偶発的事件が発生しても軍事行動をとることを避けること、中国の内政には関与せず不偏不党の態度をとり悪感情を抱かせないようにすること、天津租界の防備計画の分担区域に限って中国兵の行動や市民の行動を制限することに努めること、他国から提案された新たな防衛線を作ることについては拒絶するよう伝えている[18]（Cornebise, p. 48）。済南事件のようなことが起こることを回避したかったのである。離任にあたりコナー司令官は、これまでは虚勢を張ることで交通を維持することは行いえたが、今回はそれをしなかったことで流血の惨事を防ぐことができたことを指摘し、駐屯軍の任務遂行が難しくなったと伝えていた（Cornebise, p. 41）。

そしてアメリカは一九二八年五月一五日に、秦皇島の小分隊だけを残して、沿線上の唐山守備隊を撤去し天津に引きあげた。このアメリカ軍の撤退は、前年より提案があったもので、沿線にはイギリスの鉱山利権があり、司令官会議では了承が得られなかった経緯があった。日本の報告書には「列国司令官に内協議を行ふことなく」決行したものと不満気に記している[19]。先述の一九二六年二月の公使・武官・司令官合同会議での、鉄道沿線からの撤退はアメリカ駐屯軍の立場を困難にするという論理は、持ち出されなかった。「必要生したる場合には該地に復帰する」と通知されているので、不問に付されたのかもしれないし、日本も一九二七年四月に沿線に分屯していた部隊を司令官会議の了承を取り付けたうえで山海関と秦皇島にまとめているので同様に捉えられたのかもしれない。

さらに一九二八年七月二四日に、アメリカは海兵隊員九〇〇名を本土に向け帰国させ、翌一九二九年一月増派されていた海兵隊をすべて撤退させた[20]（ただし上海の海兵第四連隊の分隊は一九四一年まで駐屯）。そして陸軍の華北駐屯軍の位置づけも、一九二九年三月一六日に陸軍省直轄からフィリピン軍隷下に格下げされ「合衆国陸軍中国駐屯部隊（U. S. Army Troops in China=USATC）」とされ、重要性と戦闘力を減じられた。カストナー司令官は、駐屯軍の役割が次第に小さくなり、天津におけるアメリカ人の生命と財産を守ることだけになっている現状を嘆き、駐屯軍の役割を見直すべきだと年次報告書で述べている[21]。アメリカが列国にさきがけて関税改正を認めたのは、一九二八年七月二五日のことだった。

こうして一九一二年に形成された北京海浜間の沿線共同警備体制や天津租界の協同防衛体制は弱体化し、それは一九三〇年の「列国軍協同動作計画」の改正に反映された。鉄道沿線上の区域分担が廃止され、十分な兵力がないため北平（北京）・塘沽間を対象とし、その時々の状況により司令官会議で定めることになった。塘沽・山海関間は各国司令官の裁量に任せ、国際列車運行は列国が同意した場合に限ることとなった[22]。そして担当守備区域の廃止は、さらに駐屯軍の共同性を引き下げる結果となった（ただし上海租界においては、各国が区域分担して租界の警備にあたる体制はしばらく維持されたようである[23]）。

三　満洲事変と列国駐屯軍

もっとも華北における駐屯軍をめぐる列国協調体制の乱れが、すぐに国際関係に影響を与えたわけではなかった。それが影響するようになるのは、満洲事変開始後のことであった。満洲事変に日本の支那駐屯軍が直接関わったわけではないが、関東軍による満洲占領により、山海関を挟んで関東軍と支那駐屯軍とが隣り合い、一九三三年には関東軍が山海関を越えて南下し華北にまで展開して絡み合いが生じるようになる。そして一九三五年からの華北分離政策にともない、支那駐屯軍の役割が大きくなり、単に議定書により存在する軍隊から華北の治安維持を担う軍隊に変化していくことになった[24]。

列国駐屯軍の共同性の維持が不可能になってくるなかで、日本の駐屯軍は、議定書による任務を超えた行動をとったり、議定書にもとづくとして単独で「華北の治安維持」を行ったりするようになる。たとえば満洲事変最中の天津で、一九三一年一一月、二回にわたって支那駐屯軍と中国側軍隊との間で銃撃戦が発生した。その際に、日本軍は直ちに外部との交通を遮断し租界警備を開始し、二度目の際には、戒厳を宣告した。香椎浩平司令官は中国側に、敵対的態度をとらないこと、天津より二〇里以外へ立ち去ること、水上保安警察を撤退させること、河北省内での軍事行動を停止すること、反日示威行動を禁止することなどを、一九〇二年の天津還付協定にもとづき単独で要求した。そして香椎は本国に要請した増兵により、駐屯軍は一〇個中隊規模となり、この体制が一九三六年まで続くことになった。

また一九三三年一月の山海関事件の際には、関東軍と協力して初めて本格的な戦闘を行い、山海関の城市を占領した。そしてこれをきっかけに日本は単独で唐山以北の鉄道沿線警備を復活させた[25]。新たに駐屯した唐山はアメリカが一九二八年以前に駐屯していた場所であった。

さらに一九三三年五月の塘沽停戦協定以後、駐屯軍は華北の治安問題との関わりを強め、中国の保安隊や抗日運動に向き合うとともに、華北における日本の権益拡大、開発政策や経済工作の主体となっていった。これが華北分離工作に発展していく。そして駐屯軍の規模もさらに拡大した。一九三六年四月の編制改正により、それまでの派遣部隊による編成をやめて永駐制とし、歩兵二個連隊その他を置き、兵員数は、五月三一日の数字で戦闘員五三八六人・非戦闘員二六二人の計五六四八人（このほか軍属一一一人）となり、議定兵力を超えた[26]。北平公使館を護衛していた海兵隊司令官のヴァンデグリフト（Alexander Archer Vandegrift）大佐は、日本の行動は日々アグレッシブになってきていると手紙に書いている[27]。そしてこのときに新たに駐屯した豊台の部隊が、盧溝橋事件を起こすこととなった。

以上のような日本軍の行動に対して、他の華北駐屯軍は同調しなかった。天津事件の際に日本は、それが中国軍による仕業（実は土肥原賢二による溥儀を満洲に脱出させるための謀略だった）だとして、一一月九日に開催された軍司令官会議で、議長の香椎司令官が事件の経過を伝え、天津租界の「協同動作計画」の発動を求めた。これに対して、イギリスの司令官が、自分の得た情報によれば、この事件は満洲事変に起因する日中間の問題であるので、自国租界だけを守ると発言し、各国司令官もそれに同調した。アメリカ軍司令官のテイラー大佐（James D. Taylor）は、中立の態度をとることが必要だと加えた(28)。こうして列国はばらばらに独自の判断で租界警備を実施した(29)。二度目の事件にあたっては、もう司令官会議は開催されなかった。ただ英米仏公使が相談した結果として、日本租界外に緩衝地帯を設けて各国連合で警備するという提案を日本側にもたらしたが、これは日本側が拒否をした。日本の行動を封じ込めるようなものだったからである(30)。

山海関事件の際には、その後に関東軍による熱河作戦が続いたこともあり、日本に対する見方はより厳しいものとなった。天津の英仏米伊領事間では、日本が行動の正当性を議定書にもとづいて説明していることをめぐって議論がなされた(31)。アメリカやイギリスは、日中間の争いであり議定書と関連づけて議論することに消極的な姿勢を示し、日本軍の山海関占領を議定書の権利を超えたものという認識で一致した。しかし中国政府には、山海関占領は日中間の争いによるもので議定書の規定とは関係しないものであると伝えるにとどめた。つまり各国は日本が議定書の規定を用いることに反対していたのであり、天津事件と同様に関わりをもつことを避けたのである。

以上の現象は、満洲事変以後の華北情勢混乱の要因が、中国軍の動きもさることながら、むしろ日本軍の行動によるものであり、そして議定書は、もともと中国側の行動への列国の対処を定めたものであったから、列国内のある国が問題行動をとるようになった場合、その動きを牽制できてもストップさせることは難しいことを示したものであった。そのことを中村孝太郎司令官は、「列国及列国軍をして皇軍の行動に対し些も干与の機なからしめたり」と誇っている(32)。このようにして日本軍を牽制することもできず、自国民の保護しかできなくなったアメリカの駐屯軍は、もし「日本が議定書の規定を用いて北平から海浜間のさまざまな地点に駐屯し、その兵力や北平守備兵を用いて中国に対する作戦を行う」ような事態に至った場合、どのように対応すべきか、というような課題をつきつけられたのである。[33] そして盧溝橋事件の発生は、まさにこのような事態が現実化したものであった。

四　アメリカ駐屯軍撤退をめぐる論争

アメリカの多くの研究は、兵力の関係から中国に対する脅しが通じなくなり、中国内戦に対応できなくなった後の駐屯軍の役割について、租界に住む自国人の生命・財産の保護のほかには、自国の威信の保持、そして日本駐屯軍の行動を監視・抑制することくらいしかなく、軍事的には少しの価値しかなかったと位置づけている。[34] ここで指摘されている日本への牽制という側面が、いつ頃から強くなったかについては、その後の中国問題をめぐる日米対立、そして開戦という歴史の展開を前提として考えているので、時期をなるべく遡って、そのような動きのあったことを指摘する傾向にある。

たしかに中国への影響力をめぐる日米間の確執は、日露戦後から第一次世界大戦期に高まり、それは華北駐屯軍の置かれた状況にも影響を与え、日本側もそれを意識していた。第一次世界大戦中に日本が対華二一カ条要求を行ったときにも対立が深まった。その後、対立は満蒙の位置づけをめぐって焦点化した。しかし同時に、華北においては、一九二〇年代前半は、協同動作体制構築の動きも進んでいたのであり、まだ日本とアメリカの駐屯軍の対抗面は前景化してはいなかった。

たとえばテイラー司令官は、一九二九年のレポートで、戦力が不足しているため駐屯軍の任務は、放棄はしていないが死文化していると述べているが、[35] これは駐屯軍そのものに対する疑問であり、日本との関係は記されていない。アメリカ国務省では一九三一年春には駐屯軍の撤退について何回目かの本格的な検討を行っている。このときの検討は、大統領を交えての閣議でも相談され、国務長官は、治外法権交渉が終了するまでは撤退することに反対し、また列国の意向を確かめる必要があると述べた[36]が、この席でも日本の動向については触れられていない。そしてこのときには、九月一日を期して二〇八名の兵力を減少させる決定がなされた[37]。満洲事変勃発の直前のことである。

アメリカの内情は、一九二〇年代の初め頃から、現地の駐屯軍や軍当局者は純軍事的な観点から中国に軍隊を置き続けることに懐疑的な姿勢を示し、それに対して国務省は国際政治的な側面から撤退に否定的であった。たとえば一九二一年七月九日にヒューズ国務長官は、陸軍省は最大限五〇％の減兵を考慮しているが、現在の不安定な中国の状況において、天津や鉄道沿線上の陸軍部隊を撤退させることはありえない、それは我々の利権に影響するので反対という意見を、陸軍長官に伝達していた[38]。アメリカの統帥は、国務省が陸軍省・海軍省に優越する仕組みであり、現地では、日本とは異なり、駐屯軍の行動は北京公使館によってコントロールされる仕組みであったため、撤退は実現されなかった。

この問題について要領よく説明しているのがモートンの研究であり、ほかもそれを引き継いでいるので、これを利用しながら説明していこう[39]。第二次奉直戦争（一九二四年）までのアメリカ軍の努力の失敗を受けて、駐屯軍の撤退を提起したのが、先に一度言及したコナー司令官であった。コナーは一九二六年一月のレポートで、アメリカ軍が中国に駐屯することにより、何か事態が発生し失敗すれば、アメリカの威信は失墜するであろう、他国は租界を防衛する権利と中国軍を防衛線外に除外する権利を有している、ところがアメリカはそうではないとして、議定書の条項の放棄と駐屯軍の撤退しかないという結論を述べた[40]（Cornebise, p. 42）。後任のカストナーの見解も同様であり、任務が時代遅れとなっているというものであった。軍事的見地からいえば、アメリカ駐屯軍の規模は一〇〇〇人前後で、その維持費は本国より高くつき、最新鋭の飛行機などの装備にも費用がかかり、またたいして役に立っていないことは明らかだった。しかしアメリカの威信維持とコストとのバランス、国際関係が考慮され、国務省の反対もあり撤退は実行されなかったのである。

一九三一年の満洲事変、一九三五年からの華北分離政策の進捗後にも、陸軍側は、華北をコントロールすることとなった日本が国際的事件を起こし、それが重大な結果を引き起こすようになった場合、アメリカ軍はどうすることもできないので、その事態が起こる前に撤退したほうがよいと主張した。一九三三年九月公使館付武官のドライスデール大佐（W. S. Drysdale）も純軍事的観点から撤退を勧めている[41]（Cornebise, pp. 211-212）。これに対してスティムソン国務長官（Henry Lewis Stimson）は撤退を否定し、一九三三年に就任した後任のハル国務長官も、日中間の衝突はたいしたものではなく、むしろアメリカの中国権益維持と、日本のプロパガンダを抑制する側面を考慮して撤退に反対した。ここからは、この時点で、日本軍の存在が、撤退問題の要素として前面化してきたことがわかろう。

国務省の反対理由は次の一九三六年暮れの文書が、最も総合的に示している[42]。この文書は駐屯軍の歩みと役割について歴史的に検討したうえで、陸軍省および海軍省の意見を参考にして極東部が用意したものであった。そこでは、日米間の緊張は（天津での）軍隊間の事件を引き起こす可能性はあるが、その可能性は小さいとして、撤退について六つの理由をあげて反対している。要約して示せば、それは、撤退により①列国間に維持されてきた中国に対する協同（共同）行動システム（これはアメリカにとっても列国にとっても、中国に対して有利なものであった）をさらに破壊するおそれがあること、②中国の不安定な状況において日本の影響力の拡大を促すこととなり、これはアメリカ国民の不利をもたらすこと、③中国側はアメリカ軍の駐留に反対していないし、むしろ状況を安定化させる要因と見ていること、④中国国民や軍隊が日本に敵意を高めているため、外国人が（巻き込まれて）危険にさらされるような騒動が起こる危険性が高まっていること、⑤北平大使館護衛の海兵隊と天津の陸軍部隊は密接に関係しており、両者があって保護機能を果たしていること、⑥部隊が撤退した後にアメリカ人の生命を脅かす緊急事態が発生した場合、日本の抵抗なしに部隊を再び派遣することは困難である、というものであった。

一方、日本は、華北における列国駐屯軍についての調査を時々行っている。一九三七年二月のものは、「日本勢力の北支那方面拡充に伴ひ、米国として利権少き北支方面に於て日本軍と衝突の機会なからしむるため、一時北支那駐屯軍を廃すへしとの噂流布」したが、最近兵舎修理を行い一九四一年六月まで家主との間で契約したことを考えると一時の風説であろうと観察しており[43]、撤退についての議論の進展には気づいていないようである。

五　海兵隊への交代から撤退へ

撤退へ向けた局面の転換は、一九三七年七月の日中戦争の開始後であった。盧溝橋事件当時、アメリカ駐屯軍の半数は秦皇島に野営演習中であり、八月下旬までに天津に戻り、居留民の生命・財産の保護のために自国兵営付近の警備にあたった[44]。アメリカ軍兵営は、旧ドイツ租界内にあり、アメリカ人はその地区に多く住んでいた。戦争が本格化すると、日本軍が他国の租界を通過して行動することが国際間で問題化した。日本側からすれば、日本軍が占領する華北に列国の租界や軍隊が存在することは、やっかいであり、さらに外国租界内における中国人の反日的な活動は目障りだった。これが後に、日本による英仏租界封鎖事件につながる原因であった。アメリカは租界をもたなかったため、この点では日本との間に摩擦は生じなかったが、組織立った日本軍や中国軍から自国民を守ることは戦力的に不可能であり、また議定書の権利も行使できない状態に追い込まれていた。

日中戦争の本格化を受けて、一九三七年一二月には中国全土に駐屯するアメリカ軍の撤退が検討された[45]。このときも国務省は、依然として否定的な態度を示した。そのため大統領への直談判が行われ、最も高度なレベルの政治的決定により陸軍部隊の退避が決まったのだろうとモートンは推測している（Morton, pp. 72-73）。これに対して、コーンバイズやコフマンは、パナイ号（バネイ号）事件の影響が大きかったとする。パナイ号事件とは、一九三七年一二月に、南京付近でアメリカ軍艦パナイ号が、日本軍機の誤爆（とされた）により撃沈された事件である。日本側の謝罪により大事には至らなかったが、アメリカ側に日中紛争に巻き込まれる危険性を痛感させた事件であり、これが世論を後押しして撤退につながったとしている(46)（Cornebise, p. 214）。

一九三八年一月一六日の国務省の文書(47)が興味深い。これはさまざまな論点から撤退問題を検討した書類で、結局のところアメリカやアメリカ人の中国における生命・財産・権益を維持するためには、少数といえども軍事力を残しておくのがよいという判断を示しており、その点ではこれまでの意見と変わりのないものなのだが、二段階の撤退プランが示されている点が新しく、注目される。そこでは今すぐに陸軍部隊を撤退させて海兵隊に代えること、そして次の段階として、日本が北平を掌握し傀儡政権を擁立した場合には、本当に必要な少数の外交官を除いてアメリカ国民も兵力も撤退させるという案が提示されていた。

一九三八年二月三日、第一五歩兵連隊に帰還命令が出され、三月に部隊は中国を離れアメリカ西海岸のワシントン州に向かった。そしてその代わりに、北平から海兵隊二個中隊（約二〇〇人）が移された（Biggs, p. 180）（北平に約三〇〇人残留）。ハル国務長官が海兵隊に代える決定を行ったのは、いつ完全な撤退を行ってもよい条件を整備した意味をもつものであり、アメリカ国内向けには緊急的措置といえるし、一方では議定書の権利を維持すると中国に言い張れるものであった。ビッグスによれば、歴史的にアメリカ国務省は、陸軍部隊の上陸を公然の戦争行為とみなしていたのに対して、海兵隊の上陸はそのように捉えていなかったという。外交問題に関わる場合でも国内で論争を引き起こすことが少なかったため、国務省は軍事力を必要とする場合、陸軍部隊よりも海軍部隊（海兵隊）を利用するのが好ましいと考えていたという（Biggs, p. 10）。

アメリカの日米通商航海条約廃棄通告は一九三九年七月、その発効は翌年一月であった。一方ヨーロッパでは九月に第二次世界大戦が勃発する。このときに日本は、各国の華北駐屯軍に対して、戦争が始まったので、日本が租界の外国人を代わって保護するから心配なく天津から撤兵するのがよいというような働きかけをしている（一九三九年九月）[48]。イギリスやフランスは、この申し出を受け入れたわけではないが、アメリカと連絡をとりながら撤退の検討を行っていくことになった。フランスは一九三九年一二月に減兵し、最初のところに書いたが、イギリスは一九四〇年八月に天津から撤兵した（Biggs, p. 195）。

一九四〇年一〇月、ルーズベルト大統領はアメリカ国民の中国からの避難を命じた。アメリカ人の撤退が始まると、北平と天津で合わせて約五〇〇人いた海兵隊員も徐々に減らされ約二〇〇人となった（Biggs, p. 198）。そのうえで、ハル国務長官は一九四一年五月二一日に、アメリカ市民を守るために中国で兵力を使用しないことを発表した（Biggs, p. 202）。すでにこの時点において、生命・財産の保護の対象であるアメリカ人の数は限定的となっており、この声明は、実質的に駐屯軍の機能を停止することがあることを表明するものとなった。

そしてちょうどその頃に行われていたのが、井川忠雄や岩畔豪雄による日米諒解案交渉であった。その過程において日本軍の撤退・駐屯問題が議論になった際に、岩畔がアメリカ軍も「北清事件に基く条約」（議定書）により中国に駐兵していることを指摘すると、アメリカ側は「なるべく早くわれわれは支那から撤退するつもりである」と返答したという。岩畔はこれを、アメリカが議論から「逃げた」と理解したという[49]。このような議論があったことは、日本やアメリカの外交文書では、ぴったりと一致するものは確認できないのだが、それに関連するようなものはある[50]。これが本当の話だとしたら、アメリカでは、撤退の決定はまだなされてはいなかったが、撤退に向けての兵力削減と機能停止が進んでいた状況と符合し、別に「逃げた」わけではなさそうである。

そのような経緯があったうえで、八月からの上海や長江流域を含む全中国からのアメリカ軍兵力の引きあげの議論が始まり、一一月一四日の大統領声明が発せられ、一一月二五日以後に逐次これが実行されたということになる。しかし日米開戦の八日までには完全な撤退は済まず、一部の兵員は捕虜となったことは冒頭に記した通りである。

おわりに

ハル国務長官は、一九三八年一月八日に上院外交委員会に送付した文書のなかで、中国に滞在しているアメリカ人の数について、一九三七年七月には約一万五〇〇〇人いたが、このうち約四六〇〇人が一一月六日までに避難し、残っているものは約六〇〇〇人、中国におけるアメリカの投資額および債権額はこれくらい、中国各地に駐屯している部隊と、その歴史的沿革を説明したうえで、これらの軍隊は主に暴徒やその他の制御不能な事態からアメリカ国民を保護するために存在しており、中国を侵略するものではなく、アメリカ人の保護という機能の遂行がもはや必要とされなくなったときに、これらの軍隊を撤収することになるはずであり、それは予想できる状況にあったが、日中間に戦闘が勃発し拡大することにより中断されたと述べている(51)。つまり中国に駐屯する軍の役割を、すでに誰の目から見ても明らかであったように、議定書にもとづくものというよりも、アメリカ人の生命・財産を守り、もしもの際には中国から安全に避難させるための軍隊であると説明していた。そしてその後、一九四〇年の秋以後、アメリカ国民の避難が進むことによって、もはや国務省は軍の駐留にこだわる必要はなくなったというのが、本章の結論である。

このまとめは、常識的なものであるが、駐屯権との関係でいえば、一九四一年一一月の完全撤退にあたって、議定書の権利は保留するとは声明していたものの、アメリカは一九二八年以後、鉄道沿線保護の権利を行使することはなくなっており、またそういうことができる状況でもなく、ただ単に租界に住む自国民の保護（アメリカは租界をもたなかったので、面としての租界保護ではない）のために軍隊をとどめていたにすぎなかった。そういう点からすると、守るべき国民が存在しなくなったことが軍隊の撤退を可能にしたのであった。しかし同時に、その時点でハル・ノートに、外国租界に関連する権益や議定書に関係するさまざまな中国に対する特権を含む一切の治外法権を放棄することについて、日米両国が他国の同意を取り付けるよう努力すべしということが書き込まれたことは興味深い。[52] アメリカ華北駐屯軍の撤退は、中国をめぐる列強諸国の協調抑圧体制の終わりを告げるものであったということでもある。

一九〇〇年代最初の三〇年間に展開された中国をめぐる列強諸国の協調による抑圧体制は、中国からさまざまな権益を獲得し、主権を侵害することによって行われた。それは関税自主権のような通商に関する側面、領事裁判権のような法的側面、そして常に優遇待遇を列強諸国に保証する機能をもつ最恵国待遇の一方的付与などを規定した不平等条約を基礎とし、そこにたとえば義和団事件後の議定書による賠償金の支払いをめぐる経済的側面、本章で取りあげた公使館区域や鉄道保護を口実に構築された駐屯権のような軍事的側面等が覆い被さることによって補強されていた。しかしそのような体制は、一九二〇年代から徐々に動揺し、やがて失われてゆく。本章は、その軍事的側面についてのアメリカの対応を中心に描いたことになる。このような軍事的な側面から論じた研究は決して多くはない。それは、列強諸国が経済的な利益を求めて中国で活動し、それを各国がそれぞれの思惑をもって支援し、それが国際関係に反映し、その一つが軍事的側面に表れていくというような思考回路によるものであろう。経済的動機が主因で、軍事や外交は手段という捉え方である。ただアメリカにあっては、軍事当局者が撤退を主張し、国務省がそれに否定的であり、軍事力が存在すること自体に意味を見出したように、アメリカにおいても軍事力は単に経済的利害に従属するものではなかった。またそれが中国を舞台に展開された列国が共同して治安維持を果たす体制と絡み合って構築され、やがて崩壊していく、その過程を明らかにしておくことは意味のあることだと思い、この小論をまとめてみた。

（1） Biggs, Chester M. Jr., *The United States Marines in North China, 1894-1942*, McFarland & Company, Inc., Publishers, 2003, pp. 206-209 の記述を利用した。本章は海兵隊については同書を、陸軍の第一五歩兵連隊については、Cornebise, Alfred Emile, *The United States 15th Infantry Regiment in China, 1912-1938*, McFarland & Company, Inc., Publishers, 2004 を参考にし、本文中に（Cornebise, p. ○）のように注記した。

(2) 一九四一年夏以後の撤退過程については、櫻井良樹「日米開戦とアメリカ華北駐屯軍」(『麗澤大学大学院言語教育研究科論集　言語と文明』第一八巻、二〇二〇年)で多少触れた。

(3) 893.0146/896c: Telegram, The Secretary of State to Ambassador in China (Gauss), Nov. 14, 1941, United States Department of State, *Foreign Relations of the United States Diplomatic Papers, 1941, The Far East, Volume V, 1941*, U.S. Government Printing Office, p. 583(以下*FRUS*と略す)。

(4) 須藤真志「ハル・ノートと満州問題」(『法学研究』第六九巻第一二号、一九九六年)。

(5) 893.0146/896 1/2, Memorandum by Assistant Chief of the Division of Far Eastern Affairs (Adams), Aug. 20, 1941, *FRUS 1941 The Far East, Volume V, 1941*, p. 558.

(6) 櫻井良樹『華北駐屯日本軍——義和団から盧溝橋への道』(岩波書店、二〇一五年)。

(7) 一九二七年四月七日陸軍大臣宛支那駐屯軍司令官電報(「北京及天津治安維持問題経過の件通牒」『密大日記・昭和四年・第一冊』アジア歴史史料センター Ref. C01003844900, 以下Ref.と記したものは同センターによる)、これに対応するアメリカの文書はCombined Defense Plan(RG395.8 Records of U.S. Army Troops in China 1912-38, 5960 General Correspondence Box 50)およびInternational Conference(同Box 51)にある(以下、RG395.8からの引用はRG395.8 #5960 Box ○のように示す)。

(8) 支那駐屯軍司令部「北支那ニ於ケル列国軍調査　昭和三年三月一日調」(『密大日記・昭和三年・第五冊』Ref. C01007465400)。

(9) 一九一六年六月七日参謀総長宛天津軍司令官電報(『袁世凱死後ノ際ニ於ケル対支政策一件(極秘)松本記録』外務省記録1・1・2・89, Ref. B03030287500)。一九一六年六月八日浜面又助宛石光真臣書簡(山口利昭「浜面又助文書」『年報近代日本研究2　近代日本と東アジア』山川出版社、一九八〇年、二六一―二六二頁)。

(10) 「大正九年七月十五日天津各国軍司令官会議ノ状況」(『密大日記・大正九年・五冊の内五』Ref. C03022524700)。これらについては一九一二年二月の「京楡鉄道守護実施規則」締結当時から、特に中国軍隊が戦闘行為のために鉄道を使用することについて、それを認めるか否かが議論となっていた(ポール・S・ラインシュ『日米戦争の起点をつくった外交官』芙蓉書房出版、二〇二二年、二三八、二四七頁)。

(11) 「大正九年七月十五日天津各国軍司令官会議ノ状況」、天津軍司令部「第二回軍司令官会議ノ状況　大正九年七月十七日」(「排日運動ニ関スル件」『密大日記・大正九年・五冊ノ内五』Ref. C03022524700)。

(12) 櫻井良樹「史料紹介　鈴木一馬支那駐屯軍司令官「駐支秘録」(一九二二―一九二三)」(『中国研究(麗澤大学)』第二一

号、二〇一三年)。

(13) 支那駐屯軍「北京海浜間の交通に関する件」(『密大日記・大正十五年・第四冊』Ref. C03022767900)。

(14) 支那駐屯軍司令官「天津守備ニ関スル日英米仏伊五ヶ国公使同公使館武官及駐屯軍司令官ノ会議ニ関スル件報告　大正十五年二月四日会議」(同右)。

(15) Borg, Dorothy, *American Policy and the Chinese Revolution 1925-1928*, The Macmillan Company, 1947 (Reprint, Octagon Books. Inc., 1968).

(16) Draft of Date for Annual Report, Annual Report 1928 (RG395.8 #5960 Box 37). この頃の会議録は Military Conferences (RG395.8 #5960 Box 52) に存在する。

(17) 支那駐屯軍司令部「昭和三年支那事変間に於ける支那駐屯軍行動一般」昭和三年七月一八日(『陸支密大日記・昭和三年・第七冊』Ref. C04021744300)。

(18) Letter from MacMurray to Castner, Jun. 2, 1928, Defense Tientsin, Document No. 5 (RG395.8 #5960 Box 67).

(19) 天津駐屯軍司令部「米軍唐山守備隊撤退ニ就テ　昭和三年五月二十八日」(『密大日記・昭和三年・第五冊』Ref. C01007468000)。

(20) *Annual Reports of the Navy Department for the Fiscal Year* (Including Operations to November 15, 1928), Washington, DC: Government Printing Office, 1928.

(21) Castner, J. C., Annual Report 1928, Jul. 30, 1928, pp. 4-6 (RG395.8 #5960 Box 37).

(22) この協定の日本文は残存せず、RG59 (1930-39 Box 7173) 893.0146/149 と、その締結を報じるゴウス総領事 (Clarence E. Gauss) の手紙を参照した。

(23) 植田捷雄『支那に於ける外国行政地域の慣行調査報告書』(東亜研究所、一九四二年) 三九―四四頁。

(24) 以下は櫻井前掲書第六章・第七章で詳しく記した。

(25) 『昭和八年　混成第十四旅団司令部作命綴丙』のうち「支作命第一二号 (八月五日)」、「山守作命第四四号 (八月六日)」(Ref. C14030186300, C14030184800)。

(26) 「昭和十一年五月　支那駐屯軍月報」(『昭和十三年・満受大日記・第三十四冊ノ内二ノ壱』Ref. C01003332036)。

(27) Letter from Vandegrift to John Marston (3rd Headquarters, U.S. Marine Corps), Jul. 11, 1936 (Alexander A. Vandegrift Collection (COLL/3166), Box 1 Folder 9, The Marine Corps Historical Center. Archives Section, Marine Corps University).

(28) Minutes of Commandants Conference held at Residence of Japanese Commandant. 1 p. m. 9th November 1931 (FO371/16140/F56, FO371: Records created and inherited by the Foreign Office, Political departments: general correspondence). 会議直前に各国領事は集会し中国側から情報を得ていた (Consul-General Lancelot Giles to H. M. Minister, Peking. Memorandum of meeting held at 10.30 a. m. on 9th November, 1931. 同右)。

(29) 陸軍省調査班『天津事件の概況』(Ref. C13032430000)。

(30) 「外務省警察史　在天津総領事館　第一」(『外務省警察史』第三四巻、不二出版、一九九九年、一三六頁)、一一月二九日幣原外務大臣宛桑島総領事電報 (「満州事変ニ際スル天津暴動関係一件」外務省記録 A6・1・5・9, Ref. B02032028400)、一二月三日幣原外務大臣宛重光公使電報 (「満州事変ニ際スル天津暴動関係一件」同上、Ref. B02032028500)。

(31) FO371/17052-17053 に関するものが多い。たとえば Question of use by Japan of rights secured under Boxer Protocol in connection the situation in North China と要約された Ingram (Peking) からの電報 (FO371/17052/F232)。なお *British Document on Foreign Affairs* (*BDFA*), Asia, 1914-1939, vol. 41, pp. 297-298 にもある。

(32) 中村孝太郎「上奏」、同「自昭和七年三月中旬至同九年三月中旬支那駐屯軍状況報告」(「上奏書の件」『満受大日記 (普)・其五 1/2』Ref. C04011857900, C04011858000)。

(33) 793.94/5755: Telegram, The Secretary of State (Stimson) to the Minister in China (Johnson), Statement of American Policy with respect to the Boxer protocol. Jan. 14, 1933, *FRUS* 1933, vol. 3, p. 84.

(34) Cornebise や Biggs のほかに、Flint, Roy K., Dixon, Joe C., *The American Military and the Far East*, 1980. や Noble, Dennis L., *The Eagle and the Dragon: United States Military in China, 1901-1937*, Greenwood Press, 1990 なども同じ書き方である。

(35) Annual Report 1929, Jul. 29, 1929 (RG395.8 #5960 Box 37).

(36) From the Secretary of War to the Secretary of State (Stimson), Apr. 9, 1931, RG59 (1930-39), Box 7173: 893.0146/150 および Memorandum, Apr. 10, 1931 (同 893.0146/151). なお *FRUS* 1931, vol. 3 に Retention of United States Army Forces in China の項目があるが、なぜかこの二通は採録されていない。

(37) 893.0146/157 Memorandum by Assistant Chief of the Division of Far Eastern Affairs (Hamilton) of the Conversation with Major Hayes A. Kroner of the Military Intelligence Division, War Department, Jun. 29, 1931, *FRUS* 1931, vol. 3, pp. 1015-1016.

(38) Walter C. Short, Memorandum: Obligation of the United States to Keep Troops in China for the Guarding of the Pe-

king-Mukden Railway, Feb. 22, 1924, RG127 Records of the U. S. Marine Corps. #38A Division of Operations and Training, Intelligence Section, General Correspondence, 1913–1939, Box 3.

(39) Morton, Louis, "Army and Marines on the China Station," *Pacific Historical Review*, vol. 29–1, 1960. 本文中に（Morton, p. ○）のように注記した。

(40) Letter from Connor to MacMurray, Jan. 25, 1926, Report on the difficult situation of the American Garrison, Jan. 13, 1926, U. S. Army Troops in China（RG395.8 #5960 Box 64).

(41) Memorandum for Colonel W. S. Drysdale, Sep. 29, 1933 (ibid.).

(42) Letter from Department of State to Nelson T. Johnson（Peiping, Ambassador), Feb. 20. 1937 の付属書類。The American Army Detachment（15th Infantry）at Tientsin History and Mission, Nov. 18, 1936, RG84 Foreign Service Posts of the Department of State, China Tientsin Consulate, Classifieds General Records, 1936–1945, Box 1.

(43) 支那駐屯軍司令部「北支那ニ於ケル列国軍調査　昭和十二年一月末日」（「北支那に於ける列国軍調査報告の件」『密大日記・昭和十二年・第十二冊』Ref. C01004388900)。

(44) 北支那方面軍司令部「北支列国軍隊ノ状況　昭和十二年十月十九日」（『北支那軍ノ概況　列国軍隊列国居留民』支那・支那事変・北支 891, Ref. C11111576200)。

(45) RG59（1930–39）Box 7175:893.0146/592, Admiral Yarnell's Telegram Recommending Withdrawal of the San Diego Marines, Nov. 29, 1937 以下の文書。

(46) Coffman, Edward M., "The American 15th Infantry Regiment in China, 1912–1938," *The Journal of Military History*, vol. 58 (January 1994), p. 60.

(47) RG59（1930–39）Box 7175:893.0146/622, Question of Withdrawals from Points in North China, Jan. 16, 1938.

(48) ibid., 893.0146/728, Japanese Advice to Belligerent Powers at Tientsin to Withdraw Troops and Warship, Sep. 29, 1939. 日本が伝えたのは九月五日であり、後に参戦したイタリアに対しては翌一九四〇年六月一〇日に同様に勧告された（植田前掲書、四二頁)。

(49) 岩畔豪雄述「アメリカに於ける日米交渉の経過」一九四六年（伊藤隆ほか編『井川忠雄日米交渉史料』山川出版社、一九八二年、五〇〇頁)、岩畔豪雄『昭和陸軍謀略秘史』（日本経済新聞出版社、二〇一五年、二九五頁)。

(50) 711.04/2133 15/18, Memorandum of Conversation, May 28, 1941, *FRUS, Japan: 1931–1941, Volume II 1931/1941*, pp. 441–443 では議定書の例が挙げられている。

(51)　*American Nationals Troops and Capital in China*, Jan. 8, 1938（Library of Congress 蔵）。

(52)　これについては注(2)櫻井「日米開戦とアメリカ華北駐屯軍」で触れた。

(付記)　本章は科学研究費・基盤研究（C）「華北駐屯列国軍を通じて見る東アジア国際社会の変容に関する研究（一九〇一―四三）」（課題番号 16K03056）の研究成果の一部である。

第12章　日本軍の捕虜処遇と「文化差」
——歴史と歴史コンテンツの相剋

小菅信子

はじめに

捕虜観をめぐる欧米と日本の差についてルース・ベネディクトは『菊と刀』において、それが文化から来ているものであり、そうである以上それを糾弾するのは差別であるとの趣旨を唱えた[1]。日本人は野蛮な人種ではなく文化の違いで捕虜をかくも過酷に扱ったのであり、文化差から来ているものである以上、文化交流で克服しうるものと説いたのである。

この『菊と刀』的言説——日本軍が捕虜を過酷に処遇したことを人種的野蛮さではなく文化差に求めること——は米軍の日本占領の意義を改めて説くものでもあった[2]。相対的文化論者のベネディクトは文化に差はあるもののそれは優劣高低で断じられるものではない、文化交流によって文化は変容しうるという立場であったためである。見方を変えれば、太平洋戦争期の過酷な日本軍の捕虜処遇の「責任」をもっぱら文化差に帰するものとして「免罪」しようとしたのである。

では、日本軍側は捕虜観をめぐる欧米と日本の文化差をどのように意識してきたのだろうか。本章では、前半において、日露戦争から第一次世界大戦、さらに太平洋戦争期における日本軍の欧米人捕虜処遇をめぐる「西洋文化と日本文化」の差をめぐる認識ならびにその変容を概観したうえで、後半で、戦後期を対象に日本軍の捕虜・抑留者を描いた米日英の映画すなわちフィクションで「日本文化」や「武士道精神」がいかに描かれているかを観察してみたい。繰り返すが、文化差の強調は相対主義の時代において「免罪」につながるものであるから、特にそこに注目したい。

映画というフィクションのなかの「捕虜体験」や「収容所体験」は、元捕虜個人の記憶と衝突しつつも、映画のほうが連合国各国における集合記憶を形成していった。さらに、日本軍の捕虜処遇を描いた右記のような戦争映画がアドベンチャー映画から個人の心理的葛藤を描く作品へ、ステレオタイプな日本文化・日本人イメージからより多様な他者表象へ推移していった点にも注目する。

そして最後に、日本軍の捕虜処遇の背景には文化差や人種的野蛮さから来ているものだけではなく、取り扱う側の個々人の差もあったとする作品が一九八〇年代になると制作されるようになる。こうした日本軍の捕虜収容所のコンテンツをめぐる元捕虜個人の記憶と映画やドラマが形成していく集合記憶はいよいよ乖離していったが、おおむね二〇一〇年前後になると、個人と個人の間——たとえば捕虜と通訳の間——の内的葛藤や個人間の「和解」の実践が映画というフィクションにも反映され、それがまたリアルな和解に影響するようになっていくことについて論じることを試みる。

一　日本軍の捕虜処遇と異文化交流——日露戦争—第一次世界大戦

日英同盟を背景にした日露戦争では、日本にとっては明治政府の悲願であった「万国対峙」「富国強兵」そして戦場において勇敢に戦い服する者を「紳士的に」扱い、同盟国英国の親日派の顔を立てることが大きな課題だった。英語には国際的な発信力があるため英国の広報機関や報道メディアが納得するような人道主義的な捕虜処遇をアピールする必要もあった。[3]

かくして、昭憲皇太后が片足をなくしたロシア人捕虜に義足を下賜する様子が皇太后の慈悲深さを知らしめる広報コンテンツに用いられ、[4]捕虜収容所は高級観光地である松山の道後温泉に隣接して設置され、ロシア人の高級将校は日本軍将校に宴へ招かれ接待され、一般の兵士も小遣いで地元の子どもに菓子を買い与えるなどしたという。[5]むろん、このような捕虜厚遇政策は国政だけでなく愛媛県政が推し進めたものではあったが、軍事交流や民間交流を実現させ、日露文化差の問題はロシアが揶揄や蔑視の対象となった。[6]

第一次世界大戦においても、日本は欧米社会に自国がいかに文明的であるかをアピールした。たとえば、当時、世界で六億人が感染し第一次世界大戦の三倍以上の人命を奪ったとされる俗称「スペイン風邪」について、内務省衛生局は「疫学上稀に見るの惨状」と記録しているが、[7]他方、徳島県所在の板東収容所では軍医療の功績は目覚ましく、一九一八年の流行に際して約一〇〇〇人のドイツ人捕虜を管理、そのうち三分の二が発病したにもかかわらず、捕虜独自の予防活動に加えて、収容所当局の食糧および医薬品の配給によって、死者は三人に抑えられた。[8]

板東収容所における捕虜厚遇は、徳島という気候温暖な場所に収容所が置かれたことに加えて、会津人の松江豊寿収容所長、ならびに捕虜のいわゆる「窓口」となった高木繁陸軍大尉の功績も大きかった。板東以外の収容所は必ずしも板東ほど捕虜を厚遇してはいなかったが、松江も高木も捕虜処遇にこだわった。

収容所雑誌『ディ・バラッケ Die Baracke』（DIJ板東コレクション保管／公開）によれば、「陸軍省直々の命令で捕虜の海水浴は禁止されていたが、松江は海水浴ではなく足を洗いに行くという名目で捕虜たちが海岸に行くことを許可した」。また、高木は一九一九年正月「収容所に休みが必要なことを思いがけないやり方で認めて」、朝の点呼を省

略してしまい、捕虜たちを驚かせたこともあった。この種の寛大なエピソードは板東では枚挙にいとまがない。(9)

一九一八年の秋にスペイン風邪が板東収容所でも流行した際にはあまりに多くの捕虜が病床にあって出頭不可能であったため、収容所本部は点呼のための整列を一日一回のみとした。また一九一九年の新年には「収容所に休みが必要」であることから点呼は短時間に切りつめられた。「棟ごとに集合した捕虜たちを整列させるかわりに、彼〔高木大尉〕は短い笛の音で、自分が来たことを全員に知らせた。何百人もの声で言われる「新年おめでとう」を、彼は当然のことのように冷静に受けた。「皆いるか」という彼の問いかけに対して、挨拶を言ったのと同じ数の力強い喉が返事をすると、彼は点呼と点検をすっぽかし、ただちに「解散」という号令でわれわれを出てきたところに帰したのだった。(10)

板東収容所の捕虜たちは、シェイクスピアをはじめとする演劇や人形劇を上演したり、ベートーベンの第九交響曲などを演奏したり、手工芸品会を開催したりした。『ディ・バラッケ』には、日本の文化、産業そして歴史に関する多くの記事が掲載された。なかでも、板東収容所がある四国の諸事情は多様な角度から取り上げられた。そのなかには「ハムレットと四十七士〔比較文学的な考察〕」「四国霊場八十八ヵ所への巡礼」「徳島の大名の墓所」「武士道」のようなテーマが見られる。これらの記事は挿絵を豊富に含んで、視覚的にわかりやすく編集されたものが多い。

ここでも民間交流が盛んに行われ、収容所の閉鎖以降も日本にとどまる者もいれば日本研究者になる者もいた。さらに板東収容所跡はその後今日に至るまでドイツ人と日本人の友好の場となっており、第一次世界大戦中に日本で死亡したドイツ人捕虜八七名を追悼するために建立された慰霊碑は今なお同じ場所に建っている。日露戦争同様、第一次世界大戦においても捕虜と現地の人々の文化交流は順調であり、ドイツの進んだ技術や文芸に地元の人々が恩恵を受けた側面もあった。目下、「板東俘虜収容所関係資料」はユネスコ世界の記憶登録に向けて、徳島市と独姉妹都市を中心に推進されている。一九七四年には、何人かの捕虜たちが居住していたリューネブルク市と鳴門市の間で姉妹都市の締結が行われ、それ以来両都市間で定期的に友好使節団が派遣され、友好行事が開催されている。

黒沢文貴氏によれば、この時期の捕虜処遇の基本姿勢は一九一六年段階の俘虜情報局資料にあるような「俘虜ハ常ニ博愛ノ心ヲ以テ之ヲ遇スル」「俘虜ヲ待ツニ博愛ノ心ヲ以テスヘキハ国際ノ通義ナリ」「俘虜モ亦人道ヲ以テ遇スヘキモノ」という普遍的な人道主義観のもとにあった。[11] それゆえに異文化衝突は概して少なかった。ただし、「博愛慈善」の立場を強調しつつも、世界大戦級の総力戦における捕虜処遇問題を危惧した奈良武次陸軍省軍務局長のような軍人もいた。以下、黒沢論文よりその一部を引用する。

> 戦争ニ従事スル軍人ノ覚悟ニ就キ吾人ト欧米軍人トノ間ニ大ナル徑庭アルコトモ亦其ノ一大原因〔であり〕……我カ邦往古以来武士ノ戦場ニ望ムヤ生還ヲ期セス敵ヲ殲シテ凱旋スルカ否サレハ則チ死アルノミ換言スレハ敵ヲ殲スマテハ死ストモ戦ハサルヘカラス如何ニ悪戦苦闘シ力既ニ盡キタル場合ト雖モ之ヲ以テ敵ニ降ルノ理由トナスヲ許ササルナリ……吾人ノ卓越ナル美風トシテ世界各国ニ誇リ得ル所……〔しかし欧米軍人においては〕多年ノ慣習トシテ彼等ハ最善ヲ盡シテ努力シ力尚及ハサレハ之ヲ以テ敵ニ降ルノ理由トナスヲ容認シ敵ニ俘虜タルヲ以テ軍人最大ノ恥辱トナササルノ風アリ。[12]

言葉を換えれば、「伏する者は打たず」は武士道に合致し「文明国」となり「万国対峙」を悲願とする日本の国策に合致するものの、同様に武士道精神によれば日本軍人が「敵に伏する者」になることは不名誉なことと認識されていたのである。このような敵味方の捕虜観をめぐる葛藤は、日本兵に対しては「生きて虜囚の辱を受けず」としつつも敵捕虜に対しては「伏する者はこれを打たず」とのちの「戦陣訓」に受け継がれていく。さらに、「戦陣訓」の注釈書である『戦陣訓教精解』によれば、「服する」ものや「従ふ」ものに「仁」を実践するにあたって「うはべを飾るようなこと」を戒め「慈善を宣伝する……偽善者」と欧米式の捕虜処遇を批判している。また、日本軍はロシア人やドイツ人という西洋人捕虜は「厚遇」したが中国人捕虜にはそうではなかった[13]。

この点については、黒沢氏がまさに指摘するように、「少なくとも「文明」と「野蛮」」を基準とする階層的秩序観の存在を指摘することができよう。さらにその観点からいえば、太平洋戦争期の欧米人は、当該期の日本人にとっては、「文明国」の国民である日本人よりも劣る、一種の「野蛮人」として認識される対象であったのである。もちろんこれは他面では……当該期の日本人の屈折した西洋コンプレックスの裏返しではあった[14]」。

同時に、喜多義人氏が分析したように、欧米人もまた「文明」と「野蛮」あるいは「未開」を基準とする国際的階層的秩序観あるいは絶対的文化主義のもとで、日本というアジアの新興国が「文明国」か否かを判断する要素の一つに捕虜処遇を含め近代戦争を国際法に則って遂行できるかに置いたといえよう[15]。

二　日本軍の捕虜処遇と文化衝突——太平洋戦争期

では、なぜ日本軍の敵国捕虜処遇は日露戦争や第一次世界大戦と太平洋戦争で一八〇度の転回をすることになったのか。これを説明する要素は多数ある。

このドラマチックな変化について、黒沢氏は昭和期の日本軍による捕虜虐待の歴史的・構造的な原因について以下の四点にわたって指摘している。

第一に、親西洋世界・西洋国標準の受容から反西洋・日本的価値ならびに日本的ナショナリズムの強調への変化という、価値観と世界観の大きな転換、第二に、そうした変化を背景とする「国軍」から「皇軍」への転換、第三に、軍の制度化・専門化・自立化が進行し、さらに昭和期の戦争がつづくなかでの軍事的価値の優越、第四に、将来の戦争を総力戦と認識するなかで、限られた物的条件のもとでいかにしたら精強な軍を作ることができるのかという、切実な軍事的思索から必要とされた精神主義的捕虜観への転換、の四点であり、それらは相互に深く連関し、捕虜虐待の歴史的・構造的な要因となったのである。

結論として総じていえば、屈折した捕虜観と偏狭なナショナリズムとが結びつき、しかも軍事的価値が他の価値を圧倒する状況のなかで、日本軍による捕虜虐待が起こることになったのである。したがって、そこに普遍的な人道的観点が入り込む余地は、残念ながらきわめて限られていたといえるのである[16]。

黒沢氏は右記のような昭和期の日本軍による捕虜観と捕虜処遇に先立って、前述したように、第一次世界大戦期すなわち一九一六年一〇月二日に行われた俘虜収容所長会議の席で、奈良武次陸軍省軍務局長が以下のように講演のなかで述べたことにも注目している。すなわち、第一次世界大戦では、それまでに日本が体験した国際間戦争では経験もしなかった大量の捕虜が連合国側同盟国側を問わず出たことについて、敵に降伏し捕虜となることに日本軍と欧米軍の間では大きな差があることに準備せねばならぬとした[17]。言い換えれば、捕虜を人道的に取り扱うことは武士道に合致し、国家の体面上からも必要なことであったが、あくまでも日本軍人が捕虜になること自体は不名誉なことと認識されていたのである。そして、まさに奈良が警戒した第一次世界大戦以上の総力戦が第二次世界大戦で現実のものになった。

太平洋戦争期の日本軍による捕虜処遇は赤十字国際委員会報告が指摘しているように、日本と欧米の捕虜観・軍隊教育の文化差に加えて戦争の性質の結果であった[18]。すなわち、日欧米の捕虜をめぐる文化差に付け加えて、「大洋の戦争」である太平洋戦争においては、もともと十分な補給は望みようがなかった。実際、日本軍は捕虜のみならず、自軍の兵士に生活必需品、食糧、調理器具や医療物資を満足に提供できなかった。そうした「大洋の戦争」と武士道精神をめぐる「軍事文化の違い」が大きな衝突を引き起こし、欧米人捕虜に侮蔑感を向け、日本文化あるいは武士道とは「死」と「名誉」を崇拝するものと感じさせた。

さらに、日本の労働力不足を補うために欧米人捕虜に過酷な労働を強いることになった点だ。ジュネーブ条約は捕虜に労働を課すること自体は禁止していない。しかし、日本軍は一九四二年五月「俘虜処理要領」において敵国人捕虜をジュネーブ条約に違反する過酷な労働――利敵行為としての労働――を捕虜に強いることを制度とした。敵国を利する行動は、各国の軍刑法によって捕虜が本国に帰還したのちに処罰の対象ともなる。マスメディアも騒ぐだろう。ゆえに、捕虜たちが日本軍の収容所関係者を憎んだことは想像に難くない。

三　個の記憶と集合記憶の葛藤――フィクションのなかの「文化差」

第二次世界大戦における全英軍の死亡率は、五・七％となる。これに対して、日本軍の捕虜となった者の死亡率は、約二五％にもなった。二五％という死亡率は、英国退役軍人会によれば、英軍が第二次世界大戦中に経験したノルマンディー上陸作戦やビルマ戦のような過酷な戦闘と比較しても、はるかに高い数値である。

日本軍が捕虜とした英軍将兵およそ五万人のうち三万人が泰緬鉄道建設に従事させられた。泰緬鉄道で作業に従事させられた英軍三万人は、連合軍捕虜のなかでは最大の集団であった。このうち六三〇〇人余が落命した。しかし、逆の見方をすれば、泰緬鉄道建設に従事しなかった英国人捕虜が二万人いた。この三万人と二万人の間には捕虜体験と収容所における記憶の齟齬がある。英国においてアジア戦の元捕虜は対ナチ従軍者とは異なり「忘れられた軍隊（The Forgotten Army」であったといわれてきたにもかかわらず、その後大ヒットした映画「戦場にかける橋」（後述）等によってそこで過酷な労働を強いられた英国人捕虜たちの存在が忘却されることはなかった。ただし、泰緬鉄道の建設に従事しなかった二万人の英国人捕虜たちは、文字通り「忘れられた」存在であり、彼らは彼らで泰緬鉄道での捕虜体験だけが日本軍の捕虜体験ではないと主張した。[19] 同じく日本軍の捕虜となった英軍将兵のなかで記憶の齟齬があったのである。

この点に関連して、キンヴィックは、泰緬鉄道建設で死亡した英国人捕虜は二〇％で英国人捕虜全体の死亡者平均の二五％を下回っていたとする。[20] この理由を詳細に説明するのは目下筆者の手に余る。ただ、日本軍の捕虜収容所は、いうまでもなくナチのユダヤ人収容所のように絶滅や民族浄化を目的とするものではなかったし、あくまでも捕虜は労働力であった。この結果、ドイツの強制収容所と比較した限りではあるが、日本軍の捕虜収容所における捕虜処遇は時・場所・収容所・労働の種類・医療福利・所長や下士官の性格の違いと気まぐれで取扱いそのものが大きく変わることになったと推察するのが妥当であろう。かくして同じ英国人元捕虜の記憶自体もさらに分断された。

泰緬鉄道建設だけを例に挙げても、着工期においては日本軍の鉄道隊はひたすら鉄道の完成を急いだ。[21] 泰緬鉄道の完成期日は、当初、一九四三年末を計画していたが、一九四三年二月、工期を四カ月短縮し八月に完成することにされた。鉄道が開通したのは四三年一〇月二五日であった。全長四一五キロに及ぶ鉄道を、かくも短期間に人跡未踏の地に敷設したという「業績」は、建設の労働力として酷使された連合軍捕虜やアジア人労務者に、はなはだしい人的被害と苦難を強いて可能になったものであった。のちに東京裁判や戦争犯罪裁判で泰緬鉄道は軍用鉄道とみなされたため、捕虜を軍事作戦作業に用いてはいけないと定めた国際条約に違反する戦争犯罪とされた。一四カ国三〇万に及ぶ（あるいは三〇万を超える）人々が巻き込まれた建設計画であったから、泰緬鉄道をめぐる集合記憶はアジア、ヨーロッパ、オセアニア、アメリカと世界中に広がり、同鉄道建設に関わらなかった英国人元捕虜らの集合記憶を圧倒した。

ただし、こうした集合記憶を拡散したのは、右記の戦後裁判の判決ではなかった。実際、筆者の聞き取りによれば、自分が関わったBC級裁判の判決を読んだことのある元捕虜はごく稀であった。

四　捕虜コンテンツと和解実践の相関性――釈明としての「文化差」

日本軍の捕虜収容所体験を集合記憶化したのは、BC級戦犯裁判判決でもなく個々の捕虜が個別に語った体験談でもない、一作の娯楽映画であった。それは、一九五七年アカデミー賞七部門を受賞したP・ブール原作のスペクタクル映画「戦場にかける橋」であった。この映画に対する当事者である元捕虜の反発は激しかった[22]。「戦場にかける橋」は、少なからぬ連合国元捕虜にとって自分たちの収容所体験を他者が娯楽化することで歴史修正されることへの反感の源泉となった。

言い方を換えれば、娯楽映画である「戦場にかける橋」が形成していくことになる日本軍の捕虜処遇の集合記憶と、当事者である元捕虜の個人記憶との対立がこの映画を契機に熾烈に展開されていくことになる。同様に、日本軍の捕虜・抑留者を描いた後続の英語圏制作の映画・ドラマは日本軍の捕虜処遇と「文化差」をめぐる集合記憶を補強していった。すでに述べたように捕虜観をめぐる文化差はリアルなものであったが、同時に釈明としても機能した。

日本軍の鉄道隊に技術を提供する英軍捕虜を描いた「戦場にかける橋」は、欧米圏における日本文化・日本人に対するステレオタイプを再生産するものであった。たとえば日本軍人がジュネーブ条約を遵守しないのは武士道精神に理由があるとする示唆がなされた。また捕虜収容所長の部屋には日本文化の美的断片としての調度・衣服・剣等がちりばめられ、密林とともに舞台背景の一つとなった。

日本軍の捕虜収容所を日本人監督が制作した最初の作品は、ジャワを舞台にした大島渚の「戦場のメリークリスマス」である（但し撮影はニュージーランドで行われた）。原作はヴァン・デル・ポストの三部作のうちの一つ「影の獄にて（Shadow of the Bar）」である。この作品も「戦場にかける橋」同様モデルはいたもののリアルではなくフィクションである。

「戦場のメリークリスマス」もまた武士道精神や日本文化のステレオタイプとともに、個々の内面描写をしやすい収容所での人間関係を描いている。収容所における敵との関係、すなわち日本兵らと連合軍捕虜や抑留者の関係は、たとえば陸海空の戦闘や都市攻撃・空襲等と比較すると距離的に近い。ゆえに、収容所を描いた映画・ドラマは登場人物同士の物理的距離の近さからその人間関係をドラマ化しやすいせいもある。

「戦場のメリークリスマス」は、監督に大島渚、日本軍捕虜収容所長に坂本龍一、収容所軍曹にビートたけし、英軍捕虜にデビッド・ボーイと豪華なキャスティングゆえに特に日本で人気が出た。内容的には、インテリで職位に不満のある――日本軍では捕虜を扱う捕虜収容所長もまた名誉ある職務とは考えられていなかった――武士道精神を徹底的に実践する青年大尉、「生きて虜囚の辱を受けず」を体現した乱暴な軍曹、オランダ人捕虜をレイプして切腹する朝鮮人監視員、そして「金髪碧眼」の英国人捕虜、日本文化を理解する通訳役の英国人捕虜などの入り組んだ人間関係が、美と残酷をめぐる「文化差」のはざまでステレオタイプに描かれる。同映画のキャッチフレーズの一つ“Java, 1942 - A clash of cultures, a test of the human spirit”がまさに示すように、日本軍の捕虜収容所は文化衝突の場であり、歪な友情が育まれる場であった。

他方、「戦場のメリークリスマス」は「戦場にかける橋」と同様に、当事者である元捕虜から、綺麗ごとで真実を伝えてはいないという批判と非難を浴びた。問題は「文化差」ではない、日本人独自の野蛮さと冷酷、暴虐にあると彼らは主張した。また、朝鮮人捕虜監視員は日本軍の組織の最下層で、さらにそれよりも低い地位にあった欧米人捕虜と日常的に接した。「戦場のメリークリスマス」は少なくとも朝鮮人捕虜監視員がいかに日本兵から蔑まれているか、加えて連合国捕虜のなかでオランダ人捕虜が同様にいかに蔑みの対象になっていたかも示唆されている。捕虜画家で名高いジャック・チョーカーは、朝鮮人監視員について次のように語っている。

私たち捕虜からみて、朝鮮人の兵士は、兵士としても人間としても、日本人の兵士よりも低い役割しか与えられていないようで、なんとなく不可解で不公平に思えました。朝鮮兵の側に憤懣のようなものがあることは理解できましたが、彼らがそうした憤懣のいくばくかのはけ口を、私たち捕虜に向けがちだったことには納得がいきませんでした。しかし、いくつかの例外もありましたし、ときには、私たちは心から彼らの身を案じました。(23)

「戦場のメリークリスマス」は、日本軍の捕虜処遇が「武士道」に基づいていかに過酷であったかを示すと同時に、収容所長も軍曹もいかに気まぐれだったのかを体現している。タイトルにある「クリスマス」に軍曹が独断で死刑囚を放免したことについて筆者に実証するすべはないが、前述の泰緬鉄道の場合、鉄道建設後保線作業に入った段階で捕虜処遇を変えた収容所もあったようだ。

ジュネーブ条約は捕虜にクリスマスのような宗教的祝祭を行えるようにすることが規定されているが、これも日本軍の捕虜収容所ではかなわなかったケースは少なくなかった。ただし、収容所によってではあるが、泰緬鉄道建設真っ最中でも、不安でみすぼらしくはあったものの、クリスマスを祝える収容所はあった。さらに、鉄道が完成したあとの一九四三年以降は、クリスマスのお祝いが泰緬鉄道の保線が主たる任務の収容所ではそれなりに許されるようになる。

以下、チョーカーの手記より該当部分を引用する。

一九四二年クリスマス

一二月に入ると、捕虜になってから初めて迎えるクリスマスの準備が行なわれた。クリスマスイブにはキャンプの上場にある斜面に大きな火をおこし、数名の監視兵に見はられながら讃美歌を歌った。クリスマスの日には休みが許可され「こんがり焼けた」ご飯に砂糖を少量まぶしたものと、豚肉の風味のするご飯で作った「リッソール」（パイ皮に詰め物を入れてあげた料理）や、すりつぶした米を盛り付けてライムの果汁を少し絞って作った「ライムのプディング」などのお祝いの朝食をとった。それはわれわれにとってごちそうで、その日は何かが待ち遠しいような心持がしたのだった。午前中には礼拝が行なわれ、夕方には火の周りで聖歌や歌を歌って過ごし、「フィザー」ピアソンやその他のコメディアンによって余興が行なわれた。病気の捕虜が仲間に運ばれ、火の近くに横たわっていた。うっそうと茂った暗いジャングルを背景にして、薄暗がりの中で彼らの影が伸びている様子は、不思議で心動かされる光景だった。われわれはかけていく月の下に座って語り明かし、もし幸運にも生き残ることが出来たら、捕虜としてあと何回クリスマスを祝わなくてはならないのかと思いを巡らせた。一部の捕虜にとってはすでにこれが最後のクリスマスで、翌日には墓所に十字架を追加して立てる必要があった。(24)

一九四三年クリスマス

捕虜になって二度目のクリスマスが間もなく訪れようとしていた。この公式の休みには、われわれが望むようなやり方で祝祭を行なう機会が与えられた。演劇グループと収容所のオーケストラのメンバーは、さまざまな見世物や音楽を上演するため、とくに奮闘したのだった。多大な作業やリハーサル、準備が必要で、収容所の誰もが心待ちにしている特別な行事だった。クリスマスイブには讃美歌やその他の歌が歌われ、動くことのできない患者のために、病人の小屋でオーケストラが演奏を行なった。料理人は小さいが目に見える程度の大きさの肉や炒めた米、パームシュガーなどを使い、米を主な材料にしてさらに変化にとんだ料理を作りだし、米でできた「クリスマスプディング」も出してくれた。これらの料理に、売店で買ったささやかなぜいたく品であるタピオカのビスケットやバナナ、ピーナッツなどを加えた。収容所のオーケストラと演劇グループは素晴らしい出し物を上演してくれ、われわれは喜びに満ちたこの日の思い出を忘れることがないだろうと感じた。悲しいことであったが、前回のクリスマスと同じように、ラッパ手は翌日も「埋葬ラッパ」を吹き続け、広大な墓所にさらに多くの十字架が立てられた(25)。

一九四四年クリスマス

捕虜として三度目の、そして最後のクリスマスをナコーンパトム病院収容所で迎えることになった。皆が待ち望んでおり、十分に計画が立てられた。以前と同様、クリスマスイブに聖歌が歌われ、クリスマスの朝には希望者に向けて礼拝も行なわれた。動くことのできない患者のために、病棟の中で行なわれる礼拝もあった。

料理人は心に残る料理を出してくれた。朝食には米の「ポリッジ」（おかゆ）と卵が出され、昼食は肉と特別な添え物が出て、本物の紅茶と米でできたクリスマスケーキが続き、極上の夕食には、われわれの飯盒に識別できる量の肉が盛られたのだった。

午前中に、ナイジェル・ライトとともに医務室にいる友人を訪問しに出かけ、G／ワイズマンとそのパートナーであるG・W・チャップマン軍曹にあいさつした。そのとき収容所で製造した強いお酒をほんの一口もらったが、レモングラスで風味づけがしてあり、すごく刺激が強かった。親しい友人で画家仲間のロブ・ブラジルが加わる、私の絵の具を使って一緒にクリスマスカードと誕生カードを作った。カードの材料は血漿が入れられていた容器の古い包装紙で、作業をしながらお互いのことを話題にしあって大いに楽しんだ。昼食の後は「競馬会」が開かれた。それは水濠を備えたある種のグランドナショナル（リバプールで毎年行なわれる大障害レース）といった趣だった。ウェアリー・ダンロップやその他の医師たちが精力的な競走馬の役になり、様々な軽量の「騎士」たちが彼らにまたがって、とても愉快な午後を過ごした。収容所のオーケストラは一日中演奏を行ない、夜にはコンサートが開かれ、劇団は夜の部の公演を行なった。今回は収容所で経験した中で最も楽しいクリスマスだった。(26)

かさねて、「戦場のメリークリスマス」はフィクションであり、映画に出てくるようなクリスマスの祝われ方も、BC級戦犯として処刑される前夜にかつての英国人元捕虜が面会に来たという話も、それなりの聞き取りをする機会のあった筆者でも寡聞にして知らない。またチョーカーの手記や回想録以外でクリスマスの様子が詳細に書かれた記録も知見の限りでは見当たらない。

とはいえ、繰り返しになるが、日本軍の捕虜収容所と一言でいっても、時期や場所、たとえば外地と内地の違い、また内地にしても比較的気候のよい場所にあった収容所とそうではない場所にあった収容所の違いや所長ならびに下士官によって処遇には少なからぬ差があり、太平洋戦争期の日本軍の捕虜処遇は気まぐれであった。

この気まぐれは、たとえば、盗みに対してはきわめて過酷な処罰を科す一方、他の目を盗んで缶詰を捕虜たちに与えた日本兵や朝鮮人監視員がいたり、時によって少なからぬ食糧が（ろくに食せないようなものも含めて）支給されたり、また聞き取りによれば料理を手伝った捕虜にだけつまみ食いを許したり、慰問袋に入っていたスルメを与えたりしたなど枚挙にいとまがない。(27)終戦後赤十字から捕虜宛に届いた食糧や薬品が大量に発見された等の話は手記でも聞き取りでもよく出てくるが、自分たちもまた飢えや病気に苦しむ日本軍側がその少なからぬ食糧薬品等を自分たちですべて食したり使ったりせずにひたすら貯蓄していたという話も、見方によっては奇妙である。

捕虜を労働力とする公式決定や「誤った人道主義に陥らぬよう」指導がされていた一方で、一部ではあっても日本軍の捕虜収容所の処遇については、計画性や組織性が強固なものではなかったといえよう。

おわりに

以上、日本軍の捕虜収容所をコンテンツにした映画の一部を概観してきた。日本軍の捕虜収容所・文民収容所をテーマにした映画やドラマ、ドキュメンタリーはむろんほかにもあるが、本章では公開当時に話題となった映画を選んでみた。

文化交流によって異文化が変容するか否かについて答えを出すのは実はかなり困難である。しかし、本章で触れたように、比較的捕虜の少ない日露戦争や第一次世界大戦においては少なくとも自国の捕虜に対する偏見や蔑視はともかく、いわゆる武士道精神は特に問題にはならなかったどころか、国際的な賞賛を浴びた異文化交流の事例となった。

だが世界大戦レベルの総力戦がこの先起きることがあれば捕虜処遇をめぐって日本と欧米の間で大きな問題が起こりかねないだろうという奈良の予測は、実に第二次世界大戦に現実になる。捕虜になるのは死に値する不名誉だという武士道精神の一部が日常的に強調されていくようになる。あえて言えば、日露戦争と第一次世界大戦と、太平洋戦争における欧米人捕虜の処遇の一八〇度の相違は、文化差的なものがあったと同時に、大量の捕虜と海洋の戦争による過酷な気候や物資の不足を強調すべきであろう。そして捕虜処遇は時期や場所、管理する側によって少なからぬ相違があった。

「文化差」については、一九五〇年代に制作された「戦場にかける橋」においては実は武士道や日本文化は舞台背景にすぎず、そのような傾向は「戦場のメリークリスマス」にもみられた。ただし、「戦場のメリークリスマス」はスペクタクル映画でもサバイバル映画でもなく、「文化差」の問題を個人と個人のデリケートな心理的葛藤に織り込んで描いている。「文化差」をめぐる釈明性を否定した作品は「レイルウェイ　運命の旅路」であった。この映画で主人公の英国人元捕虜は日本軍の捕虜処遇を文化差に求めることを拒否し、彼を虐待されるままに放置した通訳との間に個人間の和解をなしとげる。

近年では、日本軍の捕虜収容所をコンテンツにして映画館での封切りに際して最高の興行収入を得たアンジェリーナ・ジョリー監督「不屈の男　アンブロークン」で再びファナティックで残酷な下士官が登場するが、戦後、主人公は日本人と民間交流をすることで彼の折れない心と和解への意思を示すサバイバル映画に仕立てられている。日本軍の捕虜収容所がいかに悲惨な場所であったかをコンテンツとする映画やドラマはこれからも制作されるかもしれないし、異文化衝突は問題にされるだろうが、個人間であれ集団間であれ、何らかの形で旧敵同士の「和解」を織り込んだものになっていくであろう。

とはいえ、歴史学者であれば、「和解」はむろんフィクションではなく、かつ脆く繊細なもので、国際情勢によって意味が変化・変容することを知っておかなければならない。本章をしめくくるにあたって、黒沢氏の論文より以下の文章を引用したい。

戦後和解がいったんは成立したとしても、「忘れてはならない過去の歴史」が新たな「敵意」や「偏見」をともなって、いつ再び立ちあらわれるかわからないという、ある種の危うさを内包する和解の仕組みでもあった。その意味で現代の和解とは、いったん成立したからといって、それがそのまま未来永劫続くような安易なものではない。もとよりガラス細工のような壊れやすい繊細なものであり、そこには時代状況の変化に応じて、絶えず和解を維持するような不断の見直しの努力と相互に和解を求め合う精神とが必要となる。

そうであるとするならば、そこで求められる重要なことは、「歴史」を関係国間の対立の火種にするのではなく、いかにしたら和解の糧にすることができるのか、ということであろう。(28)

(1) ルース・ベネディクト（長谷川松治訳）『完訳菊と刀――日本文化の型』（社会思想社、一九九〇年）。
(2) 池田雅之、ダグラス・ラミス『日本人論の深層――比較文化の落し穴と可能性』（はる書房、一九八五年）。
(3) 黒沢文貴・河合利修編『日本赤十字社と人道援助』（東京大学出版会、二〇〇九年）。
(4) 小菅信子『日本赤十字社と皇室――博愛か報国か』（吉川弘文館、二〇二一年）。
(5) 才神時雄『松山収容所――捕虜と日本人』（中央公論社、一九六九年）。
(6) 中村健之介『宣教師ニコライと明治日本』（岩波書店、一九九六年）、ニコライ（中村健之介ほか編訳）『宣教師ニコライの日記抄』（北海道大学図書刊行会、二〇〇〇年）。
(7) 秦郁彦『病気の日本近代史――幕末から平成まで』（文藝春秋、二〇一一年）。
(8) 冨田弘『板東俘虜収容所――日独戦争と在日ドイツ俘虜』（法政大学出版局、一九九一年）。
(9) 「DIJ板東コレクション」より。https://bando.dijtokyo.org/?page=theme_detail.php&p_id=5#top（二〇二三年九月一三日最終アクセス）。このデジタルコレクションは、同サイトの説明によれば「ドイツ―日本研究所」が「日本におけるドイツ年2005/2006」の一環として、ドイツ語と日本語の両言語により、初めて一般に公開」されたもので「純粋に学問的な企図」である。https://bando.dijtokyo.org/?page=copyright.php（二〇二三年九月一三日最終アクセス）。また、「徳島、丸亀、久留米、大分、習志野、青野ヶ原などでの俘虜たちの生活と板東でのそれを部分的に比較」している（同右）。このほか、徳島県徳島市には第一次世界大戦期のドイツ人捕虜収容所にちなんだ慰霊碑・記念碑ほか資料館や研究会「ドイツ館」「板東資料研究会」に加えて「加賀乙彦記念館」もある。
(10) 同右（二〇二三年九月一三日最終アクセス）。
(11) 黒沢文貴「日本軍による欧米人捕虜虐待の構図」（小菅信子、ヒューゴ・ドブソン編『戦争と和解の日英関係史』法政大学出版局、二〇一一年）。また、黒沢文貴『二つの「開国」と日本』（東京大学出版会、二〇一三年）第七章を参照。なお

〔　〕は筆者注。

(12) 黒沢前掲論文、七四—七五頁。

(13) 小菅信子「赤い十字と異教国」（木畑洋一、小菅信子、フィリップ・トウル編『戦争の記憶と捕虜問題』東京大学出版会、二〇〇三年）、小菅前掲書。

(14) 黒沢前掲論文、六五頁。

(15) 黒沢文貴「日本軍による欧米人捕虜虐待の構図」（小菅・ドブソン前掲『戦争と和解の日英関係史』）。捕虜処遇と国際法については、喜多義人「日本陸軍の国際法普及措置——将校に対する国際法教育の検討」（『日本法学』第六三巻第二号、一九九七年）、同「日本軍による戦争犯罪の原因に関する一考察」（『日本法学』第六四号、一九九八年）、同「日本軍の国際法認識と捕虜の取扱い」（平間洋一、イアン・ガウ、波多野澄雄編『日英交流史一六〇〇—二〇〇〇　三　軍事』東京大学出版会、二〇〇一年）、同「日本軍人の捕虜に関する国際法知識」（『法学紀要』第四八巻、二〇〇七年）、同「日露戦争」（『日本赤十字社と皇室』二〇二一年）参照。

(16) 黒沢前掲論文、七二—七三頁。

(17) 黒沢前掲論文、七六頁。

(18) Siordet, Frederic, *Inter Arma Caritas: The Work of the International Committee of the Red Cross during the Second World War*, International Committee of the Red Cross, 1948.

(19) たとえば、Lionel Hudson, *Rats of Rangoon*, Leo Cooper Ltd, 1987 参照。

(20) クリフォード・キンヴィック「連合軍捕虜と泰緬鉄道」（木畑、小菅、トウル前掲書）五五—八二頁。

(21) 小菅信子「泰緬鉄道の捕虜収容所における捕虜軍医の医療活動——ジャック・チョーカーによる記録画と手記を中心に」（『軍事史学』第四九巻第四号、二〇一四年三月）。

(22) たとえば、アーネスト・ゴードン（斎藤和明訳）『クワイ河収容所』（ちくま学芸文庫、一九九五年）。

(23) Nobuko KOSUGE, "Images from a Japanese Army Prison," JACARC, https://www.jacar.go.jp/english/newsletter/newsletter_018e/newsletter_018e.html. 小菅信子「絵筆が記録した日本軍捕虜収容所」https://www.jacar.go.jp/newsletter/newsletter_018j/newsletter_018j.html. ジャック・チョーカー（Jack Bridger Chalker）の主著は以下の通り。*Burma Railway Artist, the War Drawings of Jack Chalker*, Leo Cooper, 1994; *The Burma Railway: Images of War*, London: Mercer Books, 2007; *Images as a Japanese Prisoner of War*, The Friends of Jack Chalker, 1998（『日本軍の捕虜となって——英軍捕虜のイメージ』ジャック・チョーカー支援会、一九九八年）、ジャック・チョーカーほか『歴史和解と泰緬鉄道——英国

人捕虜が描いた収容所の真実』（朝日新聞出版、二〇〇八年）、ジャック・チョーカー「経験・記憶・和解」（小菅信子編著『原典でよむ　20世紀の平和思想』岩波書店、二〇一五年）。

(24) チョーカーほか前掲書、一四〇―一四一頁。

(25) 同右、一九六―一九七頁。

(26) 同右、二三二―二三三頁。

(27) 小菅信子『ポピーと桜――日英和解を紡ぎなおす』（岩波書店、二〇〇八年）。

(28) 黒沢文貴「序「歴史」の「政治化」から「歴史」の「歴史化」へ」（黒沢文貴、イアン・ニッシュ編著『歴史と和解』東京大学出版会、二〇一一年）一―一二頁。あわせて、黒沢文貴『歴史に向きあう――未来につなぐ近現代の歴史』（東京大学出版会、二〇二〇年）参照。

あとがき

近年の日本近代史研究は、かつての価値判断過剰な時代を脱することによって、考察の視座が広がるとともに、扱うテーマや手法も多様なものとなっている。それらは確かな実証にもとづくものが多く、日本近代の歴史的な姿を豊かなものにしてくれている。そうした研究の広がりと深まりは、それ自体喜ばしいことであるが、他方では研究の細分化をも意味しており、そうした研究成果を歴史の全体像にどのように結びつけるのかについては、考察の余地が残されている。

ところで、日本近代史研究の多彩なテーマのなかで、今回二冊の本で取りあげるのは、軍事と外交（政治外交）という、これまでにも多くの研究蓄積のある分野である。そこにおいてもご多分に漏れず、研究対象への問題関心の持ち方や接近の仕方には多くの変化がみられる。そこで当該分野の最新の研究成果をまとめてみたいという希望を編者が抱いたところ、そのわがままに応えて新進気鋭の研究者から大家の域に達する研究者まで、実に多くの方々が論考をお寄せ下さった。その成果が、これら『日本陸海軍の近代史』と『日本外交の近代史』という二冊の論文集である。もちろんこの二冊で、当該分野の研究動向をすべて網羅できるわけではない。執筆者の方々は、いずれも何らかのかたちで編者にゆかりのある研究者なので、その意味で、二冊で取り扱われている内容は、編者の問題関心の志向性を映しだしやすいかたちになっている。

ちなみに執筆者は編者の交友範囲を反映している。学会・研究会・プロジェクト等でさまざまなご厚誼をいただいた方々、宮内庁書陵部在籍時にお世話になった方々、本務校であった東京女子大学の同僚の皆さん、青山学院大学・

慶應義塾大学・駒澤大学の学部・大学院で授業を受けられた皆さん、そして母校の上智大学関係の諸兄姉である。

なお本書出版のそもそもの契機は、外交史料館や舞鶴引揚記念館の史料調査などで編者と親交のあった熊本史雄が、編者の上智大学時代の後輩である櫻井良樹と宮内庁書陵部の同僚であった小林和幸に、編者の古稀を記念する論文集を編んではどうかという相談をもちかけたことに始まる。その結果、黒沢が編者となり、右記の三人が編集協力者というかたちで論文集を刊行することになった。論文集のテーマは、編者の主たる研究分野である軍事と外交（政治外交）としたが、幸いにも多くの執筆者にご寄稿いただいた結果、論文集は軍事篇と外交（政治外交）篇の二分冊となった。編者と編集協力者の呼びかけに快く応じてくださった執筆者の皆様には、この場を借りて深甚の謝意を表したい。

（黒沢文貴）

ところで、黒沢さん（これ以後は編集協力者の共同執筆なので、こう呼ばせていただく）は上智大学文学部史学科を卒業後、同大学院文学研究科博士前期課程に進学された。前期課程二年目の一九七七年四月に藤村道生先生が上智大学に着任され、以後同先生の薫陶を受けることになった。それ以前にはドイツ近現代史の中井晶夫先生のゼミ（小菅信子さんは同ゼミの後輩）に属するとともに、上智大学国際関係研究所の先生方から社会科学系の学問も学んでおり、おそらくそれらが、黒沢さんの視野の広さと研究手法とにつながったようである。卒業論文と修士論文の作成にあたっては、国際社会学者の馬場伸也先生の指導も受けられている。

櫻井が黒沢さんに会ったのは、四年次から大学院のゼミに参加した時のことであった。当時、黒沢さんは、田中（義一）外交の見直しと、陸軍の総力戦構想の研究に注力しており、その研究が発酵してまとまったのが『大戦間期の日本陸軍』（みすず書房、二〇〇〇年、吉田茂賞）である。

藤村ゼミでは他大学からの参加者を交えて活発な研究活動が行われていた。その一人が『日本外交の近代史』に寄稿している小林道彦さんである。藤村先生が病気療養中には、黒沢さんと櫻井が代わって学部生の面倒をみたこともあり、大島明子さんはその頃の学生であった。

また長い大学院時代には、上智大学でフランス史を担当し、ベルギーで学ばれた磯見辰典先生から、ベルギーと日本との関係を一書にまとめたいという話があり、網羅的に二国間関係を洗い出した経験（『日本・ベルギー関係史』白水社、一九八九年）は、その後の国際交流活動の原点となったようである。それはやがてルーヴァン・カトリック大学のヴァン・デ・ワーレ先生との交流となり、その同僚であるヤン・シュミットさんが『日本外交の近代史』に寄稿される予定であったが、ご事情があり原稿が間に合わなかったことは、誠に残念であった。

黒沢さんが注目されたのは、やはり『大戦間期の日本陸軍』の出版によってであろう。本書は、総力戦としての第一次世界大戦と「大正デモクラシー」とが、大戦後の日本陸軍にどのような衝撃を与えたのかについて考察したものであり、それまでの軍をめぐる研究・議論のあり方を覆すインパクトを学界に与えたものであった。政党など政治側と日本陸軍との協調的な政軍関係の姿や平時の社会に与えた影響など、日本陸軍が総力戦と「大正デモクラシー」の高揚にいかに対応しようとしていたのかを扱ったものであり、軍事史的には総力戦体制論の戦間期における展開を位置づけたものであった。また、これは外交篇の巻にも関係するが、第一次世界大戦のインパクトを「開国」に比する画期性を持つものとして捉える政治外交史の視点を提示したことも重要である。

なお、そうした学術的インパクトに刺激を受けて、多くの研究者がその後、軍事史研究・近代史研究に取り組んでおり、その成果の一端が本書にも収録されている。

軍事史研究者としての黒沢さんは、他方では、奈良武次侍従武官長や浜口雄幸首相など多くの軍人や政治家たちの史料集の編さんにもかかわっている。浜口日記の出版でご一緒した池井優先生とのご縁で、その後、慶應義塾大学から法学博士号を授与されている。

また研究関心が戦争と和解の問題、戦争の記憶と記録、その継承の問題などにも広がっており、その学術的な成果が先年出版された『歴史に向きあう――未来につなぐ近現代の歴史』（東京大学出版会、二〇二〇年）である。こうした社会的関心への広がりが、軍事史学会の会長職のほか、総務省所管の平和祈念展示資料館との多年にわたる関係や厚生労働省の援護審査会会長職、さらには舞鶴引揚記念館所蔵資料のユネスコ世界記憶遺産への登録（二〇一五年）にあたり舞鶴市ユネスコ世界記憶遺産有識者会議会長として尽力されたことにつながっているのであろう。

（櫻井良樹・小林和幸・熊本史雄）

最後に、文末となってしまったが、二冊の論文集の刊行にご理解をいただいた東京大学出版会にお礼を申し上げたい。学術書の出版を本務とされているとはいえ、近年こうした論文集の刊行には厳しいご時世である。東京大学出版会のご理解に応えうるだけの学術的水準を伴う二巻となっていることを願うばかりである。また編集をご担当いただいたのは、山本徹編集部長である。執筆者が予想以上に多くなってしまったために、二分冊の刊行となりご負担をおかけしてしまった。粘り強く編集作業をお進めくださったことに心よりお礼を申しあげたい。

黒沢文貴
櫻井良樹
小林和幸
熊本史雄

執筆者紹介（編者，編集協力者の後，掲載順）

黒沢文貴（くろさわ ふみたか）［編者］

東京女子大学名誉教授．日本近代史（政治外交史・軍事史）．1953年生．［主要著作］『二つの「開国」と日本』（東京大学出版会，2013年），『歴史に向きあう——未来につなぐ近現代の歴史』（東京大学出版会，2020年）

櫻井良樹（さくらい りょうじゅ）［編集協力者］

麗澤大学国際学部教授．近代日本政治史．1957年生．［主要著作］『華北駐屯日本軍——義和団から盧溝橋への道』（岩波書店，2015年），『大正期日本の転換——辛亥革命前後の政治・外交・社会』（芙蓉書房出版，2024年近刊）

小林和幸（こばやし かずゆき）［編集協力者］

青山学院大学文学部教授．日本近代史，日本政治史．1961年生．［主要著作］『明治立憲政治と貴族院』（吉川弘文館，2002年），『谷干城——憂国の明治人』（中公新書，2011年）

熊本史雄（くまもと ふみお）［編集協力者］

駒澤大学文学部教授．日本近代史，日本外交史．1970年生．［主要著作］『近代日本の外交史料を読む』（ミネルヴァ書房，2020年），『幣原喜重郎——国際協調の外政家から占領期の首相へ』（中公新書，2021年）

大島明子（おおしま あきこ）

東京女子大学非常勤講師．日本政治外交史・軍事史．1963年生．［主要著作］『外征と公議——国際環境のなかの明治六年政変』（有志舎，2024年），「統帥権の独立と山県有朋——西南戦争中の軍事指揮をめぐる問題」（明治維新史学会編『明治国家形成期の政と官』有志舎，2020年）

大江洋代（おおえ ひろよ）

東京女子大学現代教養学部准教授．日本近代史．1977年生．［主要著作］『明治期日本の陸軍——官僚制と国民軍の形成』（東京大学出版会，2018年），「騎兵連隊から陸大へ」（三笠宮崇仁親王伝記刊行委員会『三笠宮崇仁親王』吉川弘文館，2022年）

太田久元（おおた ひさもと）

立教大学立教学院史資料センター助教．日本近代史・軍事史．1980年生．［主要著作］『戦間期の日本海軍と統帥権』（吉川弘文館，2017年），立教学院百五十年史編纂委員会編『立教学院百五十年史』（第1巻，第2編第1章第1節，第2章第1節ほか分担執筆，立教大学立教学院史資料センター，2023年）

小磯隆広（こいそ たかひろ）

防衛大学校人文社会科学群准教授．日本政治外交史・軍事史．1985年生．［主要著作］『海洋政策研究所史料集成——南方進出・国家総力戦関係』（全4巻，監修・解題，ゆまに書房，2022年），『日本海軍と東アジア国際政治——中国をめぐる対英米政策と戦略』（錦正社，2022年）

石原　豪（いしはら すぐる）

明治大学兼任講師．日本軍事史．1983年生．［主要著作］『大正・昭和期 日本陸軍のメディア戦略——国民の支持獲得と武器としての宣伝』（有志舎，2024年）

藤田　俊（ふじた たかし）

北九州市立大学基盤教育センター准教授．近代日本軍事社会史・メディア史．1985年生．［主要著作］『戦間期日本陸軍の宣伝政策——民間・大衆にどう対峙したか』（芙蓉書房出版，2021年），「「非常時」における軍民離間声明とその影響——軍人の政治関与をめぐる論争を中心に」（『基盤教育センター紀要』第39号，北九州市立大学基盤教育センター，2022年）

相澤　淳（あいざわ きよし）

元防衛大学校防衛学教育学群教授，近代日本軍事史．1959年生．［主要著作］『海軍の選択——再考真珠湾への道』（中公叢書，2002年），『山本五十六——アメリカの敵となった男』（中公選書，2023年）

飯島直樹（いいじま なおき）

釧路公立大学講師．日本近現代史（政治史・軍事史）．1992年生．［主要著作］「元帥府・軍事参議院の成立」（『史学雑誌』128編3号，2019年），「一九二〇年代の軍事輔弼体制と軍政優位体制の相克」（『日本史研究』718号，2022年）

日向玲理（ひなた れお）

青山学院大学青山学院史研究所助教．日本政治外交史．1987年生．［主要著作］「明治期日本の朝鮮における医療事業の展開」（小林和幸編『葛藤と模索の明治』有志舎，2023年），「朝鮮・清への日本陸海軍軍医派遣問題」（『日本歴史』第901号，2023年）

小菅信子（こすげ のぶこ）

山梨学院大学法学部教授．日本近現代史，国際関係論．1960年生．［主要著作］『戦後和解——日本は〈過去〉から解き放たれるのか』（中央公論新社，2005年），『日本赤十字社と皇室——博愛か報国か』（吉川弘文館，2022年）

索　引

あ 行

か 行

さ　行

た　行

は 行

ま 行

や 行

ら 行

わ 行

日本陸海軍の近代史——秩序への順応と相剋 1

2024年9月30日　初　版

［検印廃止］

編　者　黒沢文貴（くろさわふみたか）

発行所　一般財団法人　東京大学出版会
代表者　吉見俊哉
153-0041 東京都目黒区駒場4-5-29
https://www.utp.or.jp/
電話 03-6407-1069　Fax 03-6407-1991
振替 00160-6-59964

組　版　有限会社プログレス
印刷所　株式会社ヒライ
製本所　誠製本株式会社

ISBN 978-4-13-020163-6　Printed in Japan